U0254228

2021年版全国二级建造师执业资格考试
案例分析专项突破

水利水电工程管理与实务
案例分析专项突破

全国二级建造师执业资格考试案例分析专项突破编写委员会　编写

中国建筑工业出版社
中国城市出版社

图书在版编目（CIP）数据

水利水电工程管理与实务案例分析专项突破 / 全国二级建造师执业资格考试案例分析专项突破编写委员会编写. —北京 ：中国城市出版社，2021.1

2021 年版全国二级建造师执业资格考试案例分析专项突破

ISBN 978-7-5074-3338-8

Ⅰ. ①水… Ⅱ. ①全… Ⅲ. ①水利水电工程—工程管理—资格考试—自学参考资料 Ⅳ. ①TV

中国版本图书馆 CIP 数据核字(2020)第 266691 号

本书根据考试大纲要求，以历年实务科目实务操作和案例分析题的考试命题规律及所涉及的重要考点为主线，收录了 2011——2020 年度二级建造师执业资格考试实务操作和案例分析真题，并针对历年真题实务操作和案例分析题中的各个难点进行了细致的讲解，从而有效地帮助考生突破固定思维，启发解题思路。

同时以历年真题为基础编排了大量的典型实务操作和案例分析习题，注重关联知识点、题型、方法的再巩固与再提高，着力培养考生对“能力型、开放型、应用型和综合型”试题的解答能力，使考生在面对实务操作和案例分析考题时做到融会贯通、触类旁通，顺利通过考试。

本书可供参加二级建造师执业资格考试的考生作为复习指导书，也可供建筑施工行业管理人员参考。

责任编辑：李　璇　张国友　牛　松

责任校对：芦欣甜

2021 年版全国二级建造师执业资格考试案例分析专项突破

水利水电工程管理与实务案例分析专项突破

全国二级建造师执业资格考试案例分析专项突破编写委员会　编写

*

中国建筑工业出版社、中国城市出版社出版、发行(北京海淀三里河路 9 号)

各地新华书店、建筑书店经销

北京红光制版公司制版

北京市密东印刷有限公司印刷

*

开本：787 毫米×1092 毫米　1/16　印张：17½　字数：423 千字

2021 年 1 月第一版　　2021 年 1 月第一次印刷

定价：**44.00** 元

ISBN 978-7-5074-3338-8

(904323)

前　言

在二级建造师考试中，《专业工程管理与实务》科目一直是广大考生的拦路虎，而实务科目中的案例分析题更是让广大考生深感棘手。为了帮助广大考生在短时间内掌握案例分析题的重点和难点，迅速提高应试能力和答题技巧，更好地适应考试，我们组织了一批二级建造师考试培训领域的权威专家，根据考试大纲要求，以历年考试命题规律及所涉及的重要考点为主线，精心编写了这套《2021年版全国二级建造师执业资格考试案例分析专项突破》系列丛书。

本套丛书共分6册，涵盖了二级建造师执业资格考试的6个专业科目，分别是：《建筑工程管理与实务案例分析专项突破》《机电工程管理与实务案例分析专项突破》《市政公用工程管理与实务案例分析专项突破》《公路工程管理与实务案例分析专项突破》《水利水电工程管理与实务案例分析专项突破》和《矿业工程管理与实务案例分析专项突破》。

本套丛书具有以下特点：

要点突出——本套丛书对每一章的要点进行归纳总结，帮助考生快速抓住重点，节约学习时间，更加有效地掌握基础知识。

布局清晰——每套丛书分别从进度、质量、安全、成本、合同、现场等方面，将历年真题进行合理划分，并配以典型习题。有助于考生抓住考核重点，各个击破。

真题全面——本套丛书收录了2011—2020年度二级建造师执业资格考试案例分析真题，便于考生掌握考试的命题规律和趋势，做到运筹帷幄。

一击即破——针对历年真题中的各个难点，进行细致的讲解，从而有效地帮助考生突破固定思维，启发解题思路。

触类旁通——以历年真题为基础编排的典型习题，着力加强“能力型、开放型、应用型和综合型”试题的开发与研究，注重关联知识点、题型、方法的再巩固与再提高，加强考生对知识点的进一步巩固，做到融会贯通、触类旁通。

为了配合考生的备考复习，我们开通了答疑QQ群：787239914、1043785895（加群密码：助考服务），配备了专家答疑团队，以便及时解答考生所提的问题。

由于编写时间仓促，书中难免存在疏漏之处，望广大读者不吝赐教。

目　录

全国二级建造师执业资格考试答题方法及评分说明

全国二级建造师执业资格考试设《建设工程施工管理》《建设工程法规及相关知识》两个公共必考科目和《专业工程管理与实务》六个专业选考科目（专业科目包括建筑工程、公路工程、水利水电工程、市政公用工程、矿业工程和机电工程）。

《建设工程施工管理》《建设工程法规及相关知识》两个科目的考试试题为客观题。《专业工程管理与实务》科目的考试试题包括客观题和主观题。

一、客观题答题方法及评分说明

1. 客观题答题方法

客观题题型包括单项选择题和多项选择题。对于单项选择题来说，备选项有4个，选对得分，选错不得分也不扣分，建议考生宁可错选，不可不选。对于多项选择题来说，备选项有5个，在没有把握的情况下，建议考生宁可少选，不可多选。

在答题时，可采取下列方法：

（1）直接法。这是解常规的客观题所采用的方法，就是考生选择认为一定正确的选项。

（2）排除法。如果正确选项不能直接选出，应首先排除明显不全面、不完整或不正确的选项，正确的选项几乎是直接来自于考试教材或者法律法规，其余的干扰选项要靠命题者自己去设计，考生要尽可能多排除一些干扰选项，这样就可以提高选择出正确答案的概率。

（3）比较法。直接把各备选项加以比较，并分析它们之间的不同点，集中考虑正确答案和错误答案关键所在。仔细考虑各个备选项之间的关系。不要盲目选择那些看起来、读起来很有吸引力的错误选项，要去误求正、去伪存真。

（4）推测法。利用上下文推测词义。有些试题要从句子中的结构及语法知识推测入手，配合考生自己平时积累的常识来判断其义，推测出逻辑的条件和结论，以期将正确的选项准确地选出。

2. 客观题评分说明

客观题部分采用机读评卷，必须使用2B铅笔在答题卡上作答，考生在答题时要严格按照要求，在有效区域内作答，超出区域作答无效。每个单项选择题只有1个备选项最符合题意，就是4选1。每个多项选择题有2个或2个以上备选项符合题意，至少有1个错项，就是5选2～4，并且错选本题不得分，少选，所选的每个选项得0.5分。考生在涂卡时应注意答题卡上的选项是横排还是竖排，不要涂错位置。涂卡应清晰、厚实、完整，保持答题卡干净整洁，涂卡时应完整覆盖且不超出涂卡区域。修改答案时要先用橡皮擦将原涂卡处擦干净，再涂新答案，避免在机读评卷时产生干扰。

二、主观题答题方法及评分说明

1. 主观题答题方法

主观题题型是实务操作和案例分析题。实务操作和案例分析题是通过背景资料阐述一个项目在实施过程中所开展的相应工作，根据这些具体的工作提出若干小问题。

实务操作和案例分析题的提问方式及作答方法如下：

（1）补充内容型。一般应按照教材中对应内容将背景资料中未给出的内容都回答出来。

（2）判断改错型。首先应在背景资料中找出问题并判断是否正确，然后结合教材、相关规范进行改正。需要注意的是，考生在答题时，不能完全按照工作中的实际做法来回答问题，因为将实际做法作为答题依据得出的答案和标准答案之间可能存在很大差距，即使答了很多，得分也很低。

（3）判断分析型。这类题型不仅要求考生答出分析的结果，还需要通过分析背景资料来找出问题的突破口。需要注意的是，考生在答题时要针对问题作答。

（4）图表表达型。结合工程图及相关资料表回答图中构造名称、资料表中缺项内容。需要注意的是，关键词表述要准确，避免画蛇添足。

（5）分析计算型。充分利用相关公式、图表和考点的内容，计算题目要求的数据或结果。最好能写出关键的计算步骤，并注意计算结果是否有保留小数点的要求。

（6）简单问答型。这类题型主要考查考生记忆能力，一般情节简单、内容覆盖面较小。考生在回答这类型题时要直截了当，有什么答什么，不必展开论述。

（7）综合分析型。这类题型比较复杂，内容往往涉及不同的知识点，要求回答的问题较多，难度很大，也是考生容易失分的地方。要求考生具有一定的理论水平和实际经验，对教材知识点要熟练掌握。

2. 主观题评分说明

主观题部分评分采取网上评分的方法进行，为了防止出现评卷人的评分宽严度差异对不同考生产生的影响，每个评卷人员只评一道题的分数。每份试卷的每道题均由两位评卷人员分别独立评分，如果两人的评分结果相同或很相近（这种情况比例很大）就按两人的平均分为准。如果两人的评分差异较大，超过4～5分（出现这种情况的概率很小），就由评分专家再独立评分一次，然后用专家所评的分数和与专家评分接近的那个分数的平均分数为准。

主观题部分评分标准一般以准确性、完整性、分析步骤、计算过程、关键问题的判别方法、概念原理的运用等为判别核心。标准一般按要点给分，只要答出要点基本含义一般就会给分，不恰当的错误语句和文字一般不扣分。

主观题部分作答时必须使用黑色墨水笔书写作答，不得使用其他颜色的钢笔、铅笔、签字笔和圆珠笔。作答时字迹要工整、版面要清晰。因此书写不能离密封线太近，密封后评卷人不容易看到；书写的字不能太粗、太密、太乱，最好买支极细笔，字体稍微书写大点、工整点，这样看起来工整、清晰，评卷人也愿意多给分。当本页不够答题要占用其他页时，在下面注明：转第×页；因为每个评卷人仅改一题，若转到另一页评卷人可能就看不到了。

主观题部分作答应避免答非所问，因此考生在考试时要答对得分点，答出一个得分点就给分，说的不完全一致，也会给分，多答不会给分的，只会按点给分。不明确用到什么规范的情况就用“强制性条文”或者“有关法规”代替，在回答问题时，只要有可能，就在答题的内容前加上这样一句话："根据相关法规或根据强制性条文"，通常这些是得分点之一。

主观题部分作答应言简意赅，并尽量使用背景资料中给出的专业术语。考生在考试时应相信第一感觉，往往很多考生在涂改答案过程中，"把原来对的改成错的"这种情形很多。在确定完全答对时，就不要展开论述，也不要写多余的话，能用尽量少的文字表达出正确的意思就好，这样评卷人看得舒服，考生自己也能省时间。如果答题时发现错误，不建议使用涂改液进行修改，应用笔画个框圈起来，打个"×"即可，然后再找一块干净的地方重新书写。

本科目常考的标准、规范

1.《水利水电工程等级划分及洪水标准》SL 252—2017

2.《泵站设计规范》GB 50265—2010

3.《水闸施工规范》SL 27—2014

4.《水闸设计规范》SL 265—2016

5.《水工建筑物水泥灌浆施工技术规范》DL/T 5148—2012

6.《堤防工程施工规范》SL 260—2014

7.《混凝土面板堆石坝施工规范》SL 49—2015

8.《水工混凝土施工规范》SL 677—2014

9.《碾压式土石坝施工规范》DL/T 5129—2013

10.《混凝土面板堆石坝施工规范》DL/T 5128—2009

11.《水利水电工程施工安全管理导则》SL 721—2015

12.《水利水电工程施工组织设计规范》SL 303—2017

13.《水利水电工程施工质量检验与评定规程》SL 176—2007

14.《水利水电工程单元工程施工质量验收评定标准——混凝土工程》SL 632—2012

15.《水利水电工程单元工程施工质量验收评定标准——堤防工程》SL 634—2012

16.《水利水电工程单元工程施工质量验收评定标准——水工金属结构工程》SL 635—2012

17.《水利水电建设工程验收规程》SL 223—2008

18.《水利水电工程施工通用安全技术规程》SL 398—2007

19.《水利水电工程施工安全防护设施技术规范》SL 714—2015

第一章　水利水电工程施工技术

2011—2020 年度实务操作和案例分析题考点分布

考点＼年份	2011年	2012年6月	2012年10月	2013年	2014年	2015年	2016年	2017年	2018年	2019年	2020年
水利水电工程等级划分					●			●			●
建筑物级别划分				●		●	●				●
水闸工程等别				●							
基坑初期排水技术要求及围堰坍塌事故的原因					●				●		
导流方式											●
围堰施工要求					●		●				
水工建筑物水泥灌浆施工技术要求									●		
土方填筑技术			●					●			●
石方填筑技术										●	
汛期施工险情的抢险技术	●		●								
高处作业级别和种类				●			●				●
爆破作业安全操作要求	●										

专家指导：

在近几年的考试中，教材内容的考核在不断增加，出题也慢慢地从单一的考查施工技术或施工管理的内容转变为施工技术与施工管理相结合。这部分内容中，会给定图表，要求判断建筑物名称，建议考生在复习时对教材已有图表详读掌握。从上述考点分布情况来看，水利水电工程等级划分、建筑物级别划分、土方填筑技术、高处作业级别和种类都是考查的重点。

要 点 归 纳

1. 水工建筑物等级划分（表 1-1）【高频考点】

水工建筑物等级划分 **表 1-1**

工程等别	工程规模	水库总库容（10^8m^3）	防洪			治涝	灌溉	供水		发电
			保护人口（10^4 人）	保护农田面积（10^4 亩）	保护区当量经济规模（10^4 人）	治涝面积（10^4 亩）	灌溉面积（10^4 亩）	供水对象重要性	年引水量（10^8m^3）	发电装机容量（MW）
Ⅰ	大（1）型	≥10	≥150	≥500	≥300	≥200	≥150	特别重要	≥10	≥1200
Ⅱ	大（2）型	<10，≥1.0	<150，≥50	<500，≥100	<300，≥100	<200，≥60	<150，≥50	重要	<10，≥3	<1200，≥300
Ⅲ	中型	<1.0，≥0.10	<50，≥20	<100，≥30	<100，≥40	<60，≥15	<50，≥5	比较重要	<3，≥1	<300，≥50
Ⅳ	小（1）型	<0.1，≥0.01	<20，≥5	<30，≥5	<40，≥10	<15，≥3	<5，≥0.5	一般	<1，≥0.3	<50，≥10
Ⅴ	小（2）型	<0.01，≥0.001	<5	<5	<10	<3	<0.5		<0.3	<10

记忆方法：

界限值遵循“包小不包大”。等别遵循“就高不就低”。水库库容数字界限是 10 倍关系。

2. 永久性水工建筑物级别（表 1-2）【重要考点】

永久性水工建筑物级别 **表 1-2**

工程等别	主要建筑物	次要建筑物	工程等别	主要建筑物	次要建筑物
Ⅰ	1	3	Ⅳ	4	5
Ⅱ	2	3	Ⅴ	5	5
Ⅲ	3	4			

记忆方法：

工程等别为几等，主要建筑物就为几级，次要建筑物级别加 1。

3. 工程合理使用年限【重要考点】

Ⅲ等、三级对应 50；Ⅱ等、2 级［对应 100（水库与水电）、50］；1 级、2 级永久水工建筑物中闸门对应 50；其他级别永久性水工建筑物闸门对应 30。

4. 分期围堰法导流（表 1-3）【重要考点】

分期围堰法导流 **表 1-3**

导流方式	内　容
束窄河床导流	通常用于分期导流的前期阶段，特别是一期导流

续表

导流方式	内　容
通过已完建或未完建的永久建筑物导流	通过建筑物导流的主要方式包括设置在混凝土坝体中的底孔导流，混凝土坝体上预留缺口导流、梳齿孔导流，平原河道上的低水头河床式径流电站可采用厂房导流，个别高、中水头坝后式厂房，通过厂房导流等。这种方式多用于分期导流的后期阶段

5. 一次拦断河床围堰辅助导流方式（表1-4）【**重要考点**】

一次拦断河床围堰辅助导流方式　　　　**表1-4**

导流方式	内　容
明渠导流	在河岸或河滩上开挖渠道，在基坑的上下游修建横向围堰，河道的水流经渠道下泄。一般适用于岸坡平缓或有一岸具有较宽的台地、垭口或古河道的地形
隧洞导流	在河岸边开挖隧洞，在基坑的上下游修筑围堰，施工期间河道的水流由隧洞下泄。适用于河谷狭窄、两岸地形陡峻、山岩坚实的山区河流
涵管导流	适用于导流流量较小的河流或只用来担负枯水期的导流。 一般在修筑土坝、堆石坝等工程中采用
淹没基坑法导流	洪水来临时围堰过水，基坑被淹，待洪水退落围堰又挡水时，工程复工。当基坑淹没引起的停工时间可以接受，河道泥沙含量不大时，可以考虑
底孔导流	在混凝土坝体内修建临时性或永久性底孔，导流时部分或全部导流流量通过底孔下泄。在分段分期施工混凝土坝时，可以考虑
坝体缺口导流	其他导流建筑物不足以下泄全部流量时，利用未建成混凝土坝坝体上预留缺口下泄流量

6. 围堰堰顶高程的确定（表1-5）【**重要考点**】

围堰堰顶高程的确定　　　　**表1-5**

类型	公　式
下游围堰的堰顶高程	$H_d=h_d+h_a+\delta$ 式中　H_d——下游围堰的堰顶高程（m）； h_d——下游水位高程（m）； h_a——波浪爬高（m）； δ——围堰的安全超高（m）
上游围堰的堰顶高程	$H_u=h_d+z+h_a+\delta$ 式中　H_u——上游围堰的堰顶高程（m）； z——上下游水位差（m）

注：堰顶高程的确定，取决于施工期水位及围堰的工作条件。

7. 不过水围堰堰顶高程和堰顶安全加高值规定【**重要考点**】

（1）堰顶高程不低于设计洪水的静水位与波浪高度及堰顶安全加高值之和。

（2）不过水围堰堰顶安全加高下限值（表1-6）。

不过水围堰堰顶安全加高下限值 **表 1-6**

围堰类型	围堰级别	
	3	4～5
土石围堰	0.7	0.5
混凝土围堰、浆砌石围堰	0.4	0.3

8. 漏洞险情与抢险技术（表 1-7）【**重要考点**】

漏洞险情与抢险技术 **表 1-7**

项目		内 容
进水口探测		（1）水面观察。可以在水面上撒一些漂浮物，如纸屑、碎草或泡沫塑料碎屑，若发现这些漂浮物在水面打漩或集中在一处，即表明此处水下有进水口。 （2）潜水探漏。漏洞进水口如水深流急，水面看不到漩涡，则需要潜水探摸。 （3）投放颜料观察水色
抢护方法	塞堵法	塞堵漏洞进口是最有效、最常用的方法
	盖堵法	（1）复合土工膜排体或篷布盖堵。 （2）就地取材盖堵
	戗堤法	当堤坝临水坡漏洞口多而小，且范围又较大时，在黏土料备料充足的情况下，可采用抛黏土填筑前戗或临水筑子堤的办法进行抢堵

9. 管涌险情与抢险技术（表 1-8）【**重要考点**】

管涌险情与抢险技术 **表 1-8**

项目		内 容
抢护原则		制止涌水带砂，但留有渗水出路
抢护方法	反滤围井	（1）砂石反滤围井（最常见形式）。 （2）土工织物反滤围井。 （3）梢料反滤围井
	反滤层压盖	在堰内出现大面积管涌或管涌群时，如果料源充足，可采用反滤层压盖的方法，以降低涌水流速，制止地基泥砂流失，稳定险情

10. 不同地基处理的适用方法（表 1-9）【**重要考点**】

不同地基处理的适用方法 **表 1-9**

地基	处理方法
岩基	灌浆、局部开挖回填
砂砾石地基	开挖、防渗墙、帷幕灌浆、设水平铺盖
软土地基	开挖、桩基础、置换法、排水法、挤实法、高压喷射灌浆
湿陷性黄土地基	土或灰土垫层、砂或砂垫层、强夯法、重锤夯实法、桩基础、预浸法
膨胀土地基	换填、土性改良、预浸水
岩溶地段地基	回填碎石（片石）、（帷幕）灌浆
冻土地基	基底换填碎石垫层、铺设复合土工膜、设置渗水暗沟，填方设隔热板

11. 土石坝、堤防填筑的施工方法**【重要考点】**

（1）坝面作业施工程序：铺料、整平、洒水、压实、质检。

（2）铺料与整平：

①铺料宜平行坝轴线进行，铺土厚度要匀，超径不合格的料块应打碎，杂物应剔除。

②按设计厚度铺料整平是保证压实质量的关键。

③对黏性土料，主要应在料场加水，若需在坝面加水，应力求“少、勤、匀”。对非黏性土料，加水工作主要在坝面进行。石渣料和砂砾料压实前应充分加水，确保压实质量。

④对于汽车上坝或光面压实机具压实的土层，应刨毛处理，以利层间结合。

12. 模板的拆除**【重要考点】**

对非承重模板，混凝土强度应达到 2.5MPa 以上，方可拆除。对于承重板，要求达到规定的混凝土设计强度的百分率后才能拆模。

钢筋混凝土结构的承重模板，混凝土达到下列强度后，方可拆除：

（1）悬臂板、梁：跨度 $l \leqslant 2$m，75%；跨度 $l > 2$m，100%。

（2）其他梁、板、拱：跨度 $l \leqslant 2$m，50%；跨度 l 2～8m，75%；跨度 $l >$ 8m，100%。

13. 混凝土拌合系统小时生产能力计算**【重要考点】**

$$P = K_h Q_m / (MN)$$

式中 P——小时生产能力（m^3/h）；

K_h——小时不均匀系数，可取 1.3～1.5；

Q_m——混凝土高峰浇筑强度（m^3/月）；

M——每月工作天数（d），一般取 25d；

N——每天工作小时数（h），一般取 20h。

14. 高处作业要求**【高频考点】**

（1）高处作业的标准：一级（2～5m）；二级（5～15m）；三级（15～30m）；特级（30m 以上）。

（2）特殊高处作业的种类：强风、异温、雪天、雨天、夜间、带电、悬空、抢救。

历 年 真 题

实务操作和案例分析题一［2020 年真题］

【背景资料】

某小型排涝枢纽工程，由排涝泵站、自排涵闸和支沟口主河道堤防等建筑物组成。泵站和自排涵闸的设计排涝流量均为 9.0m^3/s，主河道堤防级别为 3 级。排涝枢纽平面布置示意图如图 1-1 所示。

根据工程施工进度安排，本工程利用 10 月～次年 4 月一个非汛期完成施工，次年汛期投入使用。支沟口主河道堤防采用黏性土填筑，料场复勘时发现料场土料含水量偏大，不满足堤防填筑要求。

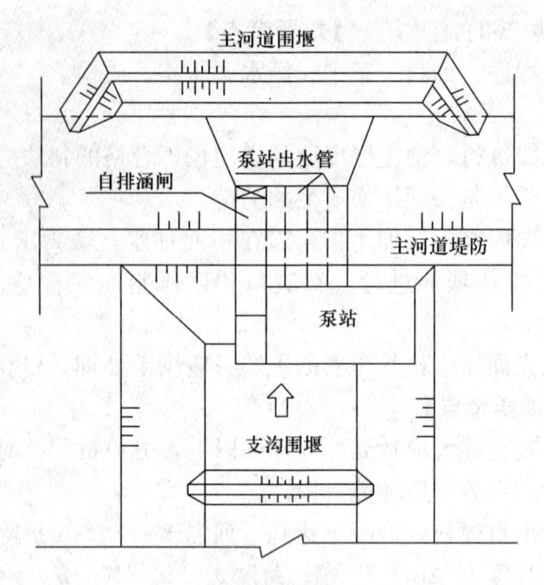

图 1-1　排涝枢纽平面布置示意图

【问题】

1. 分别写出自排涵闸、主河道围堰和支沟围堰的建筑物级别。

2. 本工程采用的是哪种导流方式？确定围堰顶高程需要考虑哪些要素？

3. 列出本工程从围堰填筑至工程完工时段内，施工关键线路上的主要施工项目。

4. 写出堤防填筑面作业的主要工序；提出本工程料场土料含水量偏大的主要处理措施。

【解题方略】

1. 本题考查的是《泵站设计规范》GB 50265—2010 中泵站等别指标及泵站建筑物级别划分。泵站等别指标见表 1-10。

泵站工程等别指标　　表 1-10

泵站等别	泵站规模	灌溉、排水泵站		工业、城镇供水泵站
		设计流量（m^3/s）	装机功率（MW）	
Ⅰ	大（1）型	≥200	≥30	特别重要
Ⅱ	大（2）型	200～50	30～10	重要
Ⅲ	中型	50～10	10～1	中等
Ⅳ	小（1）型	10～2	1～0.1	一般
Ⅴ	小（2）型	＜2	＜0.1	—

注：1. 装机功率是指单站指标，包括备用机组在内。

2. 由多级或多座泵站联合组成的泵站工程的等别，可按其整个系统的分等指标确定。

3. 当泵站按分等指标分属两个不同等别时，应以其中的高等别为准。

本题中，泵站和自排涵闸的设计排涝流量均为 9.0m^3/s，由上表可知，泵站等别为Ⅳ等。

泵站建筑物应根据泵站所属等别及其在泵站中的作用和重要性分级，其级别应按表 1

—11 确定。

泵站建筑物级别划分　　表 1-11

泵站等别	永久性建筑物级别		临时性建筑物级别
	主要建筑物	次要建筑物	
Ⅰ	1	3	4
Ⅱ	2	3	4
Ⅲ	3	4	5
Ⅳ	4	5	5
Ⅴ	5	5	—

泵站等级为Ⅳ等，主河道堤防级别为 3 级，工程等别为Ⅲ等，工程规模为中型，所以自排涵闸建筑物的级别为 3 级。围堰级别应为 5 级。

2. 本题考查的是施工导流方式及围堰堰顶高程的确定。

分期导流一般适用于下列情况：①导流流量大，河床宽，有条件布置纵向围堰；②河床中永久建筑物便于布置导流泄水建筑物；③河床覆盖层不厚。一次拦断河床围堰导流一般适用于枯水期流量不大且河道狭窄的河流。本工程应采用一次拦断河床围堰导流。

围堰堰顶高程的确定，取决于施工期水位及围堰的工作条件。围堰堰顶高程应不低于设计洪水的静水位与波浪高度及堰顶安全加高值之和。

3. 本题考查的是排涝枢纽工程主要施工项目。本题的分析如下：

（1）基坑中有水，那么就要进行基坑降排水，首先要用明排法，底部用井点降水法降水降到基坑底部以下至少 0.5m。

（2）进行基坑开挖，因为基坑一般是比较软弱的，所以要进行地基处理。

（3）主体工程的施工，主体工程包括泵站施工、主河道堤防填筑、自排涵闸施工、泵站出水管施工等。

4. 本题考查的是堤防填筑作业及料场的质量检查和控制。

堤防的施工方法与土石坝基本一致，所以堤防填筑面作业的主要工序包括：铺料、整平、压实三个主要工序。

对于土料含水量偏高应采取的措施在教材中可以找到原文，按教材记忆。若土料的含水量偏高，一方面应改善料场的排水条件和采取防雨措施，另一方面需将含水量偏高的土料进行翻晒处理，或采取轮换掌子面的办法，使土料含水量降低到规定范围再开挖。

【参考答案】

1. 自排涵闸建筑物的级别为 3 级，主河道围堰的级别为 5 级，支沟围堰的级别为 5 级。

2. 本工程采用一次拦断河床围堰导流。

确定围堰顶高程需要考虑：堰前施工期最高水位（或施工期设计水位）、波浪高度、围堰安全超高。

3. 施工关键线路上的主要施工项目有：围堰填筑，基坑初期排水（或降排水），基坑开挖（或土方开挖），混凝土工程施工，土方填筑，金属结构安装，机电设备安装，围堰拆除。

4. 堤防填筑面作业的主要工序包括：铺料、整平、压实（碾压）、边坡整修、质量检查。本工程料场土料含水量偏大的主要处理措施：(1) 料场排水；(2) 土料翻晒。

实务操作和案例分析题二［2019年真题］

【背景资料】

某水库工程由混凝土面板堆石坝、溢洪道和输水隧洞等主要建筑物组成，水库总库容0.9亿m^3。

混凝土面板堆石坝最大坝高68m，大坝上下游坡比均为1∶1.5，大坝材料分区包括：石渣压重（1B）区、黏土铺盖（1A）区、混凝土趾板、混凝土面板及下游块石护坡等。混凝土面板堆石坝材料分区示意图如图1-2所示。

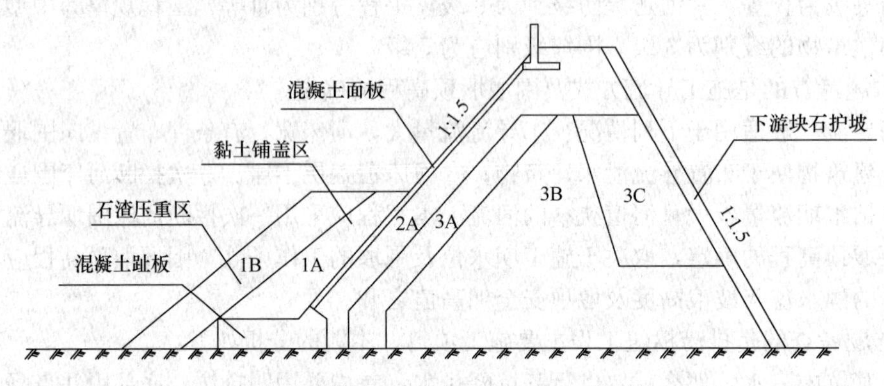

图1-2　混凝土面板堆石坝材料分区示意图

施工过程中发生如下事件：

事件1：施工单位在坝体填筑前，按照设计要求对堆石料进行了现场碾压试验，通过试验确定了振动碾的激振力、振幅、频率、行车速度和坝料加水量等碾压参数。

事件2：施工单位在面板混凝土施工前，提供了面板混凝土配合比，见表1-12。

面板混凝土配合比　　表1-12

编号	水泥品种等级	水胶比	砂率	每方混凝土材料用量（kg/m^3）					
				水	水泥	砂	小石	中石	粉煤灰
1-1	P. MH 42.5	A	B	122	249	760	620	620	56

事件3：混凝土趾板分部工程共有48个单元工程，单元工程质量评定全部合格，其中28个单元工程质量优良，主要单元工程、重要隐蔽单元工程（关键部位单元工程）质量优良，且未发生质量事故；中间产品质量全部合格，其中混凝土试件质量达到优良，原材料质量合格。故该分部工程评定为优良。

事件4：根据施工进度安排和度汛要求，第一年汛后坝体施工由导流洞导流，土石围堰挡水，围堰高度14.8m；第二年汛前坝体施工高程超过上游围堰顶高程，汛期大坝临时挡洪度汛，相应大坝可拦洪库容为$0.3\times10^8m^3$。

【问题】

1. 分别指出图1-2中2A、3A、3B、3C所代表的坝体材料分区名称。

2. 除背景资料所述内容外，事件 1 中的碾压参数还应包括哪些内容?

3. 计算事件 2 混凝土施工配合比表中的水胶比 A 值（保留小数点后两位）和砂率 B 值（用%表示、保留小数点后两位)。

4. 事件 3 中趾板分部工程质量评定结论是否正确? 简要说明理由。

5. 指出该水库工程等别、工程规模及面板堆石坝建筑物级别。指出事件 4 土石围堰的洪水标准和面板堆石坝施工期临时度汛的洪水标准。

【解题方略】

1. 本题考查的是堆石坝材料分区。堆石坝坝体材料分区主要有垫层区、过渡区、主堆石区、下游堆石区（次堆石料区）等，如图 1-3 所示。

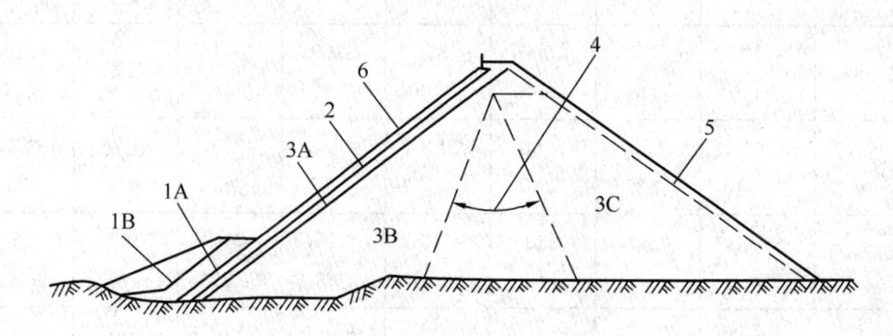

图 1-3　堆石坝坝体分区

1A—上游铺盖区；1B—压重区；2—垫层区；
3A—过渡区；3B—主堆石区；3C—下游堆石区；
4—主堆石区和下游堆石区的可变界限；
5—下游护坡；6—混凝土面板

由图 1-3 可知，本题中，2A 代表垫层区；3A 代表过渡区；3B 代表主堆石区；3C 代表下游堆石区。

2. 本题考查的是堆石体的压实参数。面板堆石坝堆石体的碾重、铺层厚和碾压遍数等应通过碾压试验确定。

3. 本题考查的是混凝土配合比设计的要求。水胶比是每立方米混凝土用水量与所有胶凝材料用量的比值。故水胶比 A=122/（249+56）=0.40。

砂率=砂的用量 S/（砂的用量 S+石子用量 G）×100%=760/（760+620+620）=38%。

4. 本题考查的是分部工程质量评定。根据《水利水电工程施工质量检验与评定规程》SL 176—2007，判定分部工程为优良，应满足的标准：

（1）所含单元工程质量全部合格，其中 70%以上达到优良等级，主要单元工程以及重要隐蔽单元工程（关键部位单元工程）质量优良率达 90%以上，且未发生过质量事故。

（2）中间产品质量全部合格，混凝土（砂浆）试件质量达到优良等级（当试件组数小于 30 时，试件质量合格）。原材料质量、金属结构及启闭机制造质量合格，机电产品质量合格。本题中分部工程优良率=28/48=58.33%<70%，不能评定为优良，但该分部工程满足质量合格标准。

5. 本题考查的是水利水电工程等级划分。

根据《水利水电工程等级划分及洪水标准》SL 252—2017 中水利水电工程分等指标

见表 1-13。

水利水电工程分等指标 **表 1-13**

工程等别	工程规模	水库总库容（10^8m^3）	防洪			治涝	灌溉	供水		发电
			保护人口（10^4 人）	保护农田面积（10^4 亩）	保护区当量经济规模（10^4 人）	治涝面积（10^4 亩）	灌溉面积（10^4 亩）	供水对象重要性	年引水量（10^8m^3）	发电装机容量（MW）
Ⅰ	大（1）型	≥10	≥150	≥500	≥300	≥200	≥150	特别重要	≥10	≥1200
Ⅱ	大（2）型	<10，≥1.0	<150，≥50	<500，≥100	<300，≥100	<200，≥60	<150，≥50	重要	<10，≥3	<1200，≥300
Ⅲ	中型	<1.0，≥0.10	<50，≥20	<100，≥30	<100，≥40	<60，≥15	<50，≥5	比较重要	<3，≥1	<300，≥50
Ⅳ	小（1）型	<0.1，≥0.01	<20，≥5	<30，≥5	<40，≥10	<15，≥3	<5，≥0.5	一般	<1，≥0.3	<50，≥10
Ⅴ	小（2）型	<0.01，≥0.001	<5	<5	<10	<3	<0.5		<0.3	<10

注：1. 水库总库容指水库最高水位以下的静库容；治涝面积指设计治涝面积；灌溉面积指设计灌溉面积；年引水量指供水工程渠首设计年均引（取）水量。

2. 保护区当量经济规模指标仅限于城市保护区；防洪、供水中的多项指标满足 1 项即可。

3. 按供水对象的重要性确定工程等别时，该工程应为供水对象的主要水源。

水库总库容 0.9 亿 m^3，则该水库工程等别为Ⅲ等，工程规模为中型。

永久性水工建筑物级别见表 1-14。

永久性水工建筑物级别 **表 1-14**

工程等别	主要建筑物	次要建筑物	工程等别	主要建筑物	次要建筑物
Ⅰ	1	3	Ⅳ	4	5
Ⅱ	2	3	Ⅴ	5	5
Ⅲ	3	4			

工程等别为Ⅲ等的主要建筑物级别为 3 级。

水库大坝施工期洪水标准见表 1-15。

水库大坝施工期洪水标准 **表 1-15**

坝型	拦洪库容（10^8m^3）			
	≥10	<10，≥1.0	<1.0，≥0.1	<0.1
土石坝［重现期（年）］	≥200	200～100	100～50	50～20
混凝土坝、浆砌石坝［重现期（年）］	≥100	100～50	50～20	20～10

由上表可知，土石围堰的洪水标准（重现期）为10～5年；面板堆石坝施工期临时度汛洪水标准（重现期）为100～50年。

【参考答案】

1. 图1-2中2A、3A、3B、3C所代表的坝体材料分区名称为：

2A—垫层区；3A—过渡区；3B—主堆石区；3C—下游堆石区。

2. 除背景资料所述内容外，事件1中的碾压参数还应包括：振动碾的重量、碾压遍数、铺料厚度。

3. 事件2混凝土施工配合比表中的水胶比A值和砂率B值的计算如下：

水胶比：A＝122/(249＋56)＝0.40；

砂率：B＝760/(760＋620＋620)＝38％。

4. 事件3中趾板分部工程质量评定结论的判定及理由如下：

该分部工程评定为优良不正确。

理由：该分部工程优良率＝28/48＝58.33％，不满足优良率大于70％的要求。

该分部工程应评定为合格。

5. 该水库工程等别、工程规模、面板堆石坝建筑物级别、洪水标准的判定如下：

（1）该水库工程等别为Ⅲ等。

（2）该水库工程规模为中型。

（3）面板堆石坝建筑物级别为3级。

（4）土石围堰的洪水标准（重现期）为10～5年。

（5）面板堆石坝施工期临时度汛洪水标准（重现期）为100～50年。

实务操作和案例分析题三［2018年真题］

【背景资料】

某大（2）型水库枢纽工程，总库容为5.84×10^8 m^3，水库枢纽主要由主坝、副坝、溢洪道、电站及输水洞组成。输水洞位于主坝右岸山体内，长275.0m，洞径4.0m，设计输水流量为34.5m^3/s。该枢纽工程在施工过程中发生如下事件：

事件1：主坝帷幕由三排灌浆孔组成，分别为上游排孔、中间排孔、下游排孔，各排孔均按二序进行灌浆施工；主坝帷幕后布置排水孔和扬压力观测孔。施工单位计划安排排水孔和扬压力观测孔与帷幕灌浆同期施工。

事件2：输水洞布置在主坝防渗范围之内，洞内采用现浇混凝土衬砌，衬砌厚度为0.5m。根据设计方案，输水洞采取了帷幕灌浆、固结灌浆和回填灌浆的综合措施。

事件3：输水洞开挖采用爆破法施工，施工分甲、乙两组从输水洞两端相向进行。当两个开挖工作面相距25m，乙组爆破时，甲组在进行出渣作业：当两个开挖工作面相距10m，甲组爆破时，导致乙组正在作业的3名工人死亡。事故发生后，现场有关人员立即向本单位负责人进行了电话报告。

【问题】

1. 帷幕灌浆施工的原则是什么？指出事件1主坝三排帷幕灌浆孔施工的先后顺序。

2. 指出事件1中施工安排的不妥之处，并说明正确做法。

3. 指出事件2中帷幕灌浆、固结灌浆和回填灌浆施工的先后顺序。回填灌浆应在衬砌混凝土强度达到设计强度的多少后进行？

4. 指出事件3中施工方法的不妥之处，并说明正确做法。

5. 根据《水利安全生产信息报告和处置规则》（水安监［2016］220号），事件3中施工单位负责人在接到事故电话报告后，应在多长时间内向哪些单位（部门）进行电话报告？

【解题方略】

1. 本题考查的是水工建筑物水泥灌浆施工技术。《水工建筑物水泥灌浆施工技术规范》DL/T 5148—2012第5.1.3条规定，帷幕灌浆必须按分序加密的原则进行。由三排孔组成的帷幕，应先灌注下游排孔，再灌注上游排孔，然后进行中间排孔的灌浆，每排可分为二序。由两排孔组成的帷幕应先灌注下游排，后灌注上游排，每排可分为二序或三序。单排孔帷幕应分为三序灌浆。

2. 本题考查的是水工建筑物水泥灌浆施工技术。施工单位安排排水孔和扬压力观测孔与帷幕灌浆同期施工是妥当的。《水工建筑物水泥灌浆施工技术规范》DL/T 5148—2012第5.1.7条规定，帷幕后的排水孔和扬压力观测孔必须在相应部位的帷幕灌浆完成并检查合格后，方可钻进。

3. 本题考查的是灌浆工艺与技术要求。有盖重的坝基固结灌浆应在混凝土达到要求强度后进行。基础灌浆宜按照先固结、后帷幕的顺序进行。水工隧洞的灌浆宜按照先回填灌浆、后固结灌浆、再接缝灌浆的顺序进行。《水工建筑物水泥灌浆施工技术规范》DL/T 5148—2012第7.1.2条规定，隧洞混凝土衬砌段的灌浆，应按先回填灌浆后固结灌浆的顺序进行。回填灌浆应在衬砌混凝土达70%设计强度后进行，同结灌浆宜在该部位的回填灌浆结束7d后进行。当在隧洞中进行帷幕灌浆时，应当先进行隧洞回填灌浆、固结灌浆，再进行帷幕灌浆。这是一个典型的考点，考生务必要掌握。

4. 本题考查的是水利水电工程施工通用安全技术。《水利水电工程施工通用安全技术规程》SL 398—2007第8.4.17条规定，地下相向开挖的两端在相距30m以内时，装炮前应通知另一端暂停工作，退到安全地点。当相向开挖的两端相距15m时，一端应停止掘进，单头贯通。斜井相向开挖，除遵守上述规定外，并应对距贯通尚有5m长地段自上端向下打通。

5. 本题考查的是生产安全事故报告。事故发生后，事故现场有关人员应当立即向本单位负责人电话报告；单位负责人接到报告后，在1h内向主管单位和事故发生地县级以上水行政主管部门电话报告。其中，水利工程建设项目事故发生单位应立即向项目法人（项目部）负责人报告，项目法人（项目部）负责人应于1h内向主管单位和事故发生地县级以上水行政主管部门报告。这是一个典型的考点，考生务必要掌握。

这道案例题可以说很简单，每一小问在教材上都能找到原文，并且是可以原文背诵的题，这种题目在考试中出现比例很低，这就需要考生在平时学习的过程中，多注重细节。

【参考答案】

1. 帷幕灌浆必须按分序加密的原则进行。

事件1中由三排孔组成的帷幕，应先灌注下游排孔，再灌注上游排孔，然后进行中间排孔的灌浆。

2. 不妥之处：施工单位计划安排排水孔和扬压力观测孔与帷幕灌浆同期施工。

正确做法：帷幕后的排水孔和扬压力观测孔必须在相应部位的帷幕灌浆完成并检查合格后，方可钻进。

3. 事件 2 中宜按照先回填灌浆、后固结灌浆、再接缝灌浆的顺序进行。

回填灌浆应在衬砌混凝土达 70％设计强度后进行。

4. 不妥之处一：施工分甲、乙两组从输水洞两端相向进行当两个开挖工作面相距 25m，乙组爆破时，甲组在进行出渣作业。

正确做法：地下相向开挖的两端在相距 30m 以内或 5 倍洞径距离爆破时，装炮前应通知另一端暂停工作，退到安全地点。

不妥之处二：当两个开挖工作面相距 10m，甲组爆破时，导致乙组正在作业的 3 名工人死亡。

正确做法：当相向开挖的两端相距 15m 时，一端应停止掘进，单头贯通。

5. 施工单位负责人在接到事故电话报告后，在 1h 内向主管单位和事故发生地县级以上水行政主管部门电话报告。

实务操作和案例分析题四［2013 年真题］

【背景资料】

某寒冷地区大型水闸工程共 18 孔，每孔净宽 10.0m，其中闸室为两孔一联，每联底板顺水流方向长与垂直水流方向宽均为 22.7m，底板厚 1.8m。交通桥采用预制“T”形梁板结构；检修桥为现浇板式结构，板厚 0.35m。各部位混凝土设计强度等级分别为：闸底板、闸墩、检修桥为 C25，交通桥为 C30；混凝土设计抗冻等级除闸墩为 F150 外，其余均为 F100。施工中发生以下事件：

事件 1：为提高混凝土抗冻性能，施工单位严格控制施工质量，采取对混凝土加强振捣与养护等措施。

事件 2：为有效防止混凝土底板出现温度裂缝，施工单位采取减少混凝土发热量等温度控制措施。

事件 3：施工中，施工单位组织有关人员对 11 号闸墩出现的蜂窝、麻面等质量缺陷在工程质量缺陷备案表上进行填写，并报监理单位备案，作为工程竣工验收备查资料。工程质量缺陷备案表填写内容包括质量缺陷产生的部位、原因等。

事件 4：为做好分部工程验收评定工作，施工单位对闸室段分部混凝土试件抗压强度进行了统计分析，其中 C25 混凝土取样 55 组，最小强度为 23.5MPa，强度保证率为 96％，离差系数为 0.16。分部工程完成后，施工单位向项目法人提交了分部工程验收申请报告，项目法人根据工程完成情况同意进行验收。

【问题】

1. 检修桥模板设计强度计算时，除模板和支架自重外还应考虑哪些基本荷载？该部位模板安装时起拱值的控制标准是多少？拆除时对混凝土强度有什么要求？

2. 除事件 1 中给出的措施外，提高混凝土抗冻性还有哪些主要措施？除事件 2 中给出的措施外，底板混凝土浇筑还有哪些主要温度控制措施？

3. 指出事件 3 中质量缺陷备案做法的不妥之处，并加以改正；工程质量缺陷备案表除给出的填写内容外，还应填写哪些内容？

4. 根据事件4中混凝土强度统计结果，确定闸室段分部C25混凝土试件抗压强度质量等级，并说明理由。该分部工程验收应具备的条件有哪些？

【解题方略】

1. 本题考查的是模板工程设计、安装、拆除。要求考生掌握模板及其支架承受的基本荷载和特殊荷载；防止混凝土浇筑后结构下沉变形的措施；模板的拆除。

模板及其支架承受的荷载分基本荷载和特殊荷载两类。基本荷载包括：①模板及其支架的自重；②新浇混凝土重量；③钢筋和预埋件重量；④工作人员及浇筑设备、工具等荷载；⑤振捣混凝土产生的荷载；⑥新浇混凝土的侧压力；⑦新浇筑的混凝土的浮托力；⑧混凝土拌合物入仓所产生的冲击荷载；⑨混凝土与模板的摩阻力。

承重模板及支架的抗倾稳定性应该验算倾覆力矩、稳定力矩和抗倾稳定系数。稳定系数应大于1.4。当承重模板的跨度大于4m时，其设计起拱值通常取跨度的0.3%左右。

2. 本题考查的是混凝土质量要求及所采取的控制措施。影响混凝土抗冻性能的因素主要有水泥品种、强度等级、水灰比、骨料的品质等。提高混凝土抗冻性最主要的措施是：提高混凝土密实度；减小水灰比；掺和外加剂；严格控制施工质量，注意捣实，加强养护等。混凝土的温度控制措施包括：①原材料和配合比优化，降低水化热温升；②降低混凝土的入仓温度；③加速混凝土散热；④合理分缝分块；⑤混凝土表面保温与养护。

3. 本题考查的是施工质量缺陷备案表的相关内容。考生要明确备案表由谁填写，在哪备案及应备案的内容包括哪些。该考点重复考核的概率不大，考生熟悉即可。

《水利工程质量事故处理暂行规定》（水利部令第9号）规定，小于一般质量事故的质量问题称为质量缺陷。质量缺陷备案的内容包括：质量缺陷产生的部位、原因，对质量缺陷是否处理和如何处理以及对建筑物使用的影响等。内容必须真实、全面、完整，参建单位（人员）必须在质量缺陷备案表上签字，有不同意见应明确记载。质量缺陷备案资料必须按竣工验收的标准制备，作为工程竣工验收备查资料存档。质量缺陷备案表由监理单位组织填写。

4. 本题考查的是分部工程验收。考生要掌握分部工程验收应具备的条件，质量检验评定标准。该考点属于高频考点，考生应重点掌握。

判断混凝土试件是否优良，其抗压强度低值、抗压强度保证率、抗压强度离差系数必须同时优良。闸室段分部C25混凝土试件抗压强度最低值、抗压强度保证率符合优良标准，离差系数符合合格标准，所示C25混凝土试件抗压强度质量符合合格等级。

分部工程验收应具备以下条件：①所有单元工程已完成；②已完单元工程施工质量经评定全部合格，有关质量缺陷已处理完毕或有监理机构批准的处理意见；③合同约定的其他条件。

【参考答案】

1. 检修桥模板设计强度计算时，除模板和支架自重外还应考虑的基本荷载：新浇混凝土重量；钢筋重量；工作人员及浇筑设备、工具荷载等基本荷载。

检修桥承重模板跨度大于4m，模板安装时起拱值按跨度的0.3%左右确定；检修桥承重模板跨度大于8m，在混凝土强度达到设计强度的100%时才能拆除。

2. 除事件1中给出的措施外，提高混凝土抗冻性的主要措施还有：提高混凝土密实度；减小水灰比；掺和外加剂；严格控制施工质量等。

除事件2中给出的措施外，底板混凝土浇筑的主要温度控制措施还有：降低混凝土的入仓温度、加速混凝土散热等。

3. 事件3中质量缺陷备案做法的不妥之处及正确做法如下：

(1) 不妥之处：施工单位组织有关人员在工程质量缺陷备案表上进行填写。

正确做法：质量缺陷备案表由监理单位组织填写。

(2) 不妥之处：施工单位组织将工程质量缺陷备案表报监理单位备案。

正确做法：报工程质量监督机构备案。

工程质量缺陷备案表除给出的填写内容外，还应填写的内容：对质量缺陷是否处理和如何处理以及对工程安全、使用功能和运行的影响等。

4. 根据事件4中混凝土强度统计结果，闸室段分部C25混凝土试件抗压强度质量等级为合格。

理由：根据《水利水电工程施工质量检验与评定规程》SL 176—2007，C25混凝土最小强度为23.5MPa，大于0.9倍设计强度标准值，符合优良标准；强度保证率为96%，大于95%，符合优良标准；离差系数为0.16大于0.14、小于0.18，符合合格标准。所以C25混凝土试件抗压强度质量符合合格等级。

该分部工程验收应具备的条件：①所有单元工程已完成；②已完单元工程施工质量经评定全部合格，有关质量缺陷已处理完毕或有监理机构批准的处理意见；③合同约定的其他条件。

实务操作和案例分析题五［2013年真题］

【背景资料】

某平原区拦河闸工程，设计流量850m³/s，校核流量1020m³/s，闸室结构如图1-4所示。本工程施工采用全段围堰法导流，上、下游围堰为均质土围堰，基坑采用轻型井点降水。闸室地基为含少量砾石的黏土，自然湿密度为1820～1900kg/m³，基坑开挖时，施工单位采用反铲挖掘机配自卸汽车将闸室地基挖至建基面高程10.0m，弃土运距约1km。

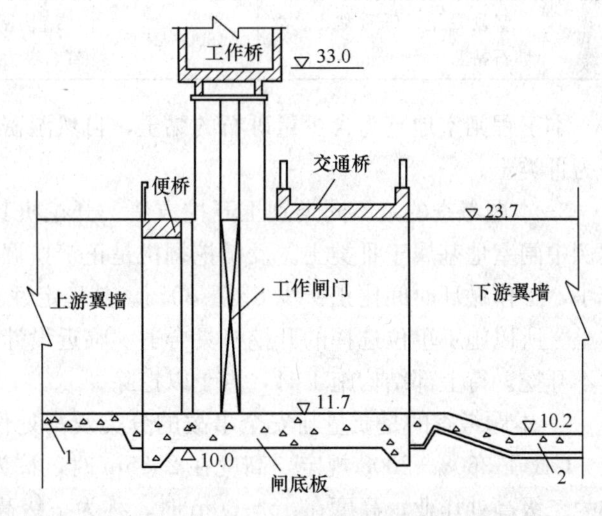

图1-4　闸室结构图

工作桥夜间施工过程中，2名施工作业人员不慎坠落，其中1人死亡，1人重伤。

【问题】

1. 说明该拦河闸工程的等别及闸室和围堰的级别；指出图中建筑物1和2的名称。

2. 根据《土的工程分类标准》GB/T 50145—2007，依据土的开挖方法和难易程度，土共分为几类？本工程闸室地基土属于其中哪一类？

3. 背景资料中，施工单位选用的土方开挖机具和开挖方法是否合适？简要说明理由。

4. 根据《水利工程建设重大质量与安全事故应急预案》，水利工程建设质量与安全事故共分为哪几级？本工程背景资料中的事故等级属于哪一级？根据 2 名工人的作业高度和环境说明其高处作业的级别和种类。

【解题方略】

1. 本题考查的是水闸工程等别、建筑物级别及水闸工程结构布置的内容。是考试中的易考点。本案例中拦河水闸工程，设计流量 850m³/s，校核流量 1020m³/s，根据《水闸设计规范》SL 265—2016，拦河水闸工程规模应根据过闸最大流量确定，故本工程规模为大（2）型，相应等别应为Ⅱ等；闸室为主要建筑物，其级别应为 2 级；围堰为临时建筑物，级别应为 4 级。

2. 本题考查的是土的分类。是较容易的考点。依据开挖方法、开挖难易程度，土共分为Ⅰ、Ⅱ、Ⅲ、Ⅳ四类，见表 1-16。

土的工程分类 **表 1-16**

土的等级	土的名称	自然湿密度（kg/m³）	外观及其组成特性	开挖工具
Ⅰ	砂土、种植土	1650～1750	疏松、黏着力差或易进水，略有黏性	用铁锹或略加脚踩开挖
Ⅱ	壤土、淤泥、含根种植土	1750～1850	开挖时能成块，并易打碎	用铁锹，需用脚踩开挖
Ⅲ	黏土、干燥黄土、干淤泥、含少量碎石的黏土	1800～1950	粘手、看不见砂粒，或干硬	用镐、三齿耙开挖或用锹需用力加脚踩开挖
Ⅳ	坚硬黏土、砾质黏土、含卵石黏土	1900～2100	结构坚硬，分裂后成块状，或含黏力、砾石较多	用镐、三齿耙开挖

本工程闸室地基为含少量砾石的黏土，自然湿密度为 1820～1900kg/m³，所以闸室地基为Ⅲ类土。

3. 本题考查的是不同类别土开挖方法、开挖机具选择及建基面保护的相关知识。本案例中闸室地基属于Ⅲ类土。反铲挖掘机是正铲挖掘机的一种换用装置，一般斗容量较正铲小，工作循环时间比正铲少 8%～30%。其稳定性及挖掘力均比正铲小，适用于Ⅰ～Ⅲ类土。所以施工单位选择的开挖机具合适。临近设计高程时，应留出 30～50cm 的保护层暂不开挖，待上部结构施工时，再予以挖除。

4. 本题考查的是质量与安全事故的分类及高处作业要求的内容。根据《高处作业分级》GB/T 3608—2008 规定，高度在 2～5m 时，称为一级高处作业；高度在 5～15m 时，称为二级高处作业；高度在 15～30m 时，称为三级高处作业；高度在 30m 以上时，称为特级高处作业。本题中，坠落人员作业高度为 33.0－11.7＝21.3m，所以为三级高处作业；工作桥夜间施工，为特殊高处作业。

【参考答案】

1. 该拦河闸工程的等别为Ⅱ等；闸室级别为 2 级；围堰级别为 4 级。

图 1-4 中建筑物 1 的名称为上游铺盖。建筑物 2 的名称为护坦（闸下消力池）。

2. 根据《土的工程分类标准》GB/T 50145—2007，依据土的开挖方法和难易程度，土共分为 4 类。本工程闸室地基土属于Ⅲ类。

3. 背景资料中，施工单位选用的土方开挖机具合适，开挖方法不合适。

理由：本工程闸室地基土为Ⅲ类土，弃土运距约 1km，选用反铲挖掘机配自卸车开挖是合适的，用挖掘机直接开挖至建基面高程不合适，闸室地基保护层应由人工开挖。

4. 根据《水利工程建设重大质量与安全事故应急预案》，水利工程建设质量与安全事故共分为Ⅰ、Ⅱ、Ⅲ、Ⅳ级。本工程背景资料中的事故等级属于Ⅳ级。

根据 2 名工人的作业高度和环境，其高处作业的级别为三级。高处作业种类为特殊（或夜间）。

实务操作和案例分析题六［2012 年 10 月真题］

【背景资料】

某水闸共 3 孔，闸室每孔净宽 8.0m，主要工程内容包括：①闸底板和闸墩，②消力池，③消力池段翼墙，④斜坡段翼墙，⑤斜坡段护底，⑥翼墙后填土等。闸室底板与斜坡段底板混凝土分缝之间设金属止水片。其工程平面布置示意图如图 1-5 所示。

施工单位为检验工程质量，在工地建立了试验室。施工过程中，施工单位有关人员在施工技术负责人的监督下，对闸底板和闸墩等部位的混凝土进行了见证取样，所取试样在工地试验室进行了试验，同时施工单位有关人员在监理单位的监督下，另取一份试件作为平行检测试样，并在工地试验室进行了试验。

分部工程完成后，项目法人主持进行了分部工程验收，并形成“分部工程验收鉴定书”，鉴定书主要内容包括开工完工日期、质量事故及缺陷处理、保留意见等。

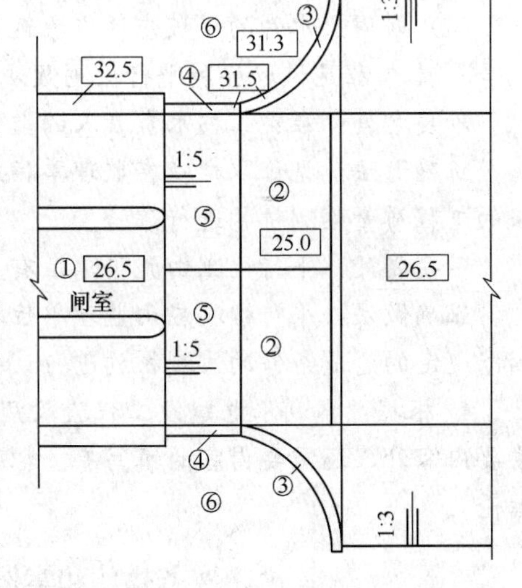

图 1-5　工程平面布置示意图

【问题】

1. 请给出背景材料中主要工程内容的合理施工顺序（工程内容用序号表示）。

2. 施工单位在进行闸室底板与斜坡段底板分缝部位的混凝土施工时，应注意哪些事项？

3. 分别指出本工程见证取样和平行检测做法的不妥之处，并说明正确做法。

4. 根据《水利水电建设工程验收规程》SL 223—2008，鉴定书除背景材料中给出的主要内容外，还有哪些内容需要填写？

【解题方略】

1. 本题考查的是水闸组成和施工组织。水闸混凝土工程的施工应以闸室为中心，按照“先深后浅，先重后轻，先高后低，先主后次”的原则进行。

2. 本题考查的是水工建筑物分缝与止水处的混凝土施工要求。直接按教材复习即可，没有什么难点。

3. 本题考查的是水利工程施工过程中监理机构的检测方法和手段。在这里要注意平行检测与见证取样的区别。

见证取样。在监理单位或项目法人监督下，由施工单位有关人员现场取样，并送到具有相应资质等级的工程质量检测机构所进行的检测。

平行检测。在承包人对原材料、中间产品和工程质量自检的同时，监理机构按照监理合同约定独立进行抽样检测，核验承包人的检测结果。平行检测费用由发包人承担。

4. 本题考查的是水利工程分部工程验收的相关内容。这部分内容在考试中也是经常考核的，注意掌握。

【参考答案】

1. 主要工程内容的合理施工顺序：①→③→④→⑥→②→⑤。

2. 施工单位在进行闸室底板与斜坡段底板分缝部位的混凝土施工时，应注意的事项包括：

(1) 在止水片高程处不得设置施工缝。

(2) 浇筑混凝土时不得冲撞止水片。

(3) 振捣器不得触及止水片。

(4) 嵌固止水片的模板应适当推迟拆模时间。

3. 本工程见证取样和平行检测做法的不妥之处及正确做法：

不妥之处：在施工技术负责人的监督下见证取样，试样送工地试验室试验。

正确做法：见证取样应在监理单位或项目法人监督下取样，试样送到具有相应资质等级的工程质量检测机构进行试验。

不妥之处：平行检测由施工单位有关人员取样，试样送工地试验室试验。

正确做法：平行检测应由监理单位在承包人自行检测的同时独立取样，试样送到具有国家规定的资质条件的检测机构进行试验。

4. 根据《水利水电建设工程验收规程》SL 223—2008，鉴定书除背景材料中给出的主要内容外，还需要内容的填写有：拟验工程质量评定意见；存在问题及处理意见；验收结论。

实务操作和案例分析题七［2011年真题］

【背景资料】

某施工单位承包了东风水库工程施工，制订的施工方案中部分内容如下：

(1) 水库大坝施工采用全段围堰法导流。相关工作内容有：①截流；②围堰填筑；③围堰拆除；④导流隧洞开挖；⑤下闸蓄水；⑥基坑排水；⑦坝体填筑。

(2) 岸坡石方开挖采用钻孔爆破法施工，爆破开挖布置如图1-6所示；隧洞爆破采用电力起爆。方案要求测量电雷管电阻应采用小流量的通用欧姆表；用于同一爆破网路的康铜桥丝电雷管的电阻极差不超过0.5Ω；起爆电源开关钥匙由每天负责爆破作业的班组长轮流保管。

施工过程中发生如下事件：

事件1：某天装药作业时因现场阴暗，爆破作业班长亲自拉线接电安装照明设施，照明灯置于距爆破作业面10m处。作业中发生安全事故，造成1人死亡、2人重伤。

事故发生后，项目法人及时向水行政主管部门、地方人民政府进行了报告。

事件2：随着汛期临近，围堰上游水位上涨，基坑靠近堰脚处发生险情，地面出现涌水，夹带有许多泥沙，并有逐渐加剧的趋势。

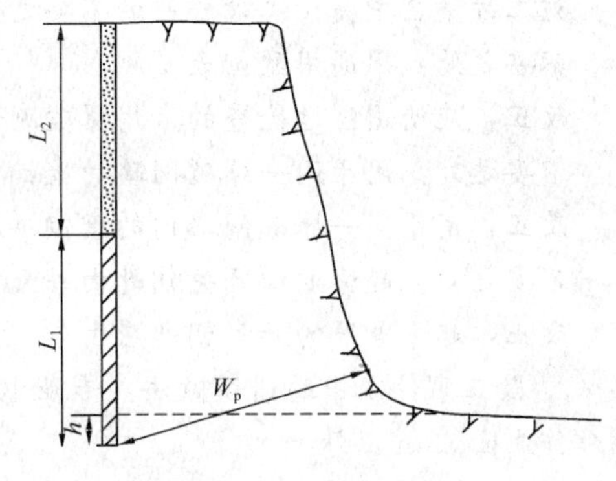

图1-6 爆破开挖布置图

【问题】

1. 指出施工方案1中①～⑦工作的合理施工顺序。

2. 指出图中参数W_p、L_1、L_2、h的名称；改正施工方案2中关于爆破作业的不妥之处。

3. 改正事件1中的错误做法；根据《水利工程建设重大质量与安全事故应急预案》的规定，确定事件1的事故等级；事故发生后，项目法人还应向哪个部门报告？

4. 判断事件2的基坑险情类型，指出其抢护原则。

【解题方略】

1. 本题考查的是水库工程施工的基本程序。水利工程施工首先应做好导流截流，然后在围堰保护下，进行基坑排水，然后才可以开始水工建筑物施工。

2. 本题考查的是钻孔爆破的炮孔布置参数和爆破作业安全操作要求。解答本题需要掌握下列知识点：

（1）用于同一爆破网路内的电雷管，电阻值应相同。康铜桥丝雷管的电阻极差不得超过0.25Ω，镍铬桥丝雷管的电阻极差不得超过0.5Ω。

（2）装炮前工作面一切电源应切除，照明至少设于距工作面30m以外，只有确认炮区无漏电、感应电后，才可装炮。

（3）雷雨天严禁采用电爆网路。

（4）测量电阻只许使用经过检查的专用爆破测试仪表或线路电桥。严禁使用其他电气仪表进行量测。

3. 本题考查的是爆破安全技术和安全事故等级确定与事故报告。"爆破作业班长亲自拉线接电安装照明设施，照明灯置于距爆破作业面10m处"不符合电力起爆规定。

本案例中造成1人死亡、2人重伤，属于Ⅳ级较大质量与安全事故。

4. 本题考查的是围堰险情判断与对应险情抢护原则。施工期间，尤其是汛期来临时，围堰以及基坑在高水头作用下发生的险情主要有漏洞、管涌和漫溢等。事件2中的险情属于管涌的特定。

【参考答案】

1. 施工方案1中①～⑦工作的合理施工顺序：④导流隧洞开挖→①截流→②围堰填筑→⑥基坑排水→⑦坝体填筑→⑤下闸蓄水→③围堰拆除。

2. 图中参数W_p为底盘抵抗线；L_1为装药深度；L_2为堵塞深度；h为超钻深度。

施工方案 2 中关于爆破作业的不妥之处及改正：

不妥之处：用通用欧姆表量测。

改正：应使用经过检查的专用爆破测试仪或线路电桥。

不妥之处：用于同一爆破网路的康铜桥丝电雷管的电阻极差不超过 0.5Ω。

改正：用于同一爆破网路内的康铜桥丝雷管的电阻极差不得超过 0.25Ω。

不妥之处：起爆电源开关钥匙由每天负责爆破作业的班组长轮流保管。

改正：起爆电源的开关钥匙应由专人保管。

3. 改正事件 1 中的错误做法：专业电工亲自拉线接电安装照明设施，照明灯置于距爆破作业面 30m 以外。

根据《水利工程建设重大质量与安全事故应急预案》的规定，确定事件 1 的事故等级为Ⅳ级。

事故发生后，项目法人还应向安全生产监督管理部门报告。

4. 事件 2 的基坑险情类型为管涌，其抢护原则：制止涌水带砂，而留有渗水出路。

典 型 习 题

实务操作和案例分析题一

【背景资料】

某水利水电枢纽由拦河坝、溢洪道、发电引水系统、电站厂房等组成。水库库容为 $12\times10^8 m^3$。拦河坝为混凝土重力坝，最大坝高 152m，坝顶全长 905m。重力坝抗滑稳定计算受力简图如图 1-7 所示。

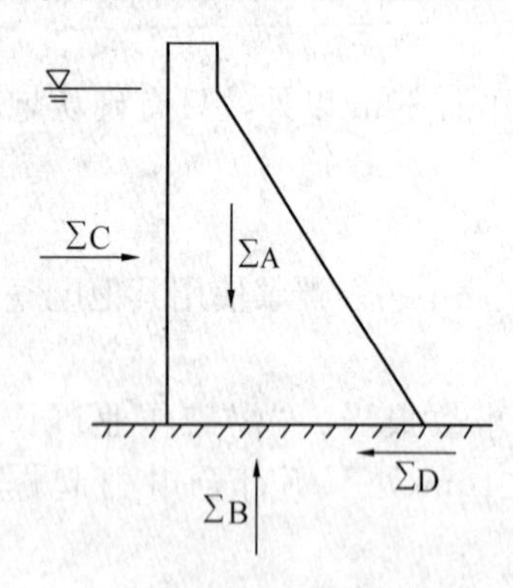

图 1-7　重力坝抗滑稳定计算受力简图

事件 1：混凝土重力坝以横缝分隔为若干坝段。根据本工程规模和现场施工条件，施工单位将每个坝段以纵缝分为若干浇筑块进行混凝土浇筑。每个坝段采用竖缝分块形式浇筑混凝土。

事件 2：混凝土重力坝基础面为岩基，开挖至设计高程后，施工单位对基础面表面松软岩石、棱角和反坡进行清除，随即开仓浇筑。

事件 3：混凝土重力坝施工中，早期施工时坝体出现少量裂缝，经分析裂缝系温度应力所致。施工单位编制了温度控制技术方案，提出了相关温度控制措施，并提出出机口温度、表面保护等主要温度控制指标。

事件 4：本工程混凝土重力坝为主要单位工程，分为 18 个分部工程，其中主要分部工程 12 个。单位工程施工质量评定时，分部工程全部合格，优良等级 15 个，其中主要分部工程优良等级 11 个。施工中无质量事故。外观质量得分率 91%。

【问题】

1. 写出图 1-7 中∑A、∑B、∑C、∑D 分别对应的荷载名称。

2. 事件 1 中，混凝土重力坝坝段分段长度一般为多少米？每个坝段的混凝土浇筑除采用竖缝分块以外，通常还可采用哪些分缝分块形式？

3. 事件 2 中，施工单位对混凝土重力坝基础面处理措施和程序是否完善？请说明理由。

4. 事件 3 中，除出机口温度、表面保护外，主要温度控制指标还应包括哪些？

5. 事件 4 中，混凝土重力坝单位工程施工质量等级能否评定为优良？说明原因。

【参考答案】

1. 图 1-7 中∑A、∑B、∑C、∑D 分别对应的荷载名称分别为：

(1) ∑A 对应的荷载名称为自重；

(2) ∑B 对应的荷载名称为扬压力；

(3) ∑C 对应的荷载名称为水压力；

(4) ∑D 对应的荷载名称为摩擦力。

2. 混凝土坝的分缝分块，首先是沿坝轴线方向，将坝的全长划分为 15～24m 的若干坝段。

每个坝段的混凝土浇筑除采用竖缝分块以外，通常还可采用通仓浇筑、斜缝分块、错缝分块等分缝分块形式。

3. 事件 2 中，施工单位对混凝土重力坝基础面处理措施和程序不完善。

理由：对于岩基，在爆破后，用人工清除表面松软岩石、棱角和反坡，并用高压水枪冲洗，若粘有油污和杂物，可用金属丝刷刷洗，直至洁净为止，最后，再用高压风吹至岩面无积水，经质检合格，才能开仓浇筑。

4. 事件 3 中，除出机口温度、表面保护外，主要温度控制指标还应包括：浇筑温度、浇筑层厚度、间歇期、表面冷却、通水冷却等。

5. 事件 4 中，混凝土重力坝单位工程施工质量等级不能评定为优良等级。

理由：主要分部工程 12 个，主要分部工程优良等级 11 个，不满足“主要分部工程质量全部优良”。

实务操作和案例分析题二

【背景资料】

某混凝土重力坝工程，坝基为岩基，大坝上游坝体分缝处设置紫铜止水片。

施工中发生如下事件：

事件 1：工程开工前，施工单位编制了常态混凝土施工方案。根据施工方案及进度计划安排，确定高峰月混凝土浇筑强度为 25000m^3。施工单位采用《水利水电工程施工组织设计规范》有关公式对混凝土拌合系统的小时生产能力进行计算，有关计算参数如下：小时不均匀系数 K_h=1.5，月工作天数 M=25d，日工作小时数 N=20h。经计算拟选用生产率为 35m^3/h 的 JS750 型拌合机 2 台。

事件 2：岩基爆破后，施工单位在混凝土浇筑前对基础面进行处理。监理单位在首仓混凝土浇筑前进行开仓检查。

事件 3：某一坝段混凝土初凝后 4h 开始保湿养护，连续养护 14d 后停止。

事件 4：监理人员在巡检过程中，检查了紫铜止水片的搭接焊接质量。

【问题】

1. 根据事件1，计算该工程需要的混凝土拌合系统小时生产能力，判断拟选用拌合设备的生产能力是否满足要求？指出影响混凝土拌合系统生产能力的因素有哪些？

2. 事件2中，岩基基础面需要做哪些处理？大坝首仓混凝土浇筑前除检查基础面处理外，还要检查的内容有哪些？

3. 指出事件3中的错误之处，写出正确做法。

4. 事件4中，紫铜止水片的搭接焊接质量合格的标准有哪些？焊缝的渗透检验采用什么方法？

【参考答案】

1. 混凝土拌合系统小时生产能力的计算公式为：

$$P=K_hQ_m/(MN)$$

则该工程需要的混凝土拌合系统小时生产能力$=1.5\times25000/(25\times20)=75m^3/h$。

经计算拟选用生产率为$35m^3/h$，由此可知：$2\times35=70m^3/h<75m^3/h$，不满足要求。

影响混凝土拌合系统生产能力的因素有：设备容量、台数、生产率等。

2. 事件2中，岩石基础面需要做以下处理：用人工清除表面松软岩石、棱角和反坡，并用高压水枪冲洗，若粘有油污和杂物，可用金属丝刷洗，直至洁净为止，最后用高压风吹至岩面无积水。

大坝首仓混凝土浇筑前除检查基础面处理外，还要检查的内容有：模板、钢筋及止水安设（注：预埋件不给分）等内容。

3. 对事件3中混凝土养护错误之处的判断及正确做法如下：

错误之处一：混凝土初凝后4h开始保湿养护。

正确做法：常态混凝土应在初凝后3h开始保湿养护。

错误之处二：连续养护14d后停止。

正确做法：混凝土宜养护至设计龄期，养护时间不宜少于28d。

4. 事件4中，紫铜止水片的搭接焊接质量合格的标准有：① 双面焊接，其搭接长度应大于20mm。②焊缝应表面光滑、不渗水，无孔洞、裂隙、漏焊、欠焊、咬边伤等缺陷。

焊缝的渗透检验应采用煤油做渗透检验。

实务操作和案例分析题三

扫码学习

【背景资料】

某新建水库工程由混凝土面板堆石坝、溢洪道、引水发电系统等主要建筑物组成。其中，混凝土面板堆石坝最大坝高95m，坝顶全长222m，坝体剖面图如图1-8所示。

承包人甲中标承担该水库工程的施工任务，施工过程中发生如下事件：

事件1：由于异常恶劣天气原因，工程开工时间比原计划推迟，综合考虑汛前形势和承包人甲的施工能力，项目法人直接指定围堰工程由分包人乙实施。承包人甲同时提出将混凝土面板浇筑分包给分包人丙实施的要求，经双方协商，项目法人同意了承包人甲提出的要求，并签订协议，协议中要求承包人甲对两个分包人的行为向项目法人负全部责任。

事件 2：当大坝填筑到一定高程时，为安全度汛，承包人甲对堆石坝体上游坡面采取了防渗固坡处理措施。

事件 3：混凝土面板采用滑模施工，脱模后的混凝土及时进行了修整和养护。

图 1-8　混凝土面板堆石坝剖面图

【问题】

1. 指出图 1-8 中 A、B、C 所代表的坝体分区名称及相应主要作用。

2. 根据《水利建设工程施工分包管理规定》（水建管［2005］304 号），指出事件 1 中项目法人行为的不妥之处，并说明理由。

3. 根据《混凝土面板堆石坝施工规范》SL 49—2015，列举事件 3 中承包人甲可采取的防渗固坡处理措施。

4. 指出事件 3 中混凝土面板养护的起止时间和养护的具体措施。

【参考答案】

扫码学习

1. 图中 A、B、C 所代表的坝体分区名称及相应作用如下：

（1）A 代表垫层区，主要作用是为混凝土面板提供平整、密实的基础。

（2）B 代表过渡区，主要作用是保护垫层区在高水头作用下不产生破坏。

（3）C 代表主堆石区，主要作用是承受水荷载。

2. 根据《水利建设工程施工分包管理规定》（水建管［2005］304 号），事件 1 中项目法人行为的不妥之处及理由如下：

（1）不妥之处 1：项目法人直接指定围堰工程由分包人乙实施。

理由：项目法人一般不得直接指定分包人。但在合同实施过程中，如承包人无力在合同规定的期限内完成合同中的应急防汛、抢险等危及公共安全和工程安全的项目，项目法人经项目的上级主管部门同意，可根据工程技术、进度的要求，对该应急防汛、抢险等项目的部分工程指定分包人。

（2）不妥之处 2：项目法人同意承包人甲提出将混凝土面板浇筑分包给分包人丙实施的要求。

理由：水利建设工程的主要建筑物的主体结构不得进行工程分包。混凝土面板浇筑作为该新建水库工程的主要建筑物的主体结构，故不得进行工程分包。

（3）不妥之处 3：协议中要求承包人甲对两个分包人的行为向项目法人负全部责任。

理由：由指定分包人造成的与其分包工作有关的一切索赔、诉讼和损失赔偿由指定分包人直接对项目法人负责，承包人不对此承担责任。因此，案例中的指定分包人乙直接对项目法人负责。承包人甲将混凝土面板浇筑分包给分包人丙实施的要求属于违法分包。

3. 根据《混凝土面板堆石坝施工规范》SL 49—2015，承包人甲必须对堆石坝体上游坡面进行碾压砂浆、喷射混凝土或喷洒阳离子乳化沥青等防渗固坡处理。

4.（1）混凝土面板养护应从混凝土初凝后开始，连续养护至水库蓄水为止。

（2）混凝土面板的养护包括保温、保湿两项内容。一般采用草袋保温，喷水保湿。

实务操作和案例分析题四

【背景资料】

某水利枢纽由混凝土重力坝、引水隧洞和电站厂房等建筑物组成。最大坝高123m，水库总库容$2\times10^8m^3$，电站装机容量240MW。混凝土重力坝剖面图如图1-9所示。

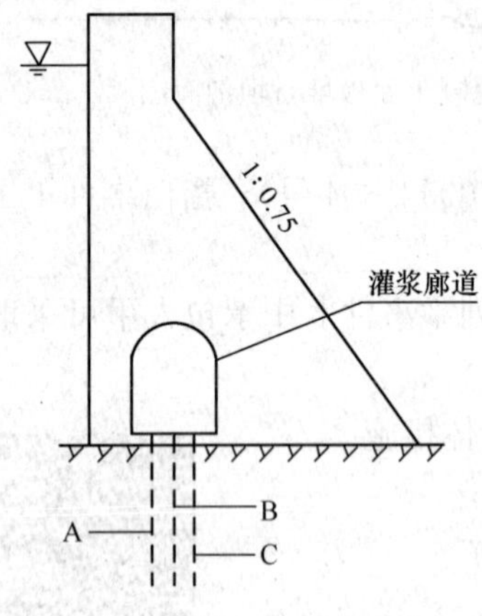

图1-9　混凝土重力坝剖面图

本工程在施工中发生如下事件：

事件1：施工单位根据《水工建筑物水泥灌浆施工技术规范》DL/T 5148—2012和设计图纸编制了帷幕灌浆施工方案，计划三排帷幕孔按顺序A→B→C依次进行灌浆施工。

事件2：施工单位根据《水利水电工程施工组织设计规范》SL 303—2017，先按高峰月浇筑强度初步确定了混凝土生产系统规模，同时又按平层浇筑法计算公式$Q_h\geqslant K_hSD/(t_1-t_2)$，复核了混凝土生产系统的小时生产能力。

事件3：施工单位根据《水工混凝土施工规范》SL 667—2014，对大坝混凝土采取了温控措施。首先对原材料和配合比进行优化，降低混凝土水化热温升，其次在混凝土拌合、运输和浇筑等过程中采取多种措施，降低混凝土的浇筑温度。

事件4：施工单位在某一坝段基础C20混凝土浇筑过程中，共抽取混凝土试样35组进行抗压强度试验，试验结果统计：

(1) 有3组试样抗压强度为设计强度的80%；

(2) 试样混凝土的强度保证率为78%。

施工单位按《水利水电工程施工质量检验与评定规程》SL 176—2007对混凝土强度进行评定，评定结果为不合格，并对现场相应部位结构物的混凝土强度进行了检测。

事件5：本工程各建筑物全部完工并经一段时间试运行后，项目法人组织勘测、设计、监理、施工等有关单位的代表开展竣工验收自查工作，召开自查工作会议。自查完成后，项目法人向工程主管部门提交了竣工验收申请报告。工程主管部门提出：本工程质量监督部门未对工程质量等级进行核定，不得验收。

【问题】

1. 改正事件1中三排帷幕孔的灌浆施工顺序。简述帷幕灌浆施工工艺流程（施工过程）。

2. 指出事件2Q_h的计算公式中K_h、S、D、t_1、t_2的含义。

3. 说明事件3中“混凝土浇筑温度”这一规范术语的含义。指出在混凝土拌合、运输过程中降低混凝土浇筑温度的具体措施。

4. 说明事件4中混凝土强度评定为不合格的理由。指出对结构物混凝土强度进行检测的方法有哪些？

5. 除事件5中列出的参加会议的单位外，还有哪些单位代表应参加自查工作和列席自查工作会议？工程主管部门的要求是否妥当？说明理由。

【参考答案】

1. 事件1中三排帷幕孔的灌浆施工顺序及施工工艺流程如下：

（1）三排帷幕施工顺序：C→A→B

（2）帷幕灌浆施工工艺：钻孔、裂隙冲洗、压水试验、灌浆和灌浆质量检查

2. 事件2中Q_h的计算公式中K_h、S、D、t_1、t_2的含义如下：

K_h—小时不均匀系数；

S—最大混凝土块的浇筑面积；

D—最大混凝土块的浇筑分层厚度；

t_1—混凝土的初凝时间；

t_2—混凝土出机后到入仓所经历时间。

3. 混凝土浇筑温度，是指在混凝土平仓振捣后，覆盖上层混凝土前，距混凝土表面下10cm处的混凝土温度。

混凝土拌合、运输过程中降低混凝土浇筑温度的措施有：

合理安排混凝土施工时间，减少运输途中和仓面温度回升。

在混凝土拌合时，加冷水、加冰和集料预冷（集料水冷、集料风冷）。

4. 事件4中混凝土强度评定为不合格的理由：

（1）任一组试样混凝土抗压强度的最低强度合格要求，不应低于设计强度的85%，而试件中有三组试样仅为设计强度的80%。

（2）试样混凝土的强度保证率合格要求不低于80%，而实际只有78%。

对结构物混凝土强度进行检测的方法有：钻孔取芯和无损检测。

5. 应参加自查工作的单位代表还有：主要设备（供应）商和运行管理单位代表；

质量监督和安全监督机构代表应列席自查工作会议。

工程主管部门要求不妥。

理由：工程质量监督机构应对工程质量结论进行核备，而不是核定。

实务操作和案例分析题五

【背景资料】

某水电站工程主要工程内容包括：碾压混凝土坝、电站厂房、溢洪道等，工程规模为中型。水电站装机容量为50MW，碾压混凝土坝坝顶高程417m，最大坝高65m。该工程施工平面布置示意图如图1-10所示。

事件1：根据合同工期要求，该工程施工导流部分节点工期目标及有关洪水标准见表1-17。

施工导流部分节点工期目标及有关洪水标准表　　表1-17

时间节点	工期目标	洪水标准	备注
2015.11	围堰填筑完成	围堰洪水标准A	围堰顶高程362m；围堰级别为B级

续表

时间节点	工期目标	洪水标准	备注
2016.5	大坝施工高程达到 377m 高程	大坝施工期洪水标准C	相应拦洪库容为 2000 万 m^3
2017.12	导流洞封堵完成	坝体设计洪水标准D；坝体校核洪水标准 50～100 年一遇	溢洪道尚不具备设计泄洪能力

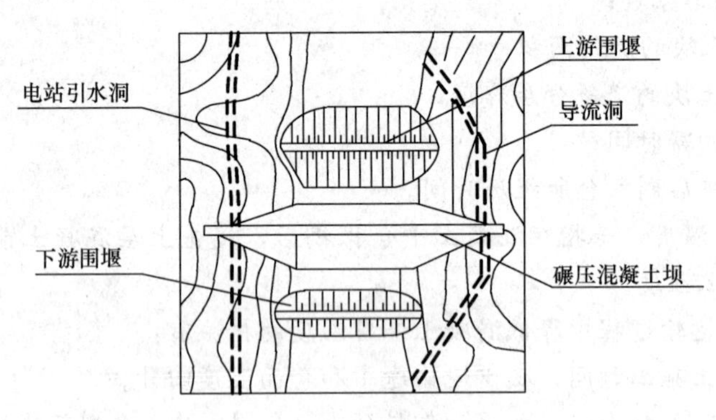

图 1-10　施工平面布置示意图

事件 2：上游围堰采用均质土围堰，围堰断面示意图如图 1-11 所示，施工单位分别采取瑞典圆弧法（K_1）和简化毕肖普法（K_2）计算围堰边坡稳定安全系数，K_1、K_2 计算结果分别为 1.03 和 1.08。施工单位组织编制了围堰工程专项施工方案，专项施工方案内容包括工程概况等。

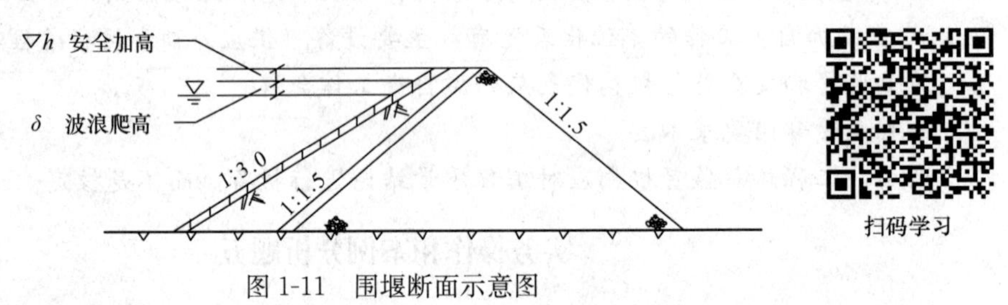

图 1-11　围堰断面示意图

事件 3：碾压混凝土坝施工中，采取了仓面保持湿润等养护措施。2016 年 9 月，现场对已施工完成的碾压混凝土坝体钻孔取芯，钻孔取芯检验项目及评价内容见表 1-18。

钻孔取芯检验项目及评价内容　　表 1-18

序号	检验项目	评价内容
1	芯样获得率	E
2	压水试验	F
3	芯样的物理力学性能试验	评价碾压混凝土均质性和力学性能
4	芯样断面位置及形态描述	评价碾压混凝土层间结合是否符合设计要求
5	芯样外观描述	G

事件 4：为保证蓄水验收工作的顺利进行，2017 年 9 月，施工单位根据工程进度安排，向当地水行政主管部门报送工程蓄水验收申请，并抄送项目审批部门。

【问题】

1. 根据《水利水电工程施工组织设计规范》SL 303—2017，指出事件 1 中 A、C、D 分别对应的洪水标准；围堰级别 B 为几级？

2. 事件 2 中，▽h 最小应为多少？K_1、K_2 是否满足《水利水电工程施工组织设计规范》SL 303—2017 的要求？规范规定的最小值分别为多少？

3. 事件 2 中，围堰专项施工方案除背景所述内容外，还应包括哪些内容？

4. 事件 3 中，除仓面保持湿润外，在碾压混凝土养护方面还应注意哪些问题？

5. 事件 3 表 1-18 中，E、F、G 分别所代表的评价内容是什么？

6. 根据《水电工程验收管理办法》（国能新能〔2015〕426 号），指出并改正事件 4 中，在工程蓄水验收申请的组织方面存在的不妥之处。

【参考答案】

1. 根据《水利水电工程施工组织设计规范》SL 303—2017，对事件 1 中 A、C、D 洪水标准及围堰级别 B 的判断如下：

（1）A 代表的洪水标准范围为 5～10 年一遇。

（2）C 代表的洪水标准范围为 20～50 年一遇。

（3）D 代表的洪水标准范围为 20～50 年一遇。

（4）B 围堰级别为 5 级。

2. 对事件 2 的分析如下：

（1）▽h 最小应为 0.5m。

（2）K_1 不满足《水利水电工程施工组织设计规范》SL 303—2017 的要求，规范规定的最小值为 1.05。

（3）K_2 不满足《水利水电工程施工组织设计规范》SL 303—2017 的要求，规范规定的最小值为 1.15。

3. 事件 2 中，围堰专项施工方案除背景所述内容外，还应包括：编制依据，施工计划，施工工艺技术，施工安全保证措施，劳动力计划，设计计算书及相关图纸等。

4. 事件 3 中，除仓面保持湿润外，在碾压混凝土养护方面还应注意的问题包括：

（1）刚碾压后的混凝土不能洒水养护，可以采取覆盖等措施防止表面水分蒸发。

（2）混凝土终凝后应立即进行洒水养护。

（3）水平施工缝和冷缝，洒水养护持续至上一层碾压混凝土开始铺筑。

（4）永久外露面，宜养护 28d 以上。

5. 事件 3 表 1-18 中，E、F、G 分别所代表的评价内容：

（1）E 评价碾压混凝土的均质性。

（2）F 评价碾压混凝土的抗渗性。

（3）G 评价碾压混凝土的均质性和密实性。

6. 事件 4 中，在工程蓄水验收申请的组织方面存在的不妥之处及正确做法。

（1）不妥之处：申请时间 2017 年 9 月。

正确做法：申请提出时间在计划下闸蓄水前 6 个月。

（2）不妥之处：施工单位根据工程进度安排报送验收申请。

正确做法：工程蓄水验收，项目法人应根据工程进度安排，报送验收申请。

(3) 不妥之处：向当地水行政主管部门报送工程蓄水验收申请，并抄送项目审批部门。

正确做法：应向工程所在地省级人民政府能源主管部门报送工程蓄水验收申请；应抄送验收主持单位。

实务操作和案例分析题六

【背景资料】

某水闸除险加固工程主要工程内容包括：加固老闸，扩建新闸，开挖引河等。新闸设计流量 1100m^3/s。工程平面布置示意图如图 1-12 所示。

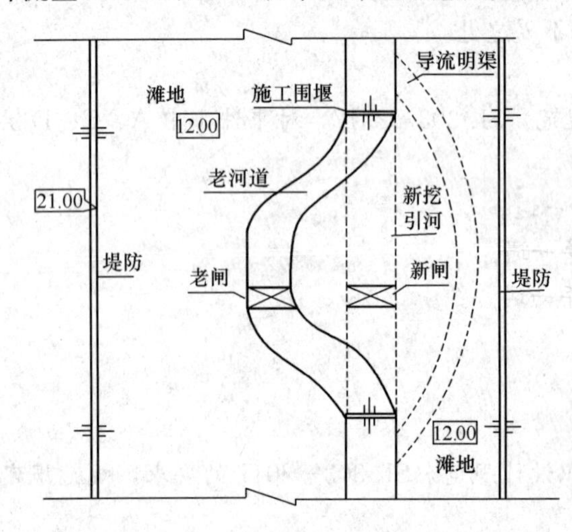

图 1-12 工程平面布置示意图

施工合同约定工程施工总工期为 3 年。工程所在地主汛期为 6～9 月份，扩建新闸、加固老闸安排在非汛期施工，相应施工期设计洪水位为 10.0m，该工程施工中发生了如下事件：

事件 1：施工单位根据本工程具体条件和总体进度计划安排，提出的施工导流方案如图 1-12 所示。工程附近无现有河道可供施工导流，施工单位采用的导流方案为一次拦断河床（全段）围堰法施工，具体施工组织方案是在一个非汛期施工完成扩建新闸和加固老闸，在新闸和老闸上、下游填筑施工围堰，期间利用新挖导流明渠导流。监理单位审核后，认为开挖导流明渠工程量较大，应结合现场条件和总体工期安排，优化施工导流方案和施工组织方案。

事件 2：施工单位优化施工导流方案和施工组织方案报监理单位审批，并开展施工导流工程设计，其中施工围堰采用均质土围堰，围堰工程级别为 4 级，波浪高度为 0.8m。

事件 3：施工单位在围堰施工完成后，立即进行基坑初期排水，基坑初期水深为 6.0m。开始排水的当天下午，基坑水位下降了 2.0m，此时围堰顶部在基坑侧局部出现纵向裂缝，边坡出现坍塌现象。施工单位及时采取措施进行处理，处理完成并经监理单位同意后继续进行后续工作。

事件 4：新闸闸室地基采用沉井基础，施工单位经项目法人同意选择符合资质条件的某专业基础处理公司进行施工，并要求该公司选派符合要求的注册建造师担任项目负责人。

【问题】

1. 根据事件 1，提出适宜的施工导流方案及相应的施工组织方案。

2. 根据《水利水电工程施工组织设计规范》SL 303—2017，该围堰的边坡稳定安全系数最小应为多少？

3. 根据事件 3，施工单位计算确定基坑初期排水设施时，应考虑的主要因素有哪些？

4. 根据事件 3，基坑围堰出现险情后，施工单位应采取哪些技术措施？

5. 根据《注册建造师执业工程规模标准》，分析事件 4 中沉井工程的注册建造师执业工程规模标准以及该项目负责人应具有的注册建造师级别。

【参考答案】

1. 本工程应采用分期（分段）围堰法导流的导流方案。

施工组织方案为：扩建新闸、加固老闸分别安排在两个非汛期施工，第一个非汛期利用老河道、老闸导流，施工新闸，期间利用预留土埂挡水，开挖引河；第二个非汛期在老闸上下游筑围堰，利用新挖引河和已完新闸进行导流，加固老闸。

2. 根据《水利水电工程施工组织设计规范》SL 303—2017 第 2.4.17 条规定，土石围堰边坡稳定安全系数应满足表 1-19 的规定。

土石围堰边坡稳定安全系数　　表 1-19

围堰级别	计算方法	
	瑞典圆弧法	简化毕肖普法
3 级	≥1.20	≥1.30
4 级、5 级	≥1.05	≥1.15

本工程中围堰工程级别为 4 级，则围堰的边坡稳定安全系数最小应为 1.05。

3. 施工单位计算确定基坑初期排水设施应考虑的主要因素包括：积水量、地下渗流量、围堰渗流量、降雨量、水位降落速度、排水时间等。

4. 围堰出现险情后，施工单位应采取的措施包括：①首先停止抽水；②采取抛投物料、稳定基础、挖填裂缝等措施，加固堰体；③限制水位下降速率；④加强观测，注意裂缝发展和堰体变形情况，如有异常及时处理。

5. 事件 4 中沉井工程的注册建造师执业工程规模标准为大型工程。该项目负责人应具有的注册建造师级别为一级建造师。

实务操作和案例分析题七

【背景资料】

某装机容量 50 万 kW 的水电站工程建于山区河流上，拦河大坝为 2 级建筑物，采用碾压式混凝土重力坝，坝高 60m，坝体浇筑施工期为 2 年，施工导流采取全段围堰、隧洞导流的方式。

施工导流相关作业内容包括：①围堰填筑；②围堰拆除；③导流隧洞开挖；④导流隧洞封堵；⑤下闸蓄水；⑥基坑排水；⑦截流。

围堰采用土石围堰，堰基河床地面高程为 140.0m。根据水文资料，上游围堰施工期设计洪水位为 150.0m，经计算与该水位相应的波浪高度为 2.8m。

导流隧洞石方爆破开挖采取从两端同时施工的相向开挖方式。根据施工安排，相向开挖的两个工作面在相距 20m 放炮时，双方人员均需撤离工作面；相距 10m 时，需停止一方工作，单向开挖贯通。

工程蓄水前，由有关部门组织进行蓄水验收，验收委员会听取并研究了工程度汛措施计划报告、工程蓄水库区移民初步验收报告等有关方面的报告。

【问题】

1. 指出上述施工导流相关作业的合理施工程序（可以用序号表示）。

2. 确定该工程围堰的建筑物级别并说明理由。计算上游围堰堰顶高程。

3. 根据《水工建筑物地下开挖工程施工规范》SL 378—2007，改正上述隧洞开挖施工方案的不妥之处。

4. 根据蓄水验收有关规定，除度汛措施计划报告、库区移民初步验收报告外，验收委员会还应听取并研究哪些方面的报告?

【参考答案】

1. 施工导流作业的合理施工顺序为：

③导流隧洞开挖→⑦河道截流→①围堰填筑→⑥基坑排水→⑤下闸蓄水→②围堰拆除→④导流隧洞封堵。

2. 该围堰的建筑物级别应为4级。

理由：其保护对象为2级建筑物，而其使用年限不足两年，其围堰高度不足50.0m。

围堰堰顶高程应为施工期设计洪水位与波浪高度及堰顶安全加高值之和，4级土石围堰其堰顶安全加高下限值为0.5m，因此其堰顶高程应不低于150＋2.8＋0.5＝153.3m。

3. 根据《水工建筑物地下开挖工程施工规范》SL 378—2007第13.2.6条规定，相向开挖的两个工作面在相距30m距离放炮时，双方人员均需撤离工作面；在相距15m时，应停止一方工作，单向开挖贯通。

4. 验收委员会还应听取并研究工程建设报告，工程蓄水安全鉴定报告以及工程设计、施工、监理、质量监督等单位的报告。

实务操作和案例分析题八

【背景资料】

某大（2）型水利枢纽工程由拦河坝、溢洪道、泄洪隧洞、引水发电隧洞等组成。拦河坝为混凝土面板堆石坝，坝高80m。拦河坝断面示意图如图1-13所示。

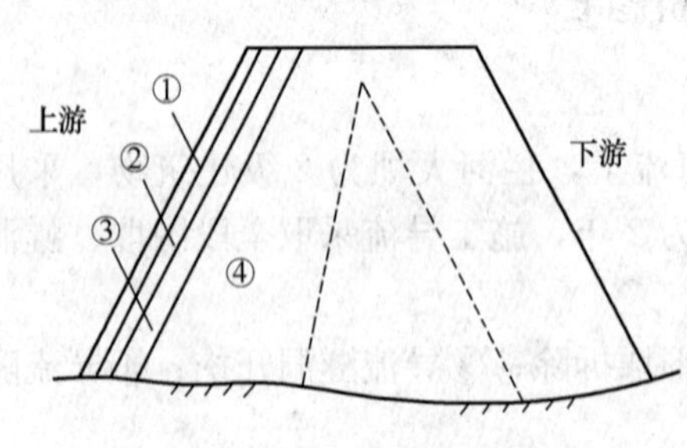

图1-13 拦河坝断面示意图

施工过程中发生如下事件。

事件1：施工单位进驻工地后，对石料料场进行了复核和规划，并对堆石料进行了碾压试验。面板混凝土采用滑动模板施工。

事件2：混凝土面板堆石坝施工完成的工作有：A为面板混凝土的浇筑；B为坝基开挖；C为堆石坝填筑；D为垂直缝砂浆条铺设；E为止水设置。

事件3：混凝土面板施工前，施工单位根据面板的分块情况，并依据下列原则设计滑动模板：①适应面板条块宽度和滑模平整度要求；②满足施工振捣和压面的需要；③安装、运行、拆卸方便灵活等。

事件4：混凝土面板设计采用金属止水，施工单位将金属止水采取搭接方式直接制作及安装。面板混凝土脱模后，立即采取洒水的方法养护，持续养护28d。

【问题】

1. 指出图中拦河坝坝体分区中①～④部位的名称。

2. 根据《混凝土面板堆石坝施工规范》DL/T 5128—2009，指出事件1中石料料场复核的主要内容。

3. 指出事件2中A、B、C、D、E工作适宜的施工顺序（用工作代码和箭线表示）。

4. 指出事件3中混凝土滑动模板设计的原则还有哪些?

5. 指出事件4中金属止水及养护的不妥之处。

【参考答案】

1. 本案例图中拦河坝坝体分区中：①混凝土面板，②垫层区，③过渡区，④主堆石区。

2. 石料料场复核的主要内容包括：

(1) 料场空间布置是否合理；

(2) 主要部位堆石料的抗压强度；

(3) 石料硬度和韧性以及数量是否满足要求；

(4) 石料水上和水下的软化系数。

(5) 堆石体碾压后的密实度和内摩擦角。

3. 施工顺序：B→C→D→E→A。

4. 混凝土滑动模板设计的原则还有：①足够的自重和配重；②足够的强度、刚度和稳定性，能可靠地承受各项施工荷载，并保证变形在允许范围内；③操作简单，运行稳定，安全可靠，并尽可能考虑其通用性。

5. 不妥之处：金属止水搭接不妥。

理由：应进行焊接。

不妥之处：采用洒水方法养护，持续养护28d不妥。

理由：用草袋防湿，喷水保温，连续养护至蓄水为止，或至少养护90d。

实务操作和案例分析题九

【背景资料】

某平原地区水库除险加固工程由大坝、泄洪闸、灌溉涵洞、溢洪道等建筑物组成，大坝为均质土坝，长1100m，最大坝高18m。其除险加固主要内容：①背水坡护坡土方培厚及坝顶加高；②坝顶道路拆除重建；③坝顶混凝土防浪墙新建；④泄洪闸加固；⑤灌溉涵洞拆除重建；⑥背水坡砌石护坡拆除，重建混凝土框格草皮护坡；⑦迎水面砌石护坡拆除，重建混凝土预制块护坡；⑧安全监测设施新建等。工程所在地区6、7、8三个月为汛期，非汛期施工导流标准为5年一遇，泄洪闸及灌溉涵洞均可满足非汛期导流要求。本工程于2014年10月开工，2016年4月底结束。

灌溉涵洞由6节洞身组成，断面尺寸均为12m×4m×3m（长×宽×高），洞内四角设有0.5m×0.5m的贴角，洞身编号从迎水侧至背水侧依次为a～f。

工程施工中发生了如下事件：

事件1：施工单位根据总体进度目标编制了本工程施工进度计划横道图，如图1-14所示。

项目代号	项目名称	施工进度																		
		2014			2015												2016			
		10	11	12	1	2	3	4	5	6	7	8	9	10	11	12	1	2	3	4
①	背水坡护坡上方培厚及坝顶加高			—	—	—	—													
②	坝顶道路拆除重建			—	—	—														
③	坝顶混凝土防浪墙新建																—	—	—	
④	泄洪闸加固	—	—	—	—	—	—	—	—											
⑤	灌溉涵洞拆除重建	—	—	—	—	—	—	—	—											
⑥	背水坡砌石护坡拆除，重建混凝土框格草皮护坡				—	—	—	—	—	—	—	—	—	—	—	—				
⑦	迎水面砌石护坡拆除，重建混凝土预制块护坡														—	—	—	—	—	
⑧	安全监测设施新建															—	—	—	—	—

图 1-14　工程施工进度计划横道图

事件 2：为确保工期，施工单位在灌溉涵洞洞身施工时配备了 3 套模板，并制定了混凝土施工措施计划。

事件 3：为保证混凝土的质量，施工组织设计方案对混凝土质量控制提出了具体要求，列出了混凝土拌合物可能出现不合格料的情况。

事件 4：当洞身混凝土强度达到设计要求后，监理单位组织进行了涵洞两侧基坑的隐蔽单元工程验收，施工单位即开始进行土方回填。

事件 5：灌溉涵洞项目划分为一个单位工程，涵洞洞身为其中一个分部工程。该分部工程共有 24 个单元工程，质量全部合格，18 个单元工程质量等级为优良；主要单元、重要隐蔽单元工程共 12 个，单元工程质量等级达到优良的为 10 个；该分部工程取混凝土试件 26 组，试件质量合格；机电产品质量合格，中间产品质量全部合格，原材料、金属结构及启闭机制造质量合格；该分部工程施工中未发生过质量事故。

【问题】

1. 根据事件 1，指出横道图中施工进度计划的不妥之处（不考虑工作持续时间），并简要说明理由。

2. 根据事件 2，为确保工期，指出 6 节涵洞洞身适宜的施工顺序（用编号表示）；说明浇筑止水部位混凝土的注意事项。

3. 根据事件2，指出每节涵洞洞身适宜的混凝土浇筑仓数及相应部位。

4. 根据《水工混凝土施工规范》DL/T 5144—2015，分析本工程混凝土拌合物可能出现不合格料的情况有哪几种？

5. 根据《碾压式土石坝施工规范》DL/T 5129—2013，指出事件4中涵洞两侧回填土的施工技术要求。

6. 根据事件5，评定该分部工程质量等级，并简要说明理由。

【参考答案】

1. 横道图中施工进度计划的不妥之处及理由：

(1) 不妥之处：泄洪闸加固和灌溉涵洞拆除重建不能同时进行。

理由：工期应错开，两者互为导流建筑物；无法在非汛期导流，应先进行泄洪闸加固。

(2) 不妥之处：迎水面砌石护坡拆除，重建混凝土预制块护坡的时间安排。

理由：应在2015年汛前完工，因为需要满足安全度汛的要求。

2. 6节涵洞洞身适宜的施工顺序：b→d→f，a→c→e。

浇筑止水部位混凝土的注意事项：

(1) 水平止水片应在浇筑层的中间，在止水片高程处，不得设置施工缝。

(2) 浇筑混凝土时，不得冲撞止水片，当混凝土将淹没止水片时，应再次清除其表面污垢。

(3) 振捣器不得触及止水片。

(4) 嵌固止水片的模板应适当推迟拆模时间。

3. 每节涵洞洞身适宜的混凝土浇筑仓数及相应部位如图1-15所示。

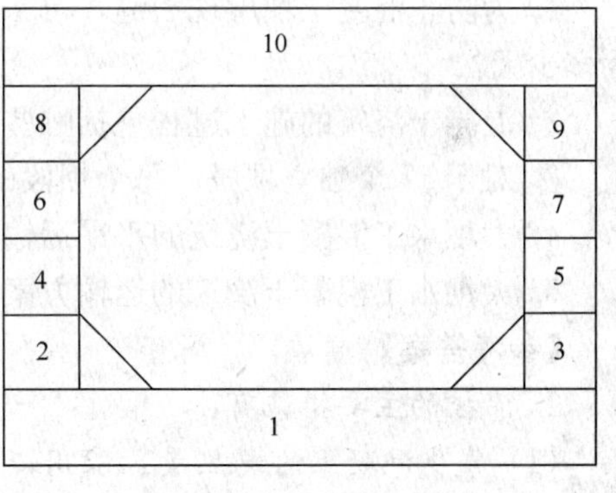

图1-15 混凝土浇筑仓数及相应部位示意图

4. 混凝土拌合物可能出现不合格料的情况有：

(1) 错用配料单已无法补救，不能满足质量要求；

(2) 混凝土配料时，任意一种材料计量失控或漏配，不符合质量要求；

(3) 拌和不均匀或夹带生料；

(4) 出机口混凝土坍落度超过最大允许值。

5. 涵洞两侧回填土的施工技术要求：

(1) 在两侧台背回填前应组织监理进行隐蔽验收，在验收前应对底部的杂物、积水等进行清除，验收合格后方能进行回填施工；

(2) 回填施工前还应该对涵洞表面的乳皮进行清除，边刷泥浆边填土；

(3) 靠近涵洞两侧的部位应采用小型机械或人工进行夯实；

(4) 回填时回填层厚宜减薄；

(5) 应两侧分层填土，均匀上升。

6. 根据事件5，评定该分部工程质量等级为合格。

理由：主要单元、重要隐蔽单元工程的优良率为83.3%，优良率没有达到90%。

实务操作和案例分析题十

【背景资料】

某混凝土重力坝工程包括左岸非溢流坝段、溢流坝段、右岸非溢流坝段、右岸坝肩混凝土刺墙段。最大坝高 43m，坝顶全长 322m，共 17 个坝段。该工程采用明渠导流施工。坝址以上流域面积 610.5km^2，属于亚热带暖湿气候区，雨量充沛，湿润温和。平均气温比较高，需要采取温控措施。其施工组织设计主要内容包括：

（1）大坝混凝土施工方案的选择。

（2）坝体的分缝分块。根据混凝土坝型、地质情况、结构布置、施工方法、浇筑能力、温控水平等因素进行综合考虑。

（3）坝体混凝土浇筑强度的确定。应满足该坝体在施工期的历年度汛高程与工程面貌。在安排坝体混凝土浇筑工程进度时，应估算施工有效工作日，分析气象因素造成的停工或影响天数，扣除法定节假日，然后再根据阶段混凝土浇筑方量拟定混凝土的月浇筑强度和日平均浇筑强度。

（4）混凝土拌合系统的位置与容量选择。

（5）混凝土运输方式与运输机械选择。

（6）运输线路与起重机轨道布置。门座式、塔式起重机栈桥高程必须在导流规划确定的洪水位以上，宜稍高于坝体重心，并与供料线布置高程相协调，栈桥一般平行于坝轴线布置，栈桥墩宜部分埋入坝内。

（7）混凝土温控要求及主要温控措施。

【问题】

1. 为防止混凝土坝出现裂缝，可采取哪些温控措施？混凝土的正常养护时间至少应为多少天？

2. 混凝土浇筑的施工过程包括哪些？

3. 对于 17 个独立坝段，每个坝段的分缝分块形式可以分为几种？

4. 大坝水工混凝土浇筑的水平运输包括哪两类？垂直运输设备主要有哪些？

5. 大坝水工混凝土浇筑的运输方案有哪些？本工程采用哪种运输方案？

【参考答案】

1. 温控的主要措施有：

（1）减少混凝土的发热量：采用减少每立方米混凝土的水泥用量、采用低发热量的水泥。

（2）降低混凝土的入仓温度：采用合理安排浇筑时间、采用加冰或加冰水拌合、对骨料进行预冷。

（3）加速混凝土散热：采用自然散热冷却降温，在混凝土内预埋水管通水冷却。

混凝土的正常养护时间至少应为 28d。

2. 混凝土浇筑的施工过程包括浇筑前的准备作业，浇筑时入仓铺料、平仓振捣和浇筑后的养护。

3. 混凝土重力坝的分缝分块，首先是沿坝轴线方向，将坝的全长划分为若干坝段，坝段之间的缝称为横缝。其次，每个坝段还需要根据施工条件，用纵缝（包括竖缝、斜缝、错缝等形式），一个坝段划分成若干坝块，或者整个坝段不再分缝而进行通仓浇筑。

4. 大坝水工混凝土浇筑的水平运输包括有轨运输和无轨运输两种类型；垂直运输设备主要有门座式起重机、塔式起重机、缆索式起重机和履带式起重机。

5. 大坝水工混凝土浇筑的运输方案有门座式起重机、塔式起重机运输方案，缆索式起重机运输方案以及辅助运输浇筑方案。本工程采用门、塔机运输方案。

实务操作和案例分析题十一

【背景资料】

某城市围堰堤为1级堤防，在原排涝西侧200m新建一座排涝泵站（包括进水建筑物、泵室、穿堤涵洞、出水建筑物等），总装机容量1980kW，合同工期为16个月，自2013年11月至2015年2月。该地区主汛期为6、7、8三个月，泵室、穿堤涵洞等主体工程安排在非汛期施工。施工过程中发生如下事件：

事件1：施工单位施工组织设计中汛前以泵室、进水建筑物施工为关键工作，穿堤涵洞、出水建筑物施工相继安排。

事件2：穿堤涵洞的土方开挖及回填工作量不大，施工单位将该土方工程分包给具有相应资质的单位。厂房、管理房的内外装饰（包括玻璃幕墙、贴面）分包给具有相应资质的单位。

事件3：竣工验收前，项目法人委托检测单位对堤身填筑和混凝土护坡质量进行抽检。

事件4：2014年3月份的施工进度计划中，3月3日穿堤涵洞周边堤防土方回填至设计高程，3月4日～3月14日进行堤外侧现浇混凝土护坡施工。

【问题】

1. 事件1中，施工安排是否妥当？并简述理由。

2. 事件2中，分包是否允许并简述理由？

3. 事件3中，工程质量抽检的内容至少应包括哪几项？

4. 事件4中，进度安排是否合理？并简述理由。

【参考答案】

1. 事件1中，施工安排不妥当。

理由：从度汛安全考虑，施工安排穿堤涵洞、出水建筑物施工应当为关键工作，在汛期来临时，可以发挥其作用。

2. 事件2中，不允许土方工程分包。

理由：该穿堤涵洞周边的堤防土方开挖回填属于该1级堤防的主体工程，不得分包。

允许厂房、管理房的内外装饰工程分包。

理由：其专业性较强，在排涝泵站工程中不属于主体工程，可以通过相应程序申请分包。

3. 堤身填筑质量抽检的内容至少有干密度和外观尺寸。混凝土护坡质量抽检的内容至少有混凝土强度、抗渗、表层。

4. 事件4中，进度安排不合理。

理由：新填土方固结沉降尚未完成，容易引起现浇混凝土护坡开裂。

实务操作和案例分析题十二

【背景资料】

某大型水库枢纽工程由大坝、电站、泄洪隧洞、引水发电隧洞、溢洪道组成，大坝为黏土心墙砂壳坝。该枢纽工程除险加固的主要工程内容有：①坝基帷幕灌浆；②坝顶道路拆除重建；③上游护坡拆除重建（▽66.5～▽100.0m）；④上游坝坡石渣料帮坡（▽66.5～▽100.0m）；⑤引水发电隧洞加固；⑥泄洪隧洞加固；⑦黏土心墙中新建混凝土截渗墙；⑧溢洪道加固；⑨下游护坡拆除重建。

水库枢纽工程主要特征水位、坝顶和坝底高程详如图 1-16 所示。泄洪隧洞和引水发电隧洞进口底高程分别为 42.0m、46.0m，溢洪道底板高程为 82.0m。根据设计要求，施工期非汛期库水位为 66.0m，施工期汛期最高库水位为 80.0m，截渗墙施工时上游坝坡石渣料帮坡需要达到的最低高程为 81.0m。

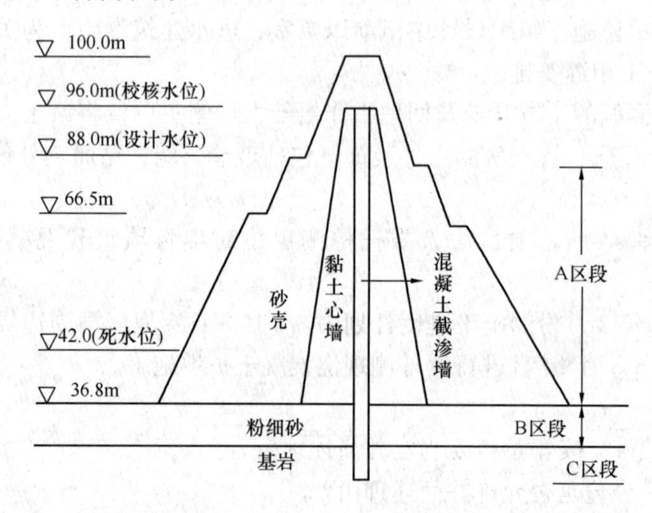

图 1-16　混凝土截渗墙布置示意图

工程总工期为 20 个月，自 2013 年 10 月 1 日至 2015 年 5 月 31 日，汛期为 7～9 月。考虑发电和灌溉需要，引水发电隧洞加固必须在 2014 年 4 月 30 日前完成；为保证工期，新建混凝土截渗墙必须安排在第一个非汛期内完成。本工程所用石渣料及抛石料场距工程现场 5.6km，石渣料帮坡设计干密度为 2.0g/cm^3，孔隙率为 26%。河床段坝基为厚 8.0m 的松散～中密状态的粉细砂，下卧裂隙发育中等的基岩，混凝土截渗墙厚度 0.8m，入基岩深度 2.0m（图 1-16）。基岩帷幕灌浆按透水率不大于 5Lu 控制。

工程建设过程发生如下事件。

事件 1：施工单位编制了总进度计划，其中部分工程项目的进度计划见表 1-20。

部分工程项目的进度计划　　　　**表 1-20**

序号	工程名称	开工日期	完工日期	备注
1	引水发电隧洞加固	2013.10.1	2014.4.15	
2	泄洪隧洞加固	2013.10.1	2014.5.31	
3	新建混凝土截渗墙	2013.12.1	2014.4.15	

续表

序号	工程名称	开工日期	完工日期	备注
4	上游护坡重建	2014.10.1	2015.3.31	
5	下游护坡重建	2014.10.1	2015.3.10	
6	泄洪道加固	2013.12.1	2014.10.31	

事件 2：本水库枢纽工程共分为 1 个单位工程，9 个分部工程。9 个分部工程质量全部合格，其中 6 个分部工程质量优良，主要分部工程质量全部优良，且施工中未发生过较大质量事故，外观质量得分率为 82%。单位工程施工质量检验与评定资料齐全。工程施工期和运行期，单位工程观测资料分析结果符合国家和行业技术标准以及合同约定的标准要求，该单位工程质量等级评定为优良。

【问题】

1. 为保证混凝土截渗墙和防渗帷幕共同组成的防渗体系安全可靠，并考虑升级要求等其他因素，请给出①、②、④、⑦项工程内容之间合理的施工顺序。

2. 指出并改正事件 1 中进度安排的不妥之处，并说明理由。

3. 本工程上游坝坡石渣料帮坡施工适宜的施工机械有哪些？干密度的检测方法是什么？

4. 指出题中混凝土截渗施工难度最大的区段，并说明理由。

5. 根据《水利水电工程施工质量检验与评定规程》SL 176—2007，指出并改正事件 2 中关于单位工程质量等级评定的不妥之处，并说明理由。

【参考答案】

1. 工程内容之间合理的施工顺序：④→⑦→①→②。

2. 事件 1 中进度安排的不妥之处及改正和理由如下：

(1) 不妥之处：泄洪隧洞加固施工进度安排。

改正：应安排在 2014 年 10 月 1 日以后(2014 年汛后)开工，2015 年 5 月 31 日之前完工。

理由：引水发电隧洞加固必须安排在 2014 年 4 月 30 日之前完工。期间泄洪隧洞需要大幅水库非汛期导流任务。

(2) 不妥之处：上游护坡重建施工进度安排。

改正：应安排在 2014 年 6 月底（2014 年汛前）施工至 80.0m 高程以上。

理由：2014 年安全度汛的需要。

3. 本工程上游坝坡石渣料帮坡施工适宜的施工机械：挖掘机、自卸汽车、推土机、振动辗。

干密度的检测方法：灌砂法（灌水法）。

4. 混凝土截渗施工难度最大的区段：B 区段。

理由：砂层中施工混凝土截渗墙易塌孔、漏浆。

5. 不妥之处：该单位工程质量等级评定为优良。

改正：单位工程质量等级应为合格。

理由：分部工程质量优良率=6/9=66.7%<70%。

第二章　水利水电工程施工进度管理

2011—2020 年度实务操作和案例分析题考点分布

考点 \ 年份	2011 年	2012 年 6 月	2012 年 10 月	2013 年	2014 年	2015 年	2016 年	2017 年	2018 年	2019 年	2020 年
网络进度计划工期的计算及关键线路的确定	●	●	●	●	●				●		
网络进度计划中时间参数的概念									●		
网络进度计划时间参数的计算					●	●		●	●		
实际工期的计算					●				●		
进度计划和合同工期调整的内容						●		●			
进度延误责任认定及对总工期的影响	●		●								
水利工程施工进度管理中横道图的应用							●				●
水利水电工程施工期的划分					●						
进度曲线图		●									
主体工程开工的规定							●				
施工组织设计的相关内容			●			●					
施工总平面图的设计要求					●						
专项施工方案										●	●

专家指导：

施工网络进度计划一直以来都是围绕双代号网络图来考查，对于工期的计算、时间参数的计算及关键线路的确定属于基本知识，而且考查频次超高，务必要掌握。绘制网络计划图还未曾考查过，但是考生有必要掌握。二级建造师对横道图的考查还是很简单的，关键是读懂案例的背景资料。

要　点　归　纳

1. 施工期的划分（4 个施工时段）**【重要考点】**

工程筹建期、工程准备期、主体工程施工期和工程完建期。编制施工总进度时，工程施工总工期应为后三项工期之和。

2. 横道图表示的施工进度计划**【重要考点】**

能明确地表示出各项工作的划分、工作的开始时间和完成时间、工作的持续时间、工作之间的相互搭接关系，以及整个工程项目的开工时间、完工时间等；不能明确地反映出影响工期的关键工作和关键线路。

3. S形曲线如图 2-1 所示【**重要考点**】

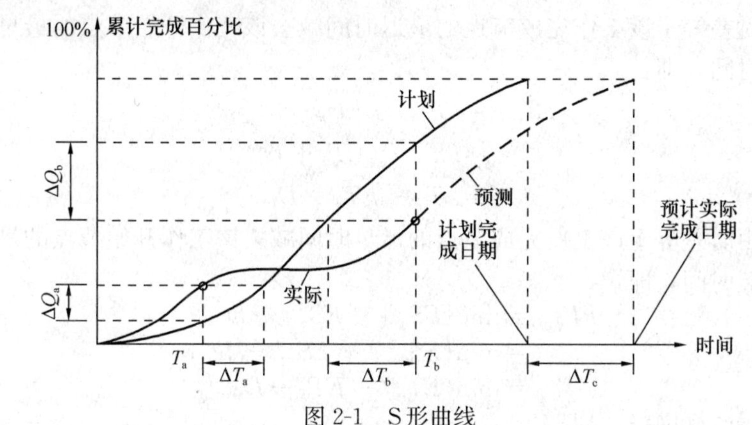

图 2-1 S形曲线

图中：ΔT_a——T_a时刻实际进度超前的时间；

ΔQ_a——T_a 时刻超额完成的任务量；

ΔT_b——T_b 时刻实际进度拖后的时间；

ΔQ_b——T_b 时刻拖欠的任务量；

ΔT_c——工期拖延预测值。

4. 网络计划方法的应用【**高频考点**】

（1）双代号网络计划

按工作计算法：

1）计算工期：网络计划的计算工期应等于以网络计划终点节点为完成节点的工作的最早完成时间的最大值。

2）计划工期：在双代号网络计划中若未规定要求工期，则其计划工期等于计算工期。

3）总时差、自由时差。

工作的总时差等于该工作最迟完成时间与最早完成时间之差，或该工作最迟开始时间与最早开始时间之差，即：

$$TF_{i-j} = LF_{i-j} - EF_{i-j} = LS_{i-j} - ES_{i-j}$$

对于有紧后工作的工作，其自由时差等于本工作之紧后工作最早开始时间减本工作最早完成时间所得之差的最小值，即：

$$FF_{i-j} = \min\{ES_{j-k} - EF_{i-j}\} = \min\{ES_{j-k} - ES_{i-j} - D_{i-j}\}$$

对于无紧后工作的工作，也就是以网络计划终点节点为完成节点的工作，其自由时差等于计划工期与本工作最早完成时间之差，即：

$$FF_{i-n} = T_p - EF_{i-n} = T_p - ES_{i-n} - D_{i-n}$$

4）关键工作：在网络计划中，总时差最小的工作为关键工作。特别地，当网络计划的计划工期等于计算工期时，总时差为零的工作就是关键工作。

5）关键线路：找出关键工作之后，将这些关键工作首尾相连，便构成从起点节点到终点节点的通路，位于该通路上各项工作的持续时间总和最大，这条通路就是关键线路。

按节点计算法：

1）计算工期：网络计划的计算工期等于网络计划终点节点的最早时间。

2）计划工期：在双代号网络计划中若未规定要求工期，则其计划工期等于计算工期。

3）总时差、自由时差。

工作的总时差等于该工作完成节点的最迟时间减去该工作开始节点的最早时间所得差值再减其持续时间，即：

$$
\begin{aligned}
TF_{i-j} &= LF_{i-j} - EF_{i-j} \\
&= LT_j - (ET_i + D_{i-j}) \\
&= LT_j - ET_i - D_{i-j}
\end{aligned}
$$

工作的自由时差等于该工作完成节点的最早时间减去该工作开始节点的最早时间所得差值再减其持续时间，即：

$$
\begin{aligned}
FF_{i-j} &= \min\{ES_{j-k} - ES_{i-j} - D_{i-j}\} \\
&= \min\{ES_{j-k}\} - ES_{i-j} - D_{i-j} \\
&= \min\{ET_j\} - ET_i - D_{i-j}
\end{aligned}
$$

（2）双代号时标网络计划

1）关键线路：凡自始至终不出现波形线的线路即为关键线路。

2）计算工期：等于终点节点所对应的时标值与起点节点所对应的时标值之差。

3）总时差：

以终点节点为完成节点的工作，其总时差应等于计划工期与本工作最早完成时间之差，即：

$$TF_{i-n} = T_p - EF_{i-n}$$

其他工作的总时差等于其紧后工作的总时差加本工作与该紧后工作之间的时间间隔所得之和的最小值，即：

$$TF_{i-j} = \min\{TF_{j-k} + LAG_{i-j,j-k}\}$$

4）自由时差：

以终点节点为完成节点的工作，其自由时差应等于计划工期与本工作最早完成时间之差，即：

$$FF_{i-n} = T_p - EF_{i-n}$$

其他工作的自由时差就是该工作箭线中波形线的水平投影长度。

5. 施工进度偏差分析**【高频考点】**

（1）分析出现进度偏差的工作是否为关键工作

如果出现进度偏差的工作位于关键线路上，即该工作为关键工作，则无论其偏差有多大，都将对后续工作和总工期产生影响；如果出现偏差的工作是非关键工作，则需要根据进度偏差值与总时差和自由时差的关系作进一步分析。

（2）分析进度偏差是否超过总时差

如果工作的进度偏差大于该工作的总时差，则此进度偏差必将影响其后续工作和总工期；如果工作的进度偏差未超过该工作的总时差，则此进度偏差不影响总工期。至于对后续工作的影响程度，还需要根据偏差值与其自由时差的关系作进一步分析。

（3）分析进度偏差是否超过自由时差

如果工作的进度偏差大于该工作的自由时差，则此进度偏差将对其后续工作产生影响；如果工作的进度偏差未超过该工作的自由时差，则此进度偏差不影响后续工作。

历 年 真 题

实务操作和案例分析题一［2020年真题］

【背景资料】

某施工单位承担江北取水口加压泵站工程施工，该泵站设计流量5.0m^3/s，站内安装4台卧式双吸离心泵和1台最大起重量为16t的常规桥式起重机，泵站纵剖面如图2-2所示。泵站墩墙、排架及屋面混凝土模板及脚手架均采用落地式钢管支撑体系。施工场区地面高程为28.00m，施工期地下水位为25.10m，施工单位采用管井法降水，保证基坑地下水位在建基面以下；泵站基坑采用放坡式开挖，开挖边坡1：2。

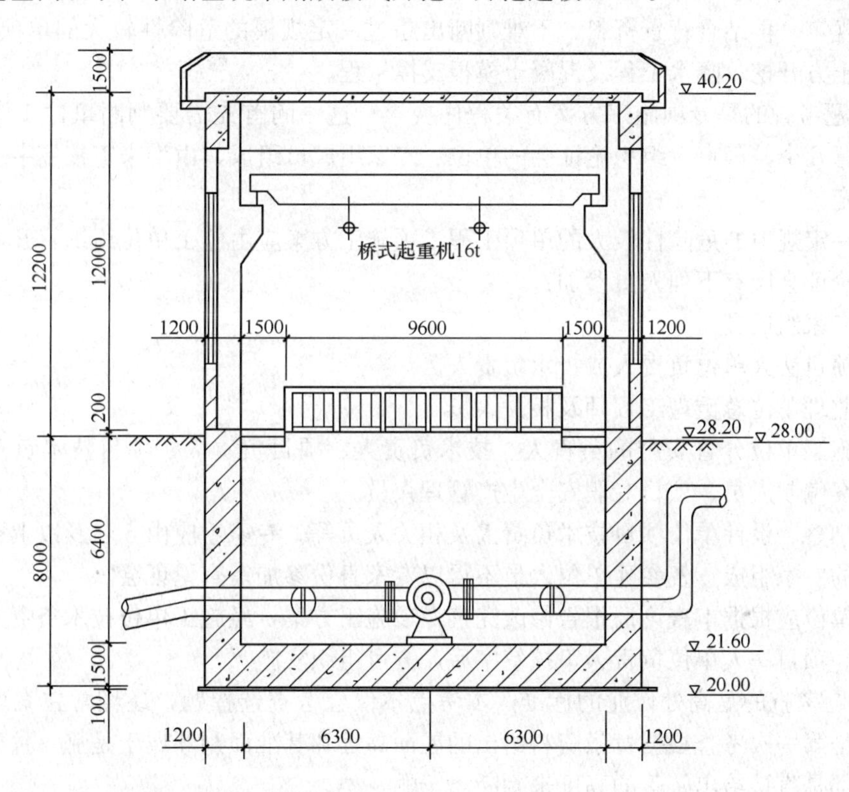

图2-2　泵站纵剖面图（高程以m计，尺寸以mm计）

施工过程中发生如下事件：

事件1：工程施工前，施工单位组织专家论证会，对超过一定规模的危险性较大的单项工程专项施工方案进行审查论证，专家组成员包括该项目的项目法人技术负责人、总监理工程师、运行管理单位负责人、设计项目负责人以及其他施工单位技术人员2名和高校专业技术人员2名。会后施工单位根据审查论证报告修改完善专项施工方案，经项目法人技术负责人审核签字后组织实施。

事件2：在进行屋面施工时，泵室四周土方已回填至28.00m高程。某天夜间在进行屋面混凝土浇筑施工时，1名工人不慎从脚手架顶部坠地死亡，发生高处坠落事故。

【问题】

1. 根据《水利水电工程施工安全管理导则》SL 721—2015，背景资料中超过一定规模的危险性较大的单项工程包括哪些？

2. 根据《水利水电工程施工安全管理导则》SL 721—2015，指出事件1中的不妥之处，简要说明正确做法。

3. 什么是高处作业？说明事件2中高处作业的级别和种类。

4. 根据《水利部生产安全事故应急预案（试行）》，生产安全事故共分为哪几级？事件2中的生产安全事故属于哪一级？

【解题方略】

1. 本题考查的是超过一定规模的危险性较大的单项工程。这一问比较简单，在教材中有原文规定。再结合背景资料，不难判断出超过一定规模的危险性较大的单项工程有：深基坑的土方开挖、降水工程及混凝土模板支撑工程。

2. 本题考查的是专项施工方案有关程序要求。这一问首先需要判断事件1中的每一句话，注意几个关键点：组织论证会的单位、专家组成员组成、由谁来审核签字。教材中有原文规定。

超过一定规模的危险性较大的单项工程专项施工方案应由施工单位组织召开审查论证会。审查论证会应有下列人员参加：

（1）专家组成员。

（2）项目法人单位负责人或技术负责人。

（3）监理单位总监理工程师及相关人员。

（4）施工单位分管安全的负责人、技术负责人、项目负责人、项目技术负责人、专项施工方案编制人员、项目专职安全生产管理人员。

（5）勘察、设计单位项目技术负责人及相关人员等。专家组应由5名及以上符合相关专业要求的专家组成，各参建单位人员不得以专家身份参加审查论证会。

施工单位应根据审查论证报告修改完善专项施工方案，经施工单位技术负责人、总监理工程师、项目法人单位负责人审核签字后，方可组织实施。

3. 本题考查的是高处作业的标准。本考点不仅会考查选择题，还经常在案例分析题中考查。是第一次考查根据背景资料给出的屋面高程和基准面判断属于是哪一种类。在历年考试中都是直接给出坠落的高度来判断属于哪一类。

凡在坠落高度基准面2m和2m以上有可能坠落的高处进行作业，均称为高处作业。高处作业的级别：高度在2～5m时，称为一级高处作业；高度在5～15m时，称为二级高处作业；高度在15～30m时，称为三级高处作业；高度在30m以上时，称为特级高处作业。

高处作业的种类分为一般高处作业和特殊高处作业两种。其中特殊高处作业又分为以下几个类别：强风高处作业、异温高处作业、雪天高处作业、雨天高处作业、夜间高处作业、带电高处作业、悬空高处作业、抢救高处作业。

4. 本题考查的是生产安全事故等级。这一问在教材中也有原文规定。生产安全事故分为特别重大事故、重大事故、较大事故和一般事故4个等级，具体见表2-1。

生产安全事故等级　　表 2-1

等级	死亡（人）	重伤（人）	直接经济损失
特别重大	30 以上	100 以上	1 亿元以上
重大	10～29	50～99	5000 万元以上 1 亿元以下
较大	3～9	10～49	1000 万元以上 5000 万元以下
一般	1～2	1～9	1000 万元以下

本事故造成 1 名工人死亡，属于一般事故。

【参考答案】

1. 超过一定规模的危险性较大的单项工程有：深基坑的土方开挖、降水工程以及混凝土模板支撑工程。

2. 事件 1 中的不妥之处及正确做法：

不妥之处一：专家组成员包括该项目的项目法人技术负责人、总监理工程师、运行管理单位负责人、设计项目负责人以及其他施工单位技术人员 2 名和高校专业技术人员 2 名。

正确做法：项目法人技术负责人、总监理工程师、设计项目负责人不得以专家身份参加审查论证会。

不妥之处二：会后施工单位根据审查论证报告修改完善专项施工方案，经项目法人技术负责人审查签字后组织实施。

正确做法：施工单位应根据审查论证报告修改完善专项施工方案，经施工单位技术负责人、总监理工程师、项目法人单位负责人审核签字后，方可组织实施。

3. 凡在坠落高度基准面 2m 和 2m 以上有可能坠落的高处进行作业，均称为高处作业。

事件 2 中屋面高程为 40.20m，屋面距基准面 40.20－28.00＝12.20m。故该高处作业的级别属于二级高处作业，属于特殊高处作业中的夜间高处作业。

4. 根据《水利部生产安全事故应急预案（试行）》，生产安全事故分为特别重大事故、重大事故、较大事故和一般事故 4 个等级。事件 2 中 1 名工人死亡，属于一般事故。

实务操作和案例分析题二［2019 年真题］

【背景资料】

某施工单位承担新庄穿堤涵洞拆除重建工程施工，该涵洞建筑物级别为 2 级，工程建设内容包括：拆除老涵洞、重建新涵洞等。老涵洞采用凿除法拆除；基坑采用挖明沟和集水井方式进行排水。施工平面布置示意图如图 2-3 所示。

为加强施工管理，规范施工项目负责人执业行为，根据《水利水电工程注册建造师施工管理签章文件目录》，施工单位梳理出需由该施工项目负责人（注册建造师）签署的施工管理文件清单，其中，质量管理类文件包括施工技术方案报审表等。

根据《水利水电工程施工安全管理导则》SL 721—2015，施工单位在施工前，针对本工程提出了需编制专项施工方案的单项工程清单。各专项施工方案以施工技术方案报审表形式报送，专项施工方案包括工程概况等内容。对于需组织专家进行审查论证的专项施工方案，在根据专家审查论证报告修改完善并履行相应审核签字手续后组织实施。

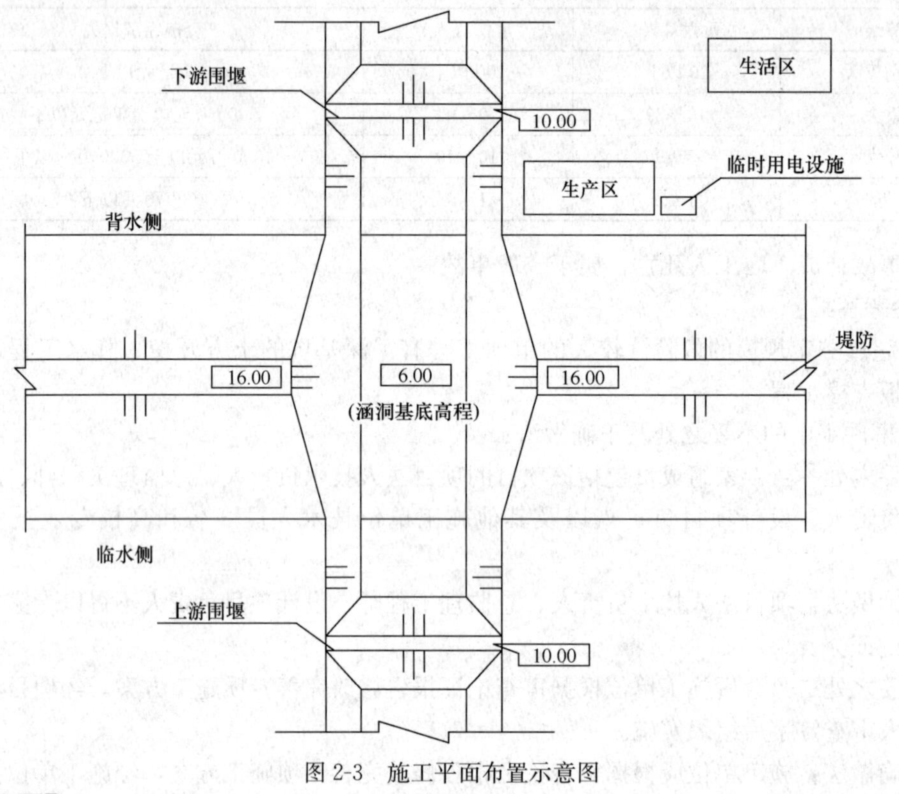

图 2-3　施工平面布置示意图

【问题】

1. 根据《水利水电工程注册建造师施工管理签章文件目录》，除施工技术方案报审表外，需由项目负责人（注册建造师）签署的质量管理类文件，还应包括哪些？

2. 根据《水利水电工程施工安全管理导则》SL 721—2015，结合背景资料，本工程中需编制专项施工方案的单项工程有哪些？其中需组织专家进行审查论证的有哪些？说明需组织专家审查论证的理由。

3. 根据《水利水电工程施工安全管理导则》SL 721—2015，除工程概况外，专项施工方案中还应包括哪些方面的内容？根据专家审查论证报告修改完善后的专项施工方案，在实施前应履行哪些审核签字手续？

【解题方略】

1. 本题考查的是水利水电工程注册建造师施工管理签章文件。背景资料中已经给出了其中一个文件，只需要回答剩下的 4 个文件。

2. 本题考查的是专项实施方案的编制与论证。《水利水电工程施工安全管理导则》SL 721—2015 规定，施工单位应在施工前，对达到一定规模的危险性较大的单项工程编制专项施工方案；对于超过一定规模的危险性较大的单项工程，施工单位应组织专家进行审查论证。应掌握达到一定规模的危险性较大的单项工程标准及超过一定规模的危险性较大的单项工程标准。本题中，需要编制专项施工方案的单项工程包括：基坑（土方）开挖工程、涵洞拆除工程、围堰工程、临时用电工程。需要组织专家进行审查论证的是基坑（土方）开挖工程。

3. 本题考查的是专项实施方案的内容及有关程序要求。根据《水利水电工程施工安全管理导则》SL 721—2015，专项施工方案的内容包括 7 项，分别是：工程概况、编制依据、施工计划、施工工艺技术、施工安全保证措施、劳动力计划、设计计算书及相关图纸。解答这一点的时候，应注意已经给出工程概况，只需要回答其余 6 项。

关于专项施工方案审核签字要求可根据表 2-2 内容记忆。

专项施工方案审核签字要求　　　　表 2-2

项　目		内　容
审核		应由施工单位技术负责人组织施工技术、安全、质量等部门的专业技术人员进行审核。 如因设计、结构、外部环境等因素发生变化确需修改的，修改后的专项施工方案应当重新审核
签字确认	实行分包的	应由总承包单位和分包单位技术负责人共同签字确认
	不需专家论证的	经施工单位审核合格后应报监理单位，由项目总监理工程师审核签字，并报项目法人备案
	修改完善的	经施工单位技术负责人、总监理工程师、项目法人单位负责人审核签字后，方可组织实施

本题主要是对水利水电工程施工组织设计中专项施工方案进行考核。考核的是教材内容中的原文，没有难度，在 2019 年考试中这样的考核占比较大，这也就要求考生对教材中的细节内容要准确理解并掌握。

【参考答案】

1. 除施工技术方案报审表外，需由项目负责人（注册建造师）签署的质量管理类签章文件还应包括：联合测量通知单、施工质量缺陷处理措施报审表、质量缺陷备案表、单位工程施工质量评定表。

2. 根据《水利水电工程施工安全管理导则》SL 721—2015，本题中需编制专项施工方案的单项工程包括：基坑（土方）开挖工程、涵洞拆除工程、围堰工程、临时用电工程。

需要组织专家进行审查论证的是基坑（土方）开挖工程。

理由：基坑土方开挖最大深度超过 5m，属于超过一定规模的危险性较大的单项工程。

3. 专项施工方案中还应包括：编制依据、施工计划、施工工艺技术、施工安全保证措施、劳动力计划、设计计算书及相关图纸等。

根据专家审查论证报告修改完善后的专项施工方案，在实施前应经施工单位技术负责人、总监理工程师、项目法人单位负责人审核签字后，方可实施。

实务操作和案例分析题三［2018 年真题］

【背景资料】

施工单位承担某水闸工程施工。施工项目部编制了施工组织设计文件，并报总监理工程师审核确认。其中，施工进度计划如图 2-4 所示。施工围堰作为总价承包项目，其设计和施工均由施工单位负责。

施工过程中发生如下事件：

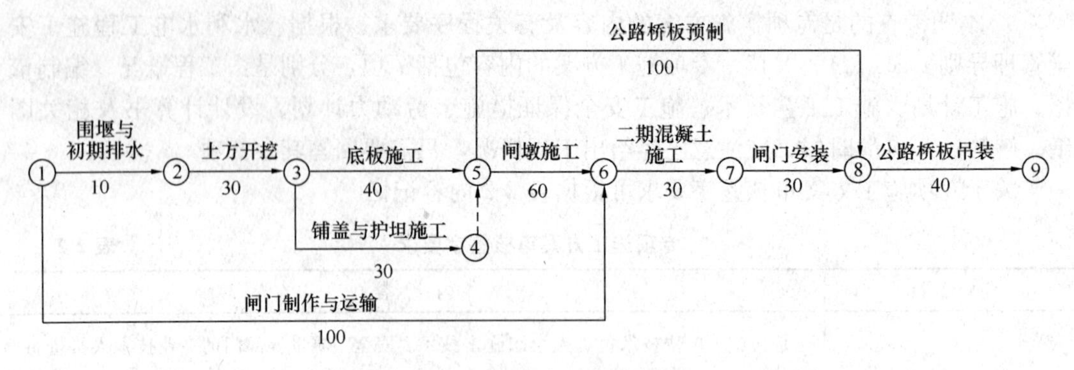

图 2-4　施工进度计划图（单位：d）

事件 1：为便于进度管理，技术人员对上述计划中各项工作的时间参数进行了计算，其中闸门制作与运输的时间参数为 $\dfrac{0 \mid 100 \mid 40}{a \mid 140 \mid b}$（按照 $\dfrac{ES \mid EF \mid TF}{LS \mid LF \mid FF}$ 方式标注）。

事件 2：基坑初期排水过程中，发生围堰边坡坍塌事故，施工单位通过调整排水流量，避免事故再次发生。处理坍塌边坡增加费用 1 万元，增加工作时间 10d，施工单位以围堰施工方案经总监批准为由向发包方提出补偿 10d 工期和 1 万元费用的要求。

事件 3：因闸门设计变更，导致闸门制作与运输工作拖延 30d 完成。施工单位以设计变更是发包人责任为由提出补偿工期 30d 的要求。

【问题】

1. 指出图 2-4 进度计划的工期和关键线路（用节点编号表示）。

2. 指出事件 1 中，a、b 所代表时间参数的名称和数值。

3. 指出事件 2 中初期排水排水量的组成。发生围堰边坡坍塌事故的主要原因是什么？

4. 分别指出事件 2、事件 3 中，施工单位的索赔要求是否合理？简要说明理由。综合事件 2、事件 3，指出本工程的实际工期。

【解题方略】

1. 本题考查的是网络进度计划工期的计算及关键线路的确定。工期的计算及关键线路的确定在历年考试考查频率非常高。网络进度计划的工期和关键线路的确定方法有：

（1）六时标注法，计算出工作的六个时间参数，总时差最小（或为零）的工作是关键工作，全部由关键工作组成的线路是关键线路。

（2）标号法计算节点的最早时间，并标出源节点，再从源节点找出并连成的线路即为关键线路。

（3）列出网络计划中全部的线路并计算其线路长度，最长的线路即为关键线路。

本题采用最长线路法计算：

线路 1：①→②→③→⑤→⑧→⑨，工期＝10＋30＋40＋100＋40 ＝220d。

线路 2：①→②→③→⑤→⑥→⑦→⑧→⑨，工期＝10＋30＋40＋60＋30＋30＋40＝240d。

线路 3：①→②→③→④→⑤→⑧→⑨，工期＝10＋30＋30＋100＋40 ＝210d。

线路 4：①→②→③→④→⑤→⑥→⑦→⑧→⑨，工期＝10＋30＋30＋60＋30＋30＋

40＝230d。

线路 5：①→⑥→⑦→⑧→⑨，工期＝100＋30＋30＋40 ＝200d。

所以计划工期为 240d，关键线路是：①→②→③→⑤→⑥→⑦→⑧→⑨。

2. 本题考查的施工进度计划中时间参数的概念。$\frac{ES \mid EF \mid TF}{LS \mid LF \mid FF}$ 为六时标注法，ES 表示工作的最早开始时间；EF 表示工作的最早完成时间；LS 表示工作的最迟开始时间；LF 表示工作的最迟完成时间；TF 表示工作的总时差；FF 表示工作的自由时差。由此可知，a 表示工作的最迟开始时间；b 表示工作的自由时差。

计算 a、b 的数值，要掌握下面的计算公式：

$$
\begin{aligned}
LS_{i-j} &= LF_{i-j} - D_{i-j} \\
LF_{i-j} &= \min\{LS_{j-k}\} = \min\{LF_{j-k} - D_{j-k}\} \\
FF_{i-j} &= \min\{ES_{j-k} - EF_{i-j}\} \\
&= \min\{ES_{j-k} - ES_{i-j} - D_{i-j}\} \\
TF_{i-j} &= LF_{i-j} - EF_{i-j} = LS_{i-j} - ES_{i-j} \\
ES_{i-j} &= \max\{EF_{h-i}\} = \max\{ES_{h-i} + D_{h-i}\} \\
EF_{i-j} &= ES_{i-j} + D_{i-j}
\end{aligned}
$$

闸门制作与运输的最迟完成时间为 140d，其最迟开始时间＝140－100＝40d，其自由时差为 40d。

3. 本题考查的是基坑初期排水技术要求及围堰坍塌事故的原因。

初期排水量由积水量、渗水量、降水量组成。

工程初期排水施工中，围堰坍塌的原因：内因是围堰的填筑质量和土质；外因是基坑水位下降速率过大。

4. 本题考查的是变更和索赔的处理方法和原则。解答本题的思路是首先判断事件是谁的责任，在根据网络图判断延期时间是否超过其总时差，没有超过总时差，不应批准索赔。

合同约定应由承包人承担的义务和责任，不因监理人对承包人提交文件的审查或批准，对工程、材料和设备的检查和检验，以及实施监理作出指示等职务行为而减轻或解除。虽然监理已审批文件，但事故责任依旧是施工单位。监理人的批准不免除承包人的责任。首先我们看下事件 2，基坑初期排水过程中，发生围堰边坡坍塌事故属于承包人的责任，工期及费用索赔均不应被批准。

事件 3 中，闸门设计变更属于建设单位的责任。闸门制作与运输工作属于非关键工作，其总时差＝240－(100＋30＋30＋40)＝40d，闸门制作与运输工作拖延 30d，未超过其总时差。其工期索赔不合理。

实际工期可以通过网络计划计算得出，只要把事件 2 导致的围堰初期排水持续时间改为 20d，事件 3 导致的闸门制作与运输持续时间改为 130d 即可。所以实际工期＝20＋30＋40＋60＋30＋30＋40＝250d。

【参考答案】

1. 施工进度计划图中计划工期＝10＋30＋40＋60＋30＋30＋40＝240d。

关键线路是：①→②→③→⑤→⑥→⑦→⑧→⑨。

2. a 参数为最迟开始时间，数值为 40d；b 参数为自由时差，数值为 40d。

3. 事件 2 中，初期排水排水量的组成包括：基坑积水，初期排水过程中的降雨，渗水。发生围堰边坡坍塌事故的主要原因是：水位降低速度过快（或初期排水速率过大）。

4. 事件 2 的工期与费用索赔不合理。

理由：围堰边坡坍塌事故属于承包人的责任，总监审核施工方案不能解除承包人的责任。

事件 3 的工期索赔不合理。

原因：虽然设计变更为发包人责任，但由于闸门制作与运输的总时差为 40d，变更延误的天数小于该工作的总时差，不影响总工期。

实际工期＝20＋30＋40＋60＋30＋30＋40＝250d。

实务操作和案例分析题四［2017 年真题］

【背景资料】

承包人与发包人依据《水利水电工程标准施工招标文件》（2009 年版）签订了某水闸项目的施工合同。合同工期为 8 个月，工程开工日期为 2012 年 11 月 1 日。承包人依据合同工期编制并经监理人批准的部分项目进度计划（每月按 30d 计，不考虑间歇时间）见表 2-3。

进度计划表 **表 2-3**

工作代码	工作名称	紧前工作	持续时间（d）	工作起止时间
A	基坑开挖	—	40	2012 年 11 月 1 日—2012 年 12 月 10 日
B	闸底板混凝土施工	A	35	T_B
C	闸墩混凝土施工	B	100	2013 年 1 月 16 日—2013 年 4 月 25 日
D	闸门制作与运输	—	150	2012 年 11 月 16 日—2013 年 4 月 15 日
E	闸门安装与调试	C、D	30	T_E
F	桥面板预制	B	60	2013 年 3 月 1 日—2013 年 4 月 30 日
G	桥面板安装及面层铺装	E、F	35	T_G

工程施工中发生如下事件：

事件 1：由于承包人部分施工设备未按计划进场，不能如期开工，监理人通知承包人提交进场延误的书面报告。开工后，承包人采取赶工措施，A 工作按期完成，由此增加费用 2 万元。

事件 2：监理人在对闸底板进行质量检查时，发现局部混凝土未达到质量标准，需返工处理。B 工作于 2013 年 1 月 20 日完成，返工增加费用 2 万元。

事件 3：发包人负责闸门的设计与采购，因闸门设计变更，D 工作中闸门于 2013 年 4 月 25 日才运抵工地现场，且增加安装与调试费用 8 万元。

事件 4：由于桥面板预制设备出现故障，F 工作于 2013 年 5 月 20 日完成。

除上述发生的事件外，其余工作均按该进度计划实施。

【问题】

1. 指出进度计划表中 T_B、T_E、T_G所代表的工作起止时间。

2. 事件 1 中，承包人应在收到监理人通知后多少天内提交进场延误书面报告？该书面报告应包括哪些主要内容？

3. 分别指出事件 2、事件 3、事件 4 对进度计划和合同工期有何影响？指出该部分项目的实际完成日期。

4. 依据《水利水电工程标准施工招标文件》（2009 年版），指出承包人可向发包人提出延长工期的天数和增加费用的金额，并说明理由。

【解题方略】

1. 本题考查的是网络进度计划时间参数的计算。该考点是考试的易考点，难度不大，考试根据背景资料中的进度计划表即可解答。

B 工作的紧前工作为 A 工作，工作的结束时间为 2012 年 12 月 10 日，则 B 工作的开始时间为 2012 年 12 月 11 日；B 工作的持续时间为 35d，则 B 工作的结束时间为 2013 年 1 月 15 日。

E 工作的紧前工作包括 C、D 工作，两项工作均完成，E 工作才能开始。C 工作的结束时间为 2013 年 4 月 25 日，D 工作的结束时间为 2013 年 4 月 15 日，则 B 工作的开始时间为 2013 年 4 月 26 日；E 工作的持续时间为 30d，则 E 工作的结束时间为 2013 年 5 月 25 日。

G 工作的紧前工作包括 E、F 工作，两项工作均完成，G 工作才能开始。工作 E 的结束时间为 2013 年 5 月 25 日，F 工作的结束时间为 2013 年 4 月 30 日，则 G 工作的开始时间为 2013 年 5 月 26 日；G 工作的持续时间为 35d，则 F 工作的结束时间为 2013 年 6 月 30 日。

2. 本题考查的是进度条款的内容。开工通知的具体要求如下：

（1）监理人应在开工日期 7d 前向承包人发出开工通知。监理人在发出开工通知前应获得发包人同意。

（2）工期自监理人发出的开工通知中载明的开工日期起计算。

（3）承包人应在开工日期后尽快施工。承包人在接到开工通知后 14d 内未按进度计划要求及时进场组织施工，监理人可通知承包人在接到通知后 7d 内提交一份说明其进场延误的书面报告，报送监理人。书面报告应说明不能及时进场的原因和补救措施，由此增加的费用和工期延误责任由承包人承担。

3. 本题考查的是进度计划及合同工期调整的内容。

双代号网络计划的绘图规则包括：①双代号网络图必须正确表达已定的逻辑关系；②双代号网络图中，严禁出现循环回路；③双代号网络图中，在节点之间严禁出现带双向箭头或无箭头的连线；④双代号网络图中，严禁出现没有箭头节点或没有箭尾节点的箭线；⑤当双代号网络图的某些节点有多条外向箭线或多条内向箭线时，为使图形简洁，可使用母线法绘制；⑥绘制网络图时，箭线不宜交叉；⑦双代号网络图中应只有一个起点节点和一个终点节点（多目标网络计划除外），而其他所有节点均应是中间节点；⑧双代号网络图应条理清楚，布局合理。

首先判断起点工作，然后根据进度计划表紧后工作，引出实箭线，如果一个工作有多个紧后工作没办法用实箭线，需要引出虚箭线。施工进度计划网络图如图 2-5 所示（括号中数字代表持续时间）。

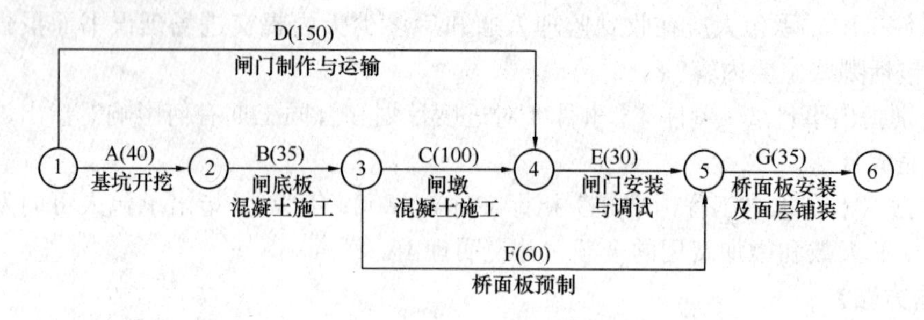

图 2-5　施工进度计划网络图

如果出现进度偏差的工作位于关键线路上，即该工作为关键工作，则无论其偏差有多大，都将对后续工作和总工期产生影响。如果工作的进度偏差大于该工作的总时差，则此进度偏差必将影响其后续工作和总工期；如果工作的进度偏差未超过该工作的总时差，则此进度偏差不影响总工期。

B 工作计划于 2013 年 1 月 15 日完成，延迟了 5d，因为 B 工作为关键工作，故会影响工期 5d。D 工作计划于 2013 年 4 月 15 日完成，延迟了 10d，其总时差为 10d，故不会影响总工期。F 工作计划于 2013 年 4 月 30 日完成，延迟了 20d，其总时差为 25d，故不会不影响合同工期。

通过上述分析该项目的实际完成日期为 2013 年 7 月 5 日。

4. 本题考查的是合同责任及工期索赔。解答该类型题，根据背景资料逐项进行分析，找出事故责任方，判断索赔是否成立。本案例中事件 1、事件 2 中的责任方均属于承包人，因此不能向发包人提出索赔要求。事件 3 中，因为发包人的原因导致闸门 2013 年 4 月 25 日才运抵工地现场，所以承包人可以向发包人要求增加安装与调试费用 8 万元。

【参考答案】

1. 进度计划表中 T_B、T_E、T_G所代表的工作起止时间：

T_B：2012 年 12 月 11 日～2013 年 1 月 15 日

T_E：2013 年 4 月 26 日～2013 年 5 月 25 日

T_G：2013 年 5 月 26 日～2013 年 6 月 30 日

2. 承包人应在收到监理人通知后的 7d 内提交进场延误书面报告，该书面报告的内容应包括不能及时进场的原因和补救措施等。

3. 事件 2：B 工作比计划延迟 5d，因 B 工作为关键工作，影响合同工期 5d。

事件 3：D 工作比计划延迟 10d，因 D 工作为非关键工作，总时差为 10d，不影响合同工期。

事件 4：F 工作比计划延迟 20d，因 F 工作为非关键工作，总时差为 25d，不影响合同工期。

该项目的实际完成日期为 2013 年 7 月 5 日。

4. 承包人可向发包人提出延期 0d（或：承包人不能向发包人提出延期）要求。因事件 2 中影响合同工期的责任方为承包人。

承包人可向发包人提出增加费用 8 万元的要求。因事件 3 的责任方为发包人，增加费用由发包人承担；事件1和事件2的责任方为承包人，增加费用自行承担。

实务操作和案例分析题五［2016年真题］

【背景资料】

某新建泵站采用堤后式布置，主要工程内容包括：泵房、进水闸、防洪闸、压力水箱和穿堤涵洞。工程所在地的主汛期为6～9月。合同双方依据《水利水电工程标准施工招标文件》（2009年版）签订了施工合同。合同部分内容如下：①合同工期18个月，工程计划2012年11月1日开工，2014年4月30日完工；②签约合同价为810万元；③工程质量保证金为签约合同价的5%。

施工中发生如下事件：

事件1：根据施工方案及安全度汛要求，承包人编制了进度计划，并获得监理人批准。其部分进度计划如图2-6所示（不考虑前后工作的搭接，每月按30d计）。

代码	项目名称	紧后工作	持续时间（d）	2012年		2013年							
				11月	12月	1月	2月	3月	4月	5月	6月	7月	
A	准备工作	B	30										
B	堤防土方开挖	D、F	30										
C	堤防土方填筑	…	35										
D	压力水箱及涵洞地基处理	E	30										
E	压力水箱及涵洞混凝土浇筑	C	50										…
F	防洪闸地基处理	G、I	40										
G	防洪闸混凝土浇筑	C、H	60										
H	防洪闸金属结构及机电安装	…	45										
I	泵站及进水闸地基处理	…	60										
…	…	…	…										

图2-6　工程项目施工进度计划（部分）

事件2：为加强项目部管理，承包人提出更换项目经理并按合同约定的要求履行了相关手续。承包人于2013年2月25日更换了项目经理。

事件3：由发包人组织采购的水泵机组运抵现场，承包人直接与供货方办理了交货验收手续，并将随同的备品备件、专用工器具与资料清点后封存，在泵站安装时，承包人自行启用了封存的专用工器具。

事件4：合同工程完工证书颁发时间为2014年7月10日。承包人在收到合同工程完工证书后，向监理人提交了包括变更及索赔金额、工程预付款扣回等内容的完工付款申请单。

【问题】

1. 根据事件1，指出“堤防土方填筑”“防洪闸混凝土浇筑”的施工时段，分析判断该计划是否满足安全度汛要求。

2. 事件2中，承包人更换项目经理应办理哪些手续？

3. 指出事件3中承包人做法的不妥之处，并改正。

4. 根据事件4，指出发包人向承包人第一次退还质量保证金的最迟时间和金额。

5. 事件4中，承包人向监理人提交的完工付款申请单还应包括哪些主要内容。

【解题方略】

1. 本题考查的是水利工程施工进度管理中横道图的应用。解答本题应注意4个点，即指出两个施工时段，判断是否满足安全度汛要求，对判断作出的分析。本题需要依赖横道图判断两个施工时段（开始时间到结束时间）。

根据横道图施工进度计划，按照施工工艺的顺序，“防洪闸混凝土浇筑”在“防洪闸地基处理”完成后开始；而“堤防土方填筑”必须在“压力水箱及涵洞混凝土浇筑”和“防洪闸混凝土浇筑”均完成后才能开始。

（1）A工作的开始时间为2012年11月1日，结束时间为2012年11月30日。

（2）A工作的紧后工作为B工作，则B工作的开始时间为2012年12月1日，结束时间为2012年12月30日。

（3）B工作的紧后工作为D、F工作，则D工作的开始时间为2013年1月1日，结束时间为2013年1月30日；F工作的开始时间为2013年1月1日，结束时间为2013年2月10日。

（4）D工作的紧后工作为E工作，则E工作的开始时间为2013年2月1日，结束时间为2013年3月20日。

（5）E工作的紧后工作为C工作。

（6）F工作的紧后工作为G、I，则G工作的开始时间为2013年2月11日，结束时间为2013年4月10日；I工作的开始时间为2013年5月15日，结束时间为2013年7月15日。

（7）G工作的紧后工作为C、H工作，则C工作的开始时间为2013年4月11日，结束时间为2013年5月15日，H工作的开始时间为2013年4月11日，结束时间为2013年5月25日。

2. 本题考查的是承包人项目经理要求。该考点比较简单，属于送分题。考生要答两个点：征得发包方的同意；时间点（更换14d前）。

3. 本题考查的是承包人提供的材料和工程设备的相关规定。随同工程设备运入施工场地的备品备件、专用工器具与随机资料，应由承包人会同监理人按供货人的装箱单清点后共同封存，未经监理人同意不得启用。承包人因合同工作需要使用上述物品时，应向监理人提出申请。

4. 本题考查的是质量保证金的退还。合同工程完工证书颁发后14d内，发包人将质量保证金总额的一半支付给承包人。本案例中，合同工程完工证书颁发时间为2014年7

月 10 日，2014 年 7 月 24 日内，发包人向承包人第一次退还质量保证金。金额为 810×5%/2=20.25 万元。

掌握上述知识点外，还应掌握保证金的预留额度。根据《住房城乡建设部 财政部关于印发建设工程质量保证金管理办法的通知》（建质［2017］138 号）第七条规定，发包人应按照合同约定方式预留保留金，保证金总预留比例不得高于工程价款结算总额的 3%。合同约定由承包人以银行保函替代预留保证金的，保函金额不得高于工程价款结算总额的 3%。

5. 本题考查的是完工付款申请单的内容。完工付款申请单应包括下列内容：完工结算合同总价、发包人已支付承包人的工程价款、应扣留的质量保证金、应支付的完工付款金额。在解答本题时，要注意“是还包括的内容”，并非完工付款申请单包括的全部内容。

【参考答案】

1. “堤防土方填筑”的施工时段为 2013 年 4 月 11 日到 5 月 15 日，“防洪闸混凝土浇筑”的施工时段为 2013 年 2 月 11 日—4 月 10 日，因工程在主体期前完工，所以该计划满足安全度汛要求。

工程项目施工进度计划如图 2-7 所示。

代码	项目名称	紧后工作	持续时间(d)	2012 年 11月	2012 年 12月	2013 年 1 月	2013 年 2 月	2013 年 3 月	2013 年 4 月	2013 年 5 月	2013 年 6 月	2013 年 7 月			
A	准备工作	B	30	——										11 月 1 日	11 月 30 日
B	堤防土方开挖	D、F	30		——									12 月 1 日	12 月 30 日
C	堤防土方填筑	I	35											4 月 11 日	5 月 15 日
D	压力水箱及涵洞地基处理	E	30			——								1 月 1 日	1 月 31 日
E	压力水箱及涵洞混凝土浇筑	C	50				——	——					…	2 月 1 日	3 月 20 日
F	防洪闸地基处理	G、I	40			——	——							1 月 1 日	2 月 10 日
G	防洪闸混凝土浇筑	C、H	60											2 月 11 日	4 月 10 日
H	防洪闸金属结构及机电安装	…	45						——	——				4 月 11 日	5 月 25 日
I	泵站及进水闸地基处理	…	60							——	——			5 月 16 日	7 月 15 日
…	…	…	…												

图 2-7　工程项目施工进度计划

2. 事件 2 中，承包人更换项目经理应事先征得发包人同意，并应在更换 14d 前通知发包人和监理人。

3. 承包人直接与供货方办理交货验收手续，自行启用封存的专用工器具不妥。

改正：承包人应会同监理人在约定时间内，赴交货地点共同验收。在泵站安装时，承包人应会同监理人共同启用封存的工器具。

4. 发包人向承包人第一次退还质量保证金的最迟时间为 2014 年 7 月 24 日，发包人向承包人第一次退还质量保证金的金额是 20.25 万元。

5. 承包人向监理人提交的完工付款申请单还应包括：完工结算合同总价、发包人已支付承包人的工程价款、应扣留的质量保证金、应支付的完工付款金额。

实务操作和案例分析题六［2015 年真题］

【背景资料】

某中型水库除险加固工程主要工程内容包括：加固放水洞洞身、新建放水洞进口竖井、改建溢洪道出口翼墙、重建主坝上游砌石护坡、新建防浪墙和重建坝顶道路等工作。签约合同价为 580 万元，合同工期 8 个月，2011 年 12 月 1 日开工，合同约定：

(1) 为保证安全度汛，除新建防浪墙和重建坝顶道路外，其余工作应在 2012 年 5 月 15 日前完成；

(2) 工程预付款为签约合同价的 10%，当工程进度款累计达到签约合同价的 50%时，从超过部分的工程进度款中按 40%扣回工程预付款，扣完为止；

(3) 工程进度款按月支付，按工程进度款的 5%扣留工程质量保证金。

承包人依据合同制定并经监理单位批准的施工网络进度计划如图 2-8 所示（单位：d，每月按 30d 计）。

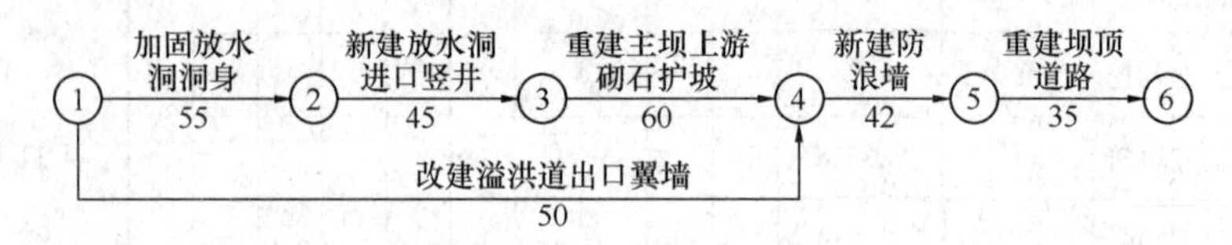

图 2-8 施工网络进度计划

2011 年 12 月 1 日工程如期开工，施工中发生如下事件：

事件 1：因设计变更，导致“改建溢洪道出口翼墙”于 2012 年 3 月 15 日才能开始，并因工程量增加，该工作持续时间将延长 10d。项目部据此分析对安全度汛和工期的影响，重新编制了满足合同工期的施工进度计划。

事件 2：承包人通知监理单位对防浪墙地基进行检查，监理人员在约定的时间未到达现场，由于工期紧，承包人对防浪墙地基进行了覆盖。事后承包人按监理单位要求对防浪墙地基进行重新检查，承包人提出增加检查费用 2 万元的要求。

事件 3：截至 2012 年 5 月底，承包人累计完成工程进度款为 428 万元。承包人提交了 6 月份工程进度款支付申请报告，经监理单位确认的工程进度款为 88 万元。

【问题】

1. 指出本工程施工网络进度计划的完工日期和“重建主坝上游砌石护坡”工作计划完成日期。

2. 根据事件 1，分别分析设计变更对安全度汛目标和合同工期的影响。

3. 按照《水利水电工程标准施工招标文件》(2009年版)，事件2中承包人通知监理单位对防浪墙地基进行检查的前提是什么？承包人的通知应附哪些资料？

4. 事件2中，承包人提出增加检查费用的要求是否合理？简要说明理由。

5. 计算2012年6月份的工程质量保证金扣留、工程预付款扣回金额和实际支付工程款（计算结果保留2位小数）。

【解题方略】

1. 本题考查的是施工网络进度计划的时间参数计算。背景资料中已说明每月按30d记，开工时间为2011年12月1日，故除开始节点外各节点处前一项工作的计划完工日期为：节点2：2012年1月25日；节点3：2012年3月10日；节点4：2012年5月10日（要求2012年5月15日完工）；节点5：2012年6月22日；节点6：2012年7月27日。可得，施工网络进度计划的完工日期为2012年7月27日；“重建主坝上游砌石护坡”工作计划完成日期为2012年5月10日。

2. 本题考查的是设计变更对工程的影响。“改建溢洪道出口翼墙”工作因工程量增加，工作时间延长10d，完成该工作共需60d，因设计变更2012年3月15日开工，计划完成日期为2012年5月15日。由题意知，该变更不影响工程安全度汛目标。因设计变更和工程量增加导致施工网络进度计划图发生变化，关键线路和关键工作改变，“改建溢洪道出口翼墙”变为关键工作，计划完工日期为2012年8月1日。由题意知，合同工期为8个月，即合同工期完成日期为2012年7月30日，所以，该变更导致合同工期延误1d。

3. 本题考查的是质量条款的内容。考生要掌握工程隐蔽部位覆盖前的检查程序和要求。经承包人自检确认的工程隐蔽部位具备覆盖条件后，承包人应通知监理人在约定的期限内检查。承包人的通知应附有自检记录和必要的检查资料。监理人应按时到场检查。经监理人检查确认质量符合隐蔽要求，并在检查记录上签字后，承包人才能进行覆盖。监理人检查确认质量不合格的，承包人应在监理人指示的时间内修整返工后，由监理人重新检查。

4. 本题考查的是质量条款的内容。考生要掌握承包人对工程隐蔽部位私自覆盖的费用承担原则。经检验证明工程质量不符合合同要求时，承包人承担费用；经检验证明工程质量符合合同要求时，发包人承担费用。

5. 本题考查的是工程款的计算。工程进度款、工程预付款、质量保证金等计算都属于考试重点内容。6月份实际支付工程款应为当月工程进度款减去工程质量保留金和预付款扣回金额。工程质量保留金和预付款扣回的原则和方法根据背景资料中合同约定。

【参考答案】

1. 本工程施工网络进度计划的完工日期为2012年7月27日。

“重建主坝上游砌石护坡”工作计划完成日期为2012年5月10日。

2. 由于事件1，“改建溢洪道出口翼墙”工作5月15日才能完成，不影响工程安全度汛目标，但导致合同工期延误1d。

3. 承包人通知监理单位对防浪墙地基进行检查的前提是：经自检确认防浪墙地基具备覆盖条件。承包人的通知应附资料为自检记录和必要的检查资料。

4. 经检验证明工程质量符合合同要求的，由发包人承担由此增加的费用和（或）工期延误，并支付承包人合理利润；经检验证明工程质量不符合合同要求的，由此增加的费用和（或）工期延误由承包人承担。

5. 工程质量保证金扣留、工程预付款扣回及实际支付款的计算如下：

（1）工程预付款为：580×10%＝58 万元，工程预付款起扣点：580×50%＝290 万元。

截至 2012 年 5 月底，扣回的工程预付款为：（428－290）×40%＝55.2 万元；

因此 6 月份扣回的工程预付款为：58－55.2＝2.8 万元。

（2）6 月份的工程质量保证金为：88×5%＝4.4 万元。

（3）实际支付工程款为：88－4.4－2.8＝80.8 万元。

实务操作和案例分析题七［2014 年真题］

【背景资料】

承包人承担某水闸工程施工，编制的施工总进度计划中相关工作如下：①场内道路；②水闸主体施工；③围堰填筑；④井点降水；⑤材料仓库；⑥基坑开挖；⑦地基处理；⑧办公、生活用房等。监理工程师批准了该施工总进度计划。其中部分工程施工网络进度计划如图 2-9 所示（单位：d）。

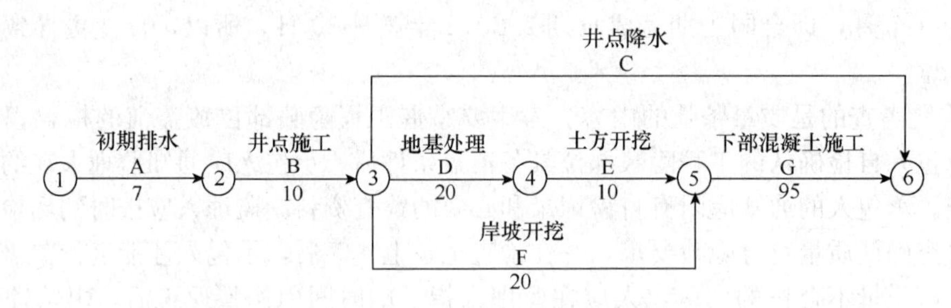

图 2-9　施工网络进度计划

施工中发生如下事件：

事件 1：工程初期排水施工中，围堰多处滑坡。承包人采取技术措施后，保证了围堰安全，但造成 A 工作时间延长 5d。

事件 2：岸坡开挖过程中，遇到局部深层淤泥层，该情况在发包人提供的地质资料中未能反映。承包人及时向发包人和监理人进行汇报，并采取措施进行了处理。F 工作实际持续时间为 40d，承包人以不利物质条件为缘由，提出延长工期和增加费用要求。发包人认为该事件应按不可抗力事件处理，同意延长工期，补偿部分费用。

【问题】

1. 根据《水利水电工程施工组织设计规范》SL 303—2004，指出背景资料的相关工作中属于工程准备期的工作（用编号表示）；工程施工总工期中，除工程准备期外，还应包括哪些施工时段？

2. 施工网络进度计划图中，不考虑事件 1 和事件 2 的影响，C 工作的持续时间应为多少天？并说明理由。

3. 事件 1 中承包人所采取的技术措施应包括哪些内容?

4. 根据《水利水电工程标准施工招标文件》(2009 年版),对事件 2 中事件性质的界定,你认为是发包人正确,还是承包人正确?说明理由。

5. 综合事件 1、事件 2,指出完成图示的施工网络进度计划的实际工期。承包人有权要求延长工期多少天?并简要说明理由。

【解题方略】

1. 本题考查的是水利水电工程施工期的划分。工程建设全过程可划分为工程筹建期、工程准备期、主体工程施工期和工程完建期四个施工时段。本题需要注意的是,编制施工总进度时,工程施工总工期为后三项之和。工程准备期:准备工程开工起关键路线上主体工程开工或河道截流闭气前的工期,一般包括"四通一平"、导流工程、临时房屋和施工工厂临时设施建设等。考查该考点时,一般不会给出全部时间段,而是要求考生补充所缺的时间段。《水利水电工程施工组织设计规范》SL 303—2004 现已被《水利水电工程施工组织设计规范》SL 303—2017 替代。

2. 本题考查的是施工网络进度计划图时间参数的计算。井点降水工作应从基坑开挖到基坑全部回填完毕期间一直不停止,将伴随地基处理、土方开挖、下部混凝土施工过程,即:20+10+95=125d。

3. 本题考查的是基坑初期排水技术要求。围堰多处滑坡的原因有两个:一是围堰填筑质量和土质;二是基坑水位下降速率过大。针对第一个原因,应采取的措施是加固处理;针对第二个原因,应采取的措施是控制初期排水流量,降低基坑水位下降速率。

4. 本题考查的是不利物质条件的界定原则与处理方法。解答本题的关键是区分不可抗力与不利物质条件的特征。水利水电工程的不利物质条件,指在施工过程中遭遇诸如地下工程开挖中遇到发包人进行的地质勘探工作未能查明的地下溶洞或溶蚀裂隙和坝基河床深层的淤泥层或软弱带等,使施工受阻。事件 2 中,"遭遇局部深层淤泥层"属于不利物质条件。

5. 本题考查的是网络计划工期计算及工期索赔。该考点属于高频考点,但是难度不大。解答本题首先要找出关键线路,计算总时差,分析工作延长时间是否超过总时差;另外,还要分析造成工期延长的责任方,才能判断是否有权要求延长工期。线路上总的工作持续时间最长的线路为关键线路。本题中,各线路的持续时间为:

线路 1:①→②→③→④→⑤→⑥,持续时间为:7+10+20+10+95=142d。

线路 2:①→②→③→⑤→⑥,持续时间为:7+10+20+95=132d。

线路 3:①→②→③→⑥,持续时间为:7+10+125=142d。

关键线路为①→②→③→④→⑤→⑥和①→②→③→⑥。

事件 1,A 工作属于关键工作,工作时间延长 5d,将造成总工期延长 5d,但是其工作时间延长是承包人原因导致,故不能要求延长工期。

事件 2,F 工作为非关键工作,其总时差为 142−132=10d,持续时间延长 20d,会使总工期延长 10d,因其发生原因属于发包人,故可以要求延长工期。

【参考答案】

1. 工程准备期的工作有①、③、⑤、⑧;除工程准备期外还包括主体工程施工期、工程完建期。

2. C工作持续的时间应为125d。

理由：井点降水工作应从基坑开挖到基坑全部回填完毕期间一直不停止，将伴随地基处理、土方开挖、下部混凝土施工过程（或C工作贯穿于B工作之后的全过程）。

3. 事件1中承包人所采取的技术措施应包括：对围堰进行加固处理；控制初期排水流量，降低地下水位下降速率。

4. 对事件2中事件性质的界定，我认为是承包人正确。

理由：不利物质条件的特征是不可预见，可以处理。承包人遇到不利物质条件时，应采取适应不利物质条件的合理措施继续施工，并及时通知监理人。承包人有权要求延长工期及增加费用。并按变更的约定办理。不可抗力事件的特征为不可预见，不可避免，不能克服。

5. 综合事件1、事件2，完成图示的施工网络进度计划的实际工期为157d。承包人有权要求延后工期10d。

理由：该网络计划的关键线路为①→②→③→④→⑤→⑥和①→②→③→⑥。

事件1中，A工作虽在关键路线上，可使总工期延后5d，但工期延长的责任属承包人，因此无权要求延长。

事件2中，F工作的总时差为10d，持续时间延长20d，会使总工期延长10d，且造成延长的责任在发包人，因此有权要求延长工期10d。

实务操作和案例分析题八［2013年真题］

【背景资料】

承包人承担某溢洪道工程施工，为降低成本、加快进度，对闸墩组织流水作业。经监理工程师批准的网络进度计划如图2-10所示（单位：d）。

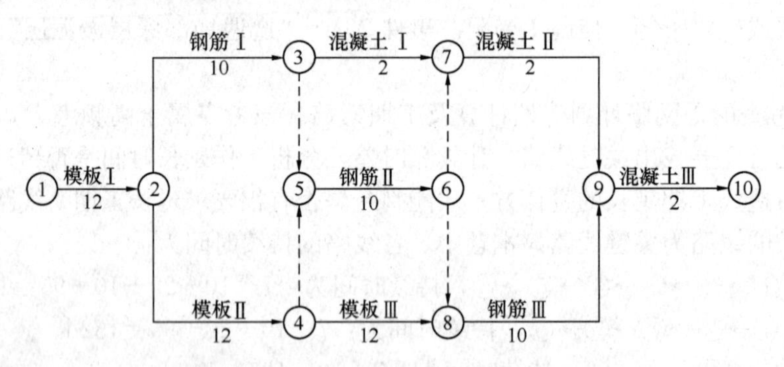

图2-10　经监理工程师批准的网络进度计划

施工过程中发生以下事件：

事件1：由于生产工人偏少，第Ⅱ施工段模板制安用时15d完成。

事件2：因钢筋绑扎不满足规范要求，第Ⅰ施工段钢筋绑扎返工，耗时5d，增加费用2万元。

事件3：混凝土浇筑时，仓内出现粗骨料堆叠情况，施工人员采取水泥砂浆覆盖的措施进行处理。

事件4：翼墙底板施工中，为加快工程进度，施工单位自行将垫层和底板同时浇筑，并将垫层混凝土强度等级提高到与底板相同。监理机构发现该问题后，发出监理指示要求整改。

【问题】

1. 指出网络进度计划的工期和关键线路。

2. 分别分析事件1、事件2对闸墩混凝土工程计划工期有何影响。实际工期是多少？指出承包人可以索赔的工期和费用。

3. 指出事件3中施工措施对工程质量可能造成的不利影响。并说明正确做法。

4. 根据事件4，指出承包人做法的不妥之处，并简要说明理由。该事件中若进行变更，应履行什么程序？

【解题方略】

1. 本题考查的是网络进度计划的工期及关键线路的确定。该考点属于考试的易考点。考生要学会网络进度计划的工期及关键线路的确定的方法。

2. 本题考查的是合同责任及工期、费用索赔。解答本题要分析单个工作延误对工期的影响，综合分析工作延误对工期的影响，及导致工作延误的责任方。解答本题是要注意平行工作对工期的影响。本案例中，“模板Ⅱ”和“钢筋Ⅰ”是平行工作，分别影响3d和1d，但综合影响是3d，故实际工期为48＋3＝51d。事件1、事件2都是由承包商自身责任造成的，所以承包商不可以索赔工期和费用。

3. 本题考查的是混凝土施工规范中强制性条文的内容。本题根据《水工混凝土施工规范》SDJ 207—1982解答，该规范现已作废。

4. 本题考查的是承包人的义务和设计变更的处理。注意，工程的任何设计变更，应由发包人征得原设计单位同意，取得相应图纸和说明。没有监理机构的指示，承包人不得擅自进行设计变更。

【参考答案】

1. 网络进度计划的工期为48d。关键线路为①→②→④→⑧→⑨→⑩。

2. 事件1会对闸墩混凝土工程计划工期拖后3d。

事件2会对闸墩混凝土工程计划工期拖后1d。

实际工期是51d。

承包人不可以索赔工期和费用。

3. 事件3中施工措施对工程质量可能造成的不利影响：可能会造成内部蜂窝。

正确做法：浇入仓内的混凝土应随浇随平仓，不得堆积。仓内若有粗骨料堆叠时，应均匀地分布于砂浆较多处，但不得用水泥砂浆覆盖。

4. 事件4承包人做法的不妥之处及理由如下。

不妥之处：施工单位自行将垫层和底板同时浇筑。

理由：应分层浇筑。

该事件中若进行变更，应履行的程序：承包人提出变更申请并附变更实施方案，经设计单位、发包人同意，监理人可按合同约定的变更程序向承包人作出变更指示，承包人遵照执行。

实务操作和案例分析题九［2012年10月真题］

【背景资料】

承包商与业主签订了某小型水库加固工程施工承包合同，合同总价1200万元。合同约定，开工前业主向承包商支付10%的工程预付款；工程进度款按月支付，同时按工程进度款5%的比例预留保留金；当工程进度款累计超过合同总价的40%时，从超过部分的工程进度款中按40%的比例扣回预付款，扣完为止。

承包商提交并经监理工程师批准的施工进度计划如图2-11所示（单位：d）。

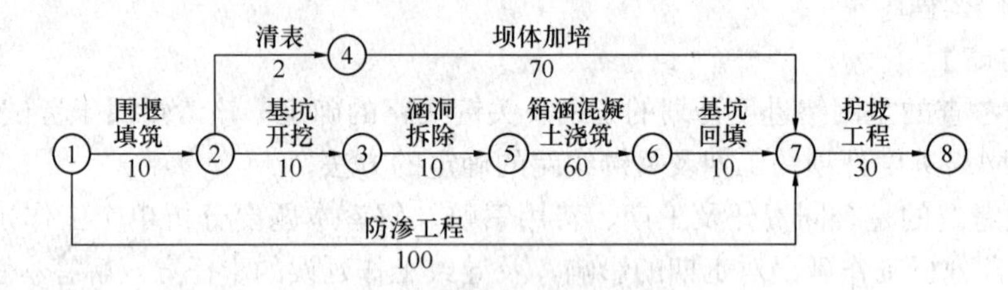

图2-11 施工进度计划

施工过程中发生如下事件：

事件1：因料场征地纠纷，坝体加培推迟了20d开始。

事件2：因设备故障，防渗工程施工推迟5d完成。

事件3：箱涵混凝土浇筑施工中，因止水安装质量不合格，返工造成工作时间延长4d，返工费用2万元。

事件4：至2月底，承包商累计完成工程进度款为450万元；承包商提交的3月份工程进度款支付申请报告中，包括返工费用2万元和经监理机构确认的合同工程价款320万元。

【问题】

1. 指出网络计划的关键线路（用节点表示）和计划工期。

2. 分别指出事件1、事件2、事件3对工期的影响；指出上述事件对工期的综合影响和承包商可索赔的工期。

3. 计算3月份实际支付工程款。

4. 基坑回填时，坝体与涵洞连接处土方施工需要注意的主要问题有哪些？

【解题方略】

1. 本题考查的是网络进度计划工期及关键线路的确定。本题可以通过最长线路法计算总工期，确定关键线路。该考点经常会考核到，属于送分题，考生一定要掌握。本题采用最长线路法计算：

线路1：①→②→④→⑦→⑧持续时间为：10+2+70+30=112d。

线路2：①→②→③→⑤→⑥→⑦→⑧持续时间为：10+10+10+60+10+30=130d。

线路3：①→⑦→⑧持续时间为：100+30=130d。

线路最长的为关键线路，最长线路上工作持续时间之和为总工期。

2. 本题考查的是工期延误责任认定及对总工期的影响。解答本题时，根据发包人和承包人的责任和义务，确定造成工期延误的责任方。判断影响工期的工作是否为关键工作，若是则影响工期；若不是，则判断延误时间是否超过总时差，超过则影响工期。

3. 本题考查的是工程款的计算。即可按照工程进度款、工程预付款、质量保证金逐项计算，也可综合计算。

4. 本题考查的是土方填筑时，坝体与混凝土结构结合部的施工技术要求。答题时注意不要漏答。

对于坝身与混凝土结构物的连接，靠近混凝土结构物部位不能采用大型机械压实时，可采用小型机械夯实或人工夯实。填土碾压时，要注意混凝土结构物两侧均衡填料压实。

根据《碾压式土石坝施工规范》DL/T 5129—2001 第 11.0.6 条规定，防渗体与混凝土面或岩石面结合部位填筑要求：

（1）填土前，混凝土表面乳皮、粉尘及其上附着杂物必须清除干净。

（2）填土与混凝土表面、岸坡岩面脱开时必须予以清除。

（3）混凝土防渗墙顶部局部范围用高塑性土回填，其回填范围、回填土料的物理力学性质、含水率、压实标准应满足设计要求。

《碾压式土石坝施工规范》DL/T 5129—2001 现已被《碾压式土石坝施工规范》DL/T 5129—2013 替代。

【参考答案】

1. 网络计划的关键线路：①→②→③→⑤→⑥→⑦→⑧和①→⑦→⑧。

计划工期 130d。

2. 事件 1 责任方为业主，“坝体加培”为非关键工作，总时差为 18d，推迟 20d 开始，影响工期 2d。

事件 2 责任方为承包商，“防渗工程”为关键工作，推迟 5d 完成，影响工期 5d。

事件 3 责任方为承包商，“箱涵混凝土浇筑”为关键工作，工作时间延长 4d，影响工期 4d。

综合影响工期 5d，承包商可索赔工期 2d（事件 1 责任方为业主，可索赔工期，其余不可）。

3. 3 月份工程进度款：320 万元；

工程预付款为：1200×10％＝120 万元；

预付款起扣点：1200×40％＝480 万元；

3 月份预付款扣回：（320＋450－480）×40％＝116 万元；

保留金预留：320×5％＝16 万元；

实际支付的工程款：320－116－16＝188 万元。

（或：320－（320＋450－480）×40％－320×5％＝188 万元）

4. 基坑回填时，坝体与涵洞连接处土方施工需要注意的主要问题有：

（1）填土前，混凝土表面必须清除干净。

（2）靠近涵洞部位应采用小型机械或人工施工。

（3）涵洞两侧应均衡填料压实。

实务操作和案例分析题十［2012年6月真题］

【背景资料】

承包人承担某堤防工程，工程项目的内容为堤段Ⅰ（土石结构）和堤段Ⅱ（混凝土结构），合同双方依据《堤防和疏浚工程施工合同范本》签订了合同，签约合同价为600万元，合同工期为120d。合同约定：

（1）工程预付款为签约合同价的10%；当工程进度款累计达到签约合同价的60%时，从当月开始，在2个月内平均扣回。

（2）工程进度款按月支付，保留金（质量保证金）在工程进度款中按5%预留。

经监理机构批准的施工进度计划如图2-12所示。

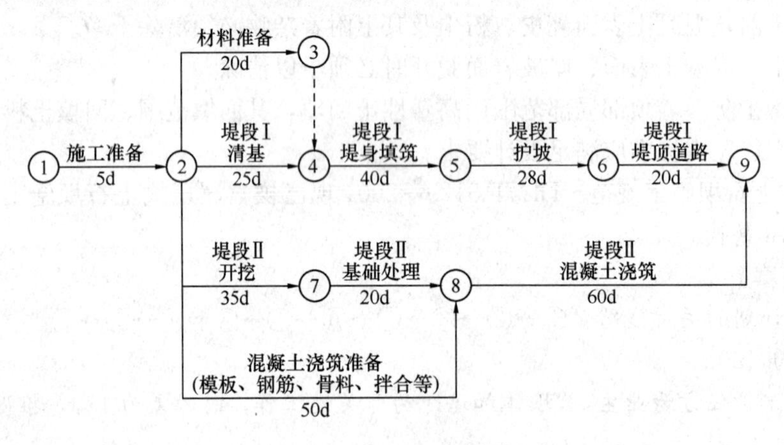

图2-12 施工进度计划图

由于发包人未及时提供施工图纸，导致“堤段Ⅱ混凝土浇筑”推迟5d完成，增加费用5万元。承包人在事件发生后向发包人提交了延长工期5d、补偿费用5万元的索赔申请报告。

根据“堤段Ⅰ堤身填筑”工程量统计表（表2-4）绘制的工程进度曲线如图2-13所示。

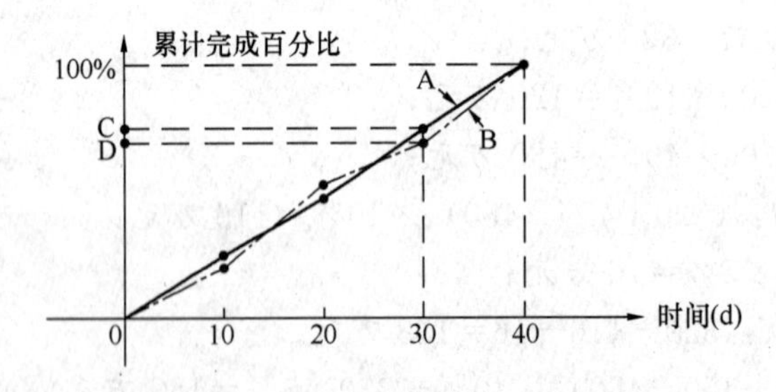

图2-13 “堤段Ⅰ堤身填筑”工程进度曲线图

“堤段Ⅰ堤身填筑”工程量统计表 表2-4

工程量（m^3） \ 时间（d）	0～10	10～20	20～30	30～40
计划	2100	2400	2600	2900
实际	2000	2580	2370	3050

监理机构确认的1～4月份的工程进度款见表2-5。

1～4月份的工程进度款　　表2-5

月份	1	2	3	4
金额（万元）	98	165	205	132

注：监理机构确认的工程进度款中已包含索赔的费用。

【问题】

1. 指出网络计划的工期和关键线路（用节点表示）。

2. 承包人向发包人提出的索赔要求合理吗？说明理由。承包人提交索赔申请的做法有何不妥？写出正确的做法。索赔申请报告中应包括的主要内容有哪些？

3. 指出“堤段Ⅰ堤身填筑”工程进度曲线中的A、B分别代表什么，并计算C、D值。

4. 计算3月份应支付的工程款。

【解题方略】

1. 本题考查的是网络进度计划时间数的计算。本题采用最长线路法计算：

线路1：①→②→④→⑤→⑥→⑨持续时间为：5＋25＋40＋28＋20＝118d；

线路2：①→②→③→④→⑤→⑥→⑨持续时间为：5＋20＋40＋28＋20＝113d；

线路3：①→②→⑦→⑧→⑨持续时间为：5＋35＋20＋60＝120d；

线路4：①→②→⑧→⑨持续时间为：5＋50＋60＝115d；

由此可知，网络计划的工期为120d，关键线路为线路3。

2. 本题考查的是工期索赔与费用索赔、索赔程序及索赔通知书的内容。本考点属于综合型题目。工期索赔与费用索赔是每年必考的考点，解答此类题，关键是判断责任方。

3. 本题考查的是进度曲线图。根据背景资料中的表和图，在第10d末计划工程量为 $2100m^3$、实际工程量为 $2100m^3$，可知，A为计划进度曲线；B为实际进度曲线。C在计划曲线上，第30d末累计工程量为：[(2100＋2400＋2600)/(2100＋2400＋2600＋2900)]×100％＝71％；D在实际曲线上，[(2000＋2580＋2370)/(2000＋2580＋2370＋3050)]×100％＝69.50％。

4. 本题考查的是工程款的结算。解答本题时注意工程预付款的起扣时间。2月底工程进度款累计达到签约合同价的43.8％ $\left(\frac{98+165}{600}\times 100\%\right)$，3月底工程进度款累计达到签约合同价的78.0％ $\left(\frac{98+165+205}{600}\times 100\%\right)$，背景资料中给出，当工程进度款累计达到签约合同价的60％时，从当月开始扣回，所以工程预付款在3、4月份平均扣回。

【参考答案】

1. 网络计划的工期为120d。关键线路为①→②→⑦→⑧→⑨。

2. 承包人向发包人提出的索赔要求合理。

理由：发包人未及时提供施工图纸，属于发包人的责任，且堤段Ⅱ混凝土浇筑是关键工作，影响工期5d，因此，延误的工期和增加的费用都可以索赔。

承包人提交的索赔申请的做法中，向发包人提交索赔申请不妥。

正确做法：应向监理机构提交索赔申请报告，并抄送发包人。

索赔通知书应详细说明索赔理由以及要求追加的付款金额和（或）延长的工期，并附必要的记录和证明材料。

3. “堤段Ⅰ堤身填筑”工程进度曲线中的A、B分别代表计划进度曲线、实际进度曲线。

C：[(2100＋2400＋2600)/(2100＋2400＋2600＋2900)]×100％＝71％。

D：[(2000＋2580＋2370)/(2000＋2580＋2370＋3050)]×100％＝69.50％。

4. 工程预付款＝600×10％＝60万元。

前3个月累计工程进度款＝98＋165＋205＝468万元＞600×60％＝360万元，应在3、4月平均扣回预付款，每月扣回30万元。

3月份应支付的工程款＝205×（1－5％）－30＝164.75万元。

实务操作和案例分析题十一［2011年真题］

【背景资料】

某水库除险加固工程内容有：①溢洪道的闸墩与底板加固，闸门更换；②土坝黏土灌浆、贴坡排水、护坡和坝顶道路重建。施工项目部根据合同工期、设备、人员、场地等具体情况编制了施工总进度计划，形成的时标网络图如图2-14所示（单位：d）。

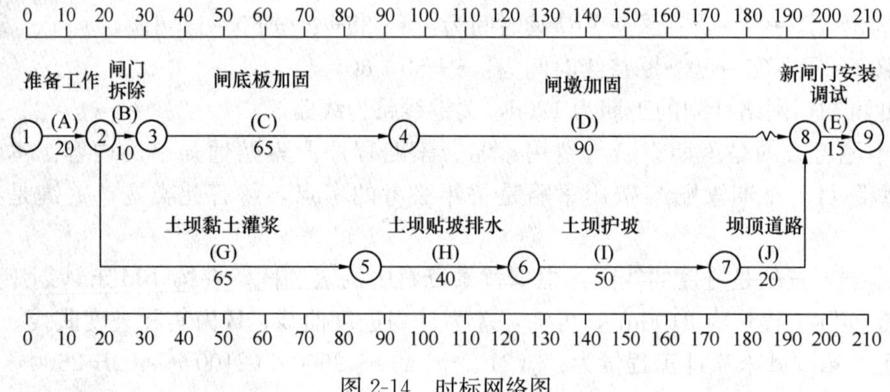

图2-14　时标网络图

施工中发生如下事件：

事件1：由于发包人未能按期提供场地，A工作推迟完成，B、G工作第25d末才开始。

事件2：C工作完成后发现底板混凝土出现裂缝，需进行处理，C工作实际持续时间为77d。

事件3：E工作施工过程中吊装设备出现故障，修复后继续进行，E工作实际持续时间为17d。

事件4：D工作的进度情况见表2-6。

工作的进度情况项目　　　　表2-6

项目名称	计划工作量（万元）	计划/实际工作量（万元）									
		0～20d		20～40d		40～60d		60～80d		80～90d	
		计划	实际	计划	实际	计划	实际	计划	实际	计划	实际
闸墩Ⅰ	24	10	9	8	7	6	8				

续表

项目名称	计划工作量（万元）	计划/实际工作量（万元）									
		0～20d		20～40d		40～60d		60～80d		80～90d	
		计划	实际	计划	实际	计划	实际	计划	实际	计划	实际
闸墩Ⅱ	22	7	7	6	5	8	6	1	4		
闸墩Ⅲ	22			8	7	8	9	6	6		
闸墩Ⅳ	22					6	5	8	7	8	10
闸墩Ⅴ	24					8	6	7	8	9	10

注：本表中的时间按网络图要求标注，如20d是指D工作开始后的第20d末。

【问题】

1. 指出计划工期和关键线路，指出A工作和C工作的总时差。

2. 分别指出事件1～事件3的责任方，并说明影响计划工期的天数。

3. 根据事件4，计算D工作在第60d末，计划应完成的累计工作量（万元），实际已完成的累计工作量（万元），分别占D工作计划总工作量的百分比；实际比计划超额（或拖欠）工作量占D工作计划总工作量的百分比。

4. 除A、C、E工作外，其他工作均按计划完成，计算工程施工的实际工期；承包人可向发包人提出多少天的延期要求？

【解题方略】

1. 本题考查的是网络计划中时间参数的计算。在时标网络计划中，凡自始至终不出现波形线的线路就是关键线路。相邻两项工作之间的时间间隔全部为零的线路就是关键线路。如果某线路上所有工作的总时差或自由时差全部为零，那么该线路就是关键线路。反之亦然。

时标网络计划中，工期为终点节点对应的时间，以波形线表示工作的自由时差。以终点节点为完成节点的工作，其总时差应等于计划工期与本工作最早完成时间之差；其他工作的总时差等于其紧后工作的总时差加本工作与该紧后工作之间的时间间隔所得之和的最小值。本题中A工作为关键工作，总时差为0；D工作的总时差为10d，C工作的总时差＝10＋0＝10d。另外一种算法就是参考答案中的方法。

2. 本题考查的是进度延误责任认定及对总工期的影响。区分责任方式是解答本题的关键。第2问中，事件1的责任方是发包人，事件2的责任方是承包人，事件3的责任方是承包人。

3. 本题考查的是累计工程量计算方法。累计工程量计算是指将指定时期工程量进行累加，累计工程量分为计划应完成量和实际已完成量，分别与总工程量进行比较，分析进度的进展情况。

4. 本题考查的是网络计划的综合运用。本题应依据原逻辑关系重新计算工期，采用最长线路法计算如下：

线路1：A→G→H→I→J→E持续时间为：25＋65＋40＋50＋20＋17＝217d；

线路2：A→B→C→D→E持续时间为：25＋10＋77＋90＋17＝219d。

所以实际工期为219d。

事件1中A工作推迟完成是因为发包人未能按期提供场地，属于发包人责任，所以要求延长5d工期。

【参考答案】

1. 计划工期为210d。关键线路为A→G→H→I→J→E。

A工作的总时差为0。C工作的总时差＝210－（20＋10＋65＋90＋15）＝10d。

2. 事件1的责任方是发包人，使计划工期拖延5d。

事件2的责任方是承包人，推迟77－65＝12d；C工作的总时差为10d，所以影响计划工期2d（12－10）。

事件3的责任方是承包人，使计划工期拖延2d。

3. D工作第60天末计划应完成的累计工作量＝10＋8＋6＋7＋6＋8＋8＋8＋6＋8＝75万元。

实际已完成的累计工作量＝9＋7＋8＋7＋5＋6＋7＋9＋5＋6＝69万元。

D工作计划总工作量＝24＋22＋22＋22＋24＝114万元。

第60d末D工作计划完成的累计工作量占计划总工作量的百分比＝75÷114×100%＝65.80%。

第60d末D工作实际完成的累计工作量占计划总工作量的百分比＝69÷114×100%＝60.53%。

第60d末D工作实际比计划拖欠工作量占D工作计划总工作量的百分比＝65.80%－60.53%＝5.27%。

4. 工程施工的实际工期＝210＋5＋2＋2＝219d。

承包人可向发包人提出5d的延期要求。

典 型 习 题

实务操作和案例分析题一

【背景资料】

某水利工程项目发包人与承包人签订了工程施工承包合同。投标报价文件按照《水利工程设计概（估）算编制规定（工程部分）》（水总〔2014〕429号）和《水利建筑工程预算定额》编制。工程实施过程中发生如下事件：

事件1：承包人为确保工程进度，对某混凝土分部工程组织了流水施工，经批准的施工网络计划如图2-15所示（A为钢筋安装，B为模板安装，C为混凝土浇筑）。其中，C1工作的各时间参数为

9	EF	TF
LS	LF	FF

。

事件2：上述混凝土分部工程施工到第15d末，承包人对工程进度进行了检查，并以实际进度前锋线记录在图2-15中。为确保该分部工程能够按计划完成，承包人组织技术人员对相关工作的可压缩时间和对应增加的成本进行分析，结果见表2-7。承包人据此制定了工期优化方案。

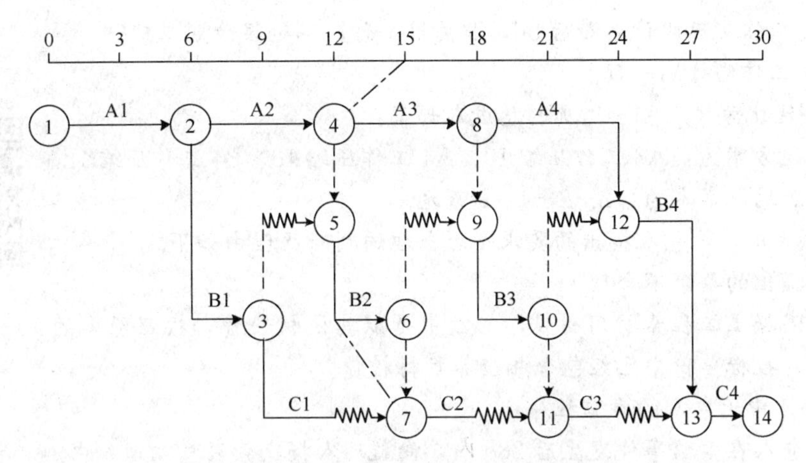

图 2-15　施工网络计划图（单位：d）

混凝土工程相关工作可压缩时间和对应增加的成本分析表　　**表 2-7**

工作	A*i*	B*i*	C*i*
正常工作时间（d）	6	3	3
最短工作时间（d）	5	2	2
压缩成本（万元/d）	2	1	3

注：*i* 为 1、2、3、4。

事件 3：进入冬期施工后，承包人按监理工程师指示对现浇混凝土进行了覆盖保温。承包人要求调整混凝土工程单价，补偿保温材料费。

事件 4：某日当地发生超标准洪水，工地被淹。承包人预估了本次洪灾造成的损失，启动索赔程序。

【问题】

1. 写出事件 1 中 *EF*、*TF*、*LS*、*LF*、*FF* 分别代表的数值。

2. 根据事件 2，说明第 15d 末的进度检查情况（按“××工作实际比计划提前或滞后×天”表述），并判断对计划工期的影响。

3. 写出工期优化方案（按“××工作压缩×天”表述）及相应增加的总成本。

4. 事件 3 中，承包人提出的要求是否合理？说明理由。

5. 写出事件 4 中承包人的索赔程序。

参考答案

扫码学习

1. 事件 1 中 *EF*、*TF*、*LS*、*LF*、*FF* 分别代表的数值：

最早完成时间 *EF*＝9＋3＝12；

总时差 *TF*＝6＋3＝9；

最迟开始时间 *LS*＝9＋9＝18；

最迟完成时间 *LF*＝12＋9＝21；

自由时差 *FF*＝波形线水平投影长度＝3。

2. 第 15d 末的进度检查情况及其对计划工期的影响如下：

(1) A3 工作实际比计划滞后 3d，关键工作，延误计划工期 3d。

（2）B2 工作实际比计划滞后 3d，非关键工作，不延误计划工期。

（3）C1 工作与计划一致。

3. 工期优化方案及相应增加的总成本如下：

扫码学习

工期优化方案为：A3 工作压缩 1d、A4 工作压缩 1d、B4 工作压缩 1d。

相应增加的总成本为：2＋2＋1＝5 万元。

4. 事件 3 中，承包人提出的要求是否合理的判断及理由如下。

承包人提出的要求不合理。

理由：混凝土工程养护用材料，定额中是以其他材料费，按照费率的方式计入的，投标单价中已经包含相应养护材料费。

5. 事件 4 中承包人的索赔程序：

（1）承包人在索赔事件发生后 28d 内，向监理人提交索赔意向通知书。

（2）承包人在发出索赔意向通知书后 28d 内，向监理人正式提交索赔通知书。

实务操作和案例分析题二

【背景资料】

某水利工程地处北方集中供暖城市，主要施工内容包括分期导流及均质土围堰工程、基坑开挖（部分为岩石开挖）、基坑排水、混凝土工程。工程实施过程中发生如下事件：

事件 1：项目法人向施工单位提供了水文、气象、地质资料，还提供了施工现场及施工可能影响的毗邻区域内的地下管线资料。

事件 2：施工单位在编制技术文件时，需运用岩土力学、水力学等理论知识解决工程实施过程中的技术问题，包括：边坡稳定、围堰稳定、开挖爆破、基坑排水、渗流、脚手架强度刚度稳定性、开挖料运输及渣料平衡、施工用电。有关理论知识与技术问题对应关系见表 2-8。

理论知识与技术问题对应关系表　　**表 2-8**

序号	理论知识	技术问题
1	岩土力学	边坡稳定、A
2	水力学	B、C
3	材料力学	D
4	结构力学	E
5	爆破力学	F
6	电工学	G
7	运筹学	H

事件 3：本工程基坑最大开挖深度 12m。根据《水利水电工程施工安全管理导则》SL 721—2015，施工单位需编制基坑开挖专项施工方案，并由技术负责人组织质量等部门的专业技术人员进行审核。

事件 4：根据《水利水电工程施工安全管理导则》SL 721—2015，施工单位应组织召开基坑开挖专项施工方案审查论证会，并根据审查论证报告修改完善专项施工方案，经有关人员审核后方可组织实施。

【问题】

1. 事件 1 中，项目法人向施工单位提供的地下管线资料可能有哪些？

2. 事件 2 中，分别写出表 2-8 中字母所代表的技术问题。

3. 事件 3 中，除质量部门外，施工单位技术负责人还应组织哪些部门的专业技术人员参加专项施工方案审核？

4. 事件 4 中，修改完善后的专项施工方案，应经哪些人员审核签字后方可组织实施？

【参考答案】

1. 事件 1 中，项目法人向施工单位提供的地下管线资料可能有：供水、排水、供电、供气（或燃气）、供热（供暖）、通信、广播电视。

2. 理论知识与技术问题对应关系表中字母所代表的技术问题如下：

A 代表围堰稳定；B 代表渗流（或基坑排水）；C 代表基坑排水（或渗流）；D 代表脚手架强度刚度稳定性；E 代表脚手架强度刚度稳定性；F 代表开挖爆破；G 代表施工用电；H 代表开挖料运输与渣料平衡。

3. 事件 3 中，除质量部门外，施工单位技术负责人还应组织安全部门（安全部）、技术部门（技术部）参加专项施工方案审核。

4. 事件 4 中，修改完善后的专项施工方案，应经施工单位技术负责人、总监理工程师、项目法人（建设单位）单位负责人审核签字方可组织施工。

实务操作和案例分析题三

【背景资料】

某承包人依据《水利水电工程标准施工招标文件》（2009 年版）与发包人签订某引调水工程引水渠标段施工合同，合同约定：

（1）合同工期 465d，2015 年 10 月 1 日开工；

（2）签约合同价为 5800 万元；

（3）履约保证金兼具工程质量保证金功能，施工进度付款中不再预留质量保证金；

（4）工程预付款为签约合同价的 10%，开工前分两次支付，工程预付款的扣回与还清按下列公式计算。

$R=\dfrac{A\times(C-F_1S)}{(F_2-F_1)\times S}$，其中 $F_1=20\%$，$F_2=90\%$。

合同签订后发生如下事件：

事件 1：项目部按要求编制了该工程的施工进度计划如图 2-16 所示，经监理人批准后，工程如期开工。

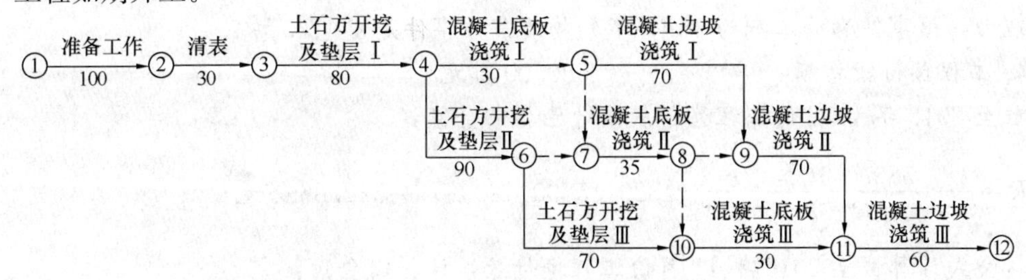

图 2-16　施工进度计划图（单位：d）

事件 2：承包人完成施工控制网测量后，按监理人指示开展了抽样复测：

（1）发现因发包人提供的某基准线不准确，造成与此相关的数据均超过允许误差标准，为此监理人指示承包人对发包人提供的基准点、基准线进行复核，并重新进行了施工控制网的测量，产生费用共计 3 万元，增加工作时间 5d；

（2）由于测量人员操作不当造成施工控制网数据异常，承包人进行了测量修正，修正费用 0.5 万元，增加工作时间 2d。针对上述两种情况承包人提出了延长工期和补偿费用的索赔要求。

事件 3："土石方开挖及垫层Ⅲ"施工中遇到地质勘探未查明的软弱地层，承包人及时通知监理人。监理人会同参建各方进行现场调查后，把该事件界定为不利物质条件，要求承包人采取合理措施继续施工。承包人按要求完成地基处理工作，导致"土石方开挖及垫层Ⅲ"工作时间延长 20d，增加费用 8.5 万元。承包人据此提出了延长工期 20d 和增加费用 8.5 万元的要求。

事件 4：截至 2016 年 10 月份，承包人累计完成合同金额 4820 万元，2016 年 11 月份监理人审核批准的合同金额为 442 万元。

【问题】

1. 指出事件 1 施工进度计划图（图 2-16）的关键线路（用节点编号表示）、"土石方开挖及垫层Ⅲ"工作的总时差。

2. 事件 2 中，承包人应获得的索赔有哪些？简要说明理由。

3. 事件 3 中，监理人收到承包人提出延长工期和增加费用的要求后，监理人应按照什么处理程序办理？承包人的要求是否合理？简要说明理由。

4. 计算 2016 年 11 月份的工程预付款扣回金额、承包人实得金额（单位：万元，保留 2 位小数）。

【参考答案】

1. 图 2-16 施工进度计划图的关键线路：①→②→③→④→⑥→⑦→⑧→⑨→⑩→⑪→⑫。

"土石方开挖及垫层Ⅲ"工作的总时差＝最迟完成时间－最早完成时间＝305－300＝5d。

扫码学习

2. 承包人应获得的索赔有：延长工期 5d，补偿费用 3 万元。

理由：（1）发包人提供的基准线不准确是发包人责任，应予补偿；

（2）测量人员操作不当是承包人责任，不予补偿。

3. 应按变更处理程序办理。

承包人提出延长工期 20d 不合理，增加费用 8.5 万元的要求合理；

理由：该事件影响工期为 15d，不利物质条件事件是发包人责任。

4. 工程预付款总额：5800×10%＝580.00 万元

截至 2016 年 10 月份工程预付款累计已扣回金额：

$$R=\frac{5800\times 10\%}{(90\%-20\%)\times 5800}(4820-5800\times 20\%)=522.86\text{ 万元}$$

按公式计算截至 2016 年 11 月份工程预付款累计扣回金额：

$$R=\frac{5800\times10\%}{(90\%-20\%)\times5800}(4820+442-5800\times20\%)=586.00\text{ 万元}>580\text{ 万元},$$

2016 年 11 月份工程预付款扣回金额：580－522.86＝57.14 万元

2016 年 11 月份承包人实得金额：442－57.14＝384.86 万元

实务操作和案例分析题四

【背景资料】

某新建水闸工程的部分工程经监理单位批准的施工进度计划如图 2-17 所示（单位：d）。合同约定：工期提前奖金标准为 20000 元/d，逾期完工违约金标准为 20000 元/d。

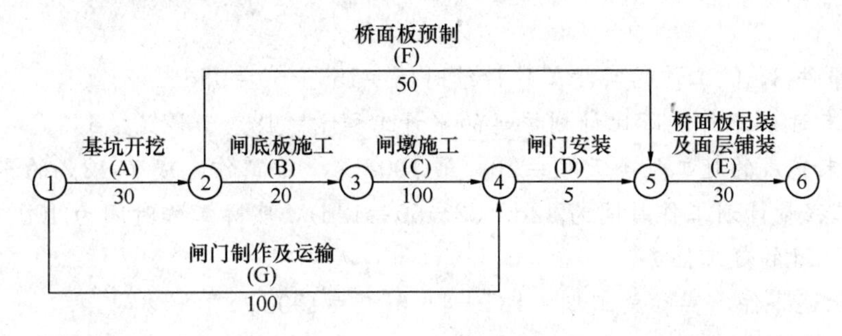

图 2-17　施工进度计划

施工中发生如下事件：

事件 1：A 工作过程中发现局部地质条件与发包人提供的勘察报告不符，需进行处理，A 工作的实际工作时间为 34d。

事件 2：在 B 工作中，部分钢筋安装质量不合格，施工单位按监理单位要求进行返工处理，B 工作实际工作时间为 26d。

事件 3：在 C 工作中，施工单位采取赶工措施，进度曲线如图 2-18 所示。

事件 4：由于发包人未能及时提供设计图纸，导致闸门在开工后第 153d 末才运抵现场。

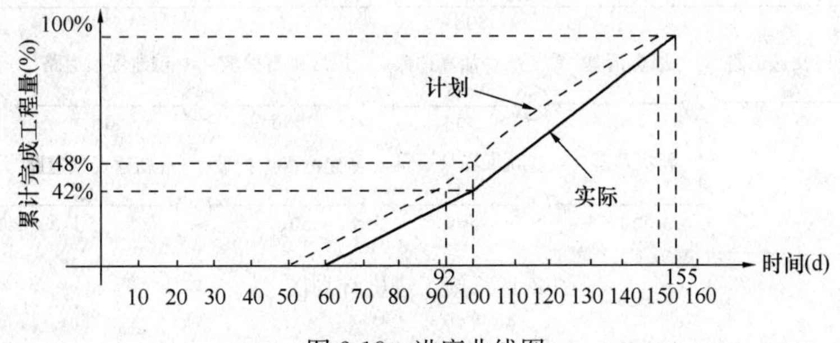

图 2-18　进度曲线图

【问题】

1. 计算计划总工期，指出关键线路。

2. 指出事件 1、事件 2、事件 4 的责任方，并分别分析对计划总工期有何影响。

3. 根据事件 3，指出 C 工作的实际工作持续时间；说明第 100d 末时 C 工作实际比计划提前（或拖延）的累计工程量；指出第100d末完成了多少天的赶工任务。

4. 综合上述事件，计算实际总工期和施工单位可获得的工期补偿天数；计算施工单位因工期提前得到的奖金或因逾期需支付的违约金金额。

【参考答案】

1. 计划总工期＝30＋20＋100＋5＋30＝185d。

关键线路为①→②→③→④→⑤→⑥。

2. 事件1的责任方为发包人，事件2的责任方为施工单位，事件4的责任方为发包人。事件1，A工作是关键工作，可使总工期延长4d，事件2，B工作是关键工作，可使工期延长6d，事件4，G工作是非关键工作，延误了53d，总时差为50d，可使工期延长3d。

3. 根据事件3，C工作的实际工作持续时间＝155－60＝95d。

第100d末时C工作实际比计划拖延的累计工程量＝48%－42%＝6%。

第100d末完成的赶工任务天数＝2d。第100d末，C工作完成了42%的累计工程量，完成此累计工程量计划工作时间为42d（92－50＝42d），实际工作时间为40d（100－60＝40d），完成了2d的赶工任务。

4. 综合上述事件，实际总工期＝185＋4＋6－5＝190d。

施工单位可获得的工期补偿天数为4d。

施工单位因逾期支付的违约金金额＝（190－185－4）×20000＝20000元。

实务操作和案例分析题五

【背景资料】

某河道整治工程的主要施工内容有河道疏浚、原堤防加固、新堤防填筑等。承包人依据《水利水电工程标准施工招标文件》（2009年版）与发包人签订了施工合同，工期9个月（每月按30d计，下同），2015年10月1日开工。

承包人编制并经监理人同意的进度计划如图2-19所示。

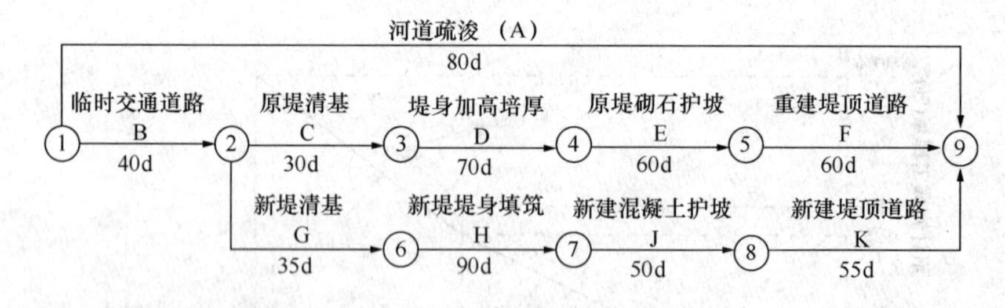

图2-19 施工进度计划图

本工程施工中发生以下事件：

事件1：工程如期开工，但因征地未按期完成，导致“临时交通道路”推迟20d完成。发包人要求承包人采取赶工措施，保证工程按合同要求的工期目标完成。承包人确定了工期优化方案：

(1)“原堤防加固”按增加费用最小原则进行工期优化，相应的工期优化—费用关系见表2-9；

（2）“新堤填筑”采用增加部分关键工作的施工班组，组织平行施工优化工期，计划调整—费用增加情况见表 2-10；

（3）河道疏浚计划于 2015 年 12 月 1 日开始。

“原堤防加固”工期优化—费用表 **表 2-9**

代码	工作名称	计划工作时间（d）	最短工作时间（d）	费用增加率（万元/d）
C	原堤清基	30	30	
D	堤身加高培厚	70	65	2.6
E	原堤砌石护坡	60	58	2.4
F	重建堤顶道路	60	45	2.8

“新堤填筑”计划调整—费用增加表 **表 2-10**

代码	工作名称	工作时间（d）	紧前工作	增加费用（万元）
G	新堤清基	35	—	
H1	新堤堤身填筑Ⅰ	80	G	25
H2	新堤堤身填筑Ⅱ	30	G	
J1	新建混凝土护坡Ⅰ	40	H1	22
J2	新建混凝土护坡Ⅱ	20	H2	
K	新建堤顶道路	55	J1、J2	

项目部按优化方案编制调整后的进度计划及赶工措施报告，并上报监理人批准。

事件 2：项目经理因患病经常短期离开施工现场就医。鉴于项目经理健康状况，承包人按合同规定履行相关程序后，更换了项目经理。

事件 3：承包人在取得合同工程完工证书后，向监理人提交了完工付款申请（包括发包人已支付承包人的工程款），并提供了相关证明材料。

事件 4：承包人在编制竣工图时，对其中图面变更超过 1/3 的施工图进行了重新绘制，并按档案验收要求进行编号和标注。

【问题】

1. 根据事件 1，用双代号网络图绘制从 2015 年 12 月 1 日起的优化进度计划，计算赶工所增加的费用。

2. 根据事件 2，分别说明项目经理短期离开施工现场和承包人更换项目经理应履行的程序。

3. 根据事件 3，承包人提交的完工付款申请单中，除发包人已支付承包人的工程款外，还应有哪些内容？

4. 事件 4 中承包人重新绘制的竣工图应如何编号？竣工图图标栏中应标注的内容有哪些？

【参考答案】

1. 双代号网络图的绘制及赶工费用的计算如下。

（1）B 工作延误 20d 后，优化后续工作的网络图如图 2-20 所示。

（2）赶工所增加费用的计算：

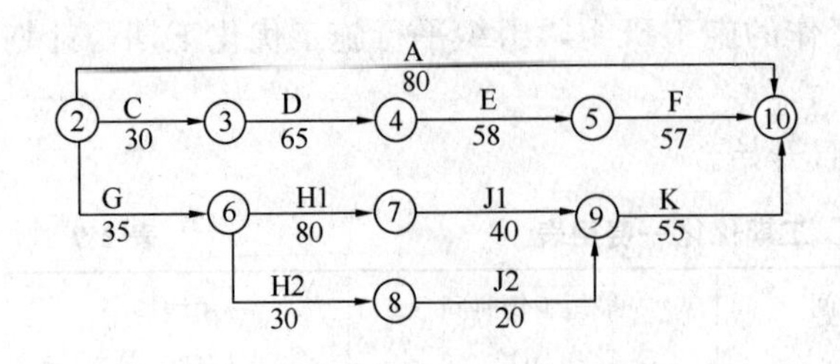

图 2-20　优化后续工作的网络图

① 原堤防加固线路为：①→②→③→④→⑤→⑨，线路总长度为 260d。由于 B 工作延误 20d，则原堤防加固需要赶工 10d。从赶工费用最低的原则出发，优先压缩费用增加率低的工作。因此工作 E 压缩 2d，工作 D 压缩 5d，工作 F 压缩 3d，满足压缩 10d 的要求。压缩费用为：2.4×2+2.6×5+2.8×3=26.2 万元。

② 新堤填筑对工作 H 和工作 J 增加了施工队数量，所以赶工的费用累计为：25+22=47 万元。

③ 总赶工费用为 26.2+47=73.2 万元。

2. 项目经理短期离开施工现场及更换项目经理应履行的程序如下。

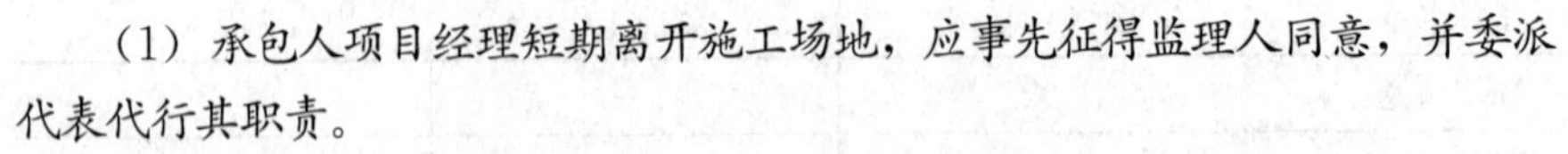

(1) 承包人项目经理短期离开施工场地，应事先征得监理人同意，并委派代表代行其职责。

(2) 项目经理更换应履行的程序：事先征得发包人同意，并在更换 14d 前通知发包人和监理人。

3. 承包人提交完工付款申请单中，除发包人已支付承包人的工程款外，还应有完工结算合同总价、应扣留的质量保证金、应支付的完工付款金额。

4. 重新绘制的竣工图编号为原图编号，竣工图图标栏中应注明的内容：竣工阶段、绘制竣工图的时间、单位、责任人。

实务操作和案例分析题六

【背景资料】

某水库除险加固工程包括主坝、副坝加固及防汛公路改建等内容，主、副坝均为土石坝。施工单位与项目法人签订了施工合同。

施工单位项目部根据合同工期编制的施工进度计划（单位：d）如图 2-21 所示，监理单位已经审核批准。

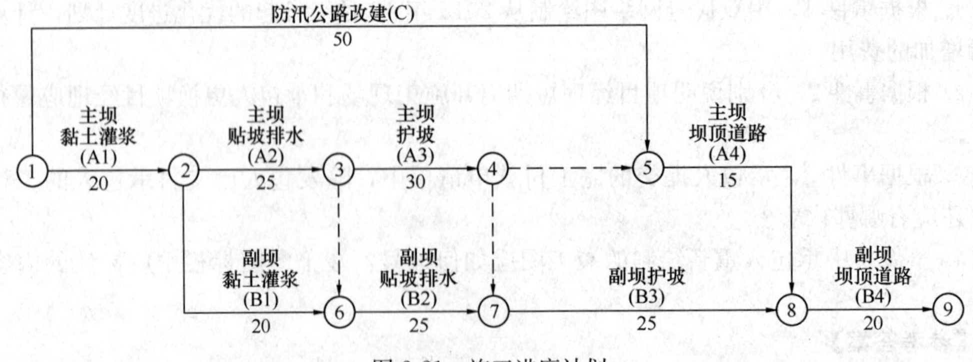

图 2-21　施工进度计划

工程开工后发生如下事件：

事件 1：依据已批准的进度计划，结合现场实际，施工单位绘制主坝的作业计划横道图如图 2-22 所示。

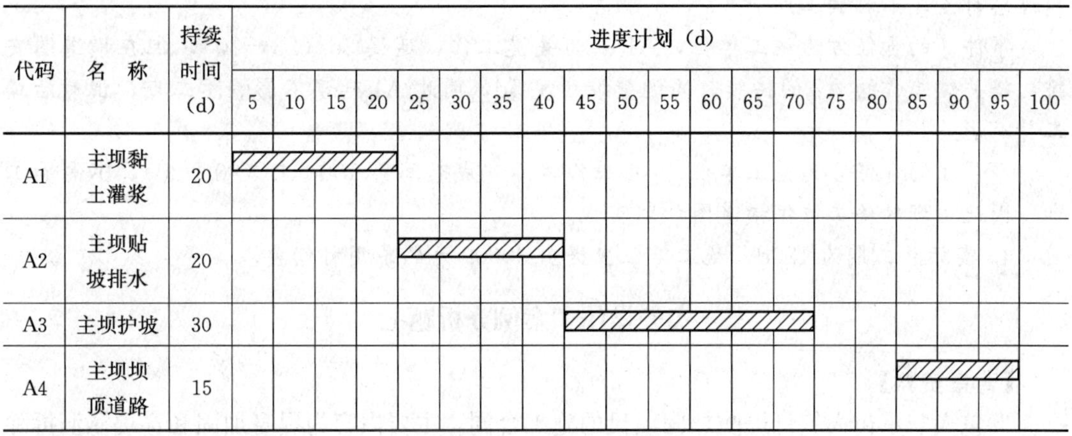

代码	名 称	持续时间（d）	进度计划（d）																			
			5	10	15	20	25	30	35	40	45	50	55	60	65	70	75	80	85	90	95	100
A1	主坝黏土灌浆	20	▨	▨	▨	▨																
A2	主坝贴坡排水	20					▨	▨	▨	▨												
A3	主坝护坡	30									▨	▨	▨	▨	▨	▨						
A4	主坝坝顶道路	15																	▨	▨	▨	

图 2-22　作业计划横道图

事件 2：由于移民搬迁问题，C 工作时断时续，在第 75d 末全部完成，由此增加费用 30000 元。

事件 3：由于施工设备损坏，导致 A1 工作停工 3d，其工作在第 23d 末全部完成，机械闲置、人员窝工费用标准为 15000 元/d。

事件 4：A4 工作从开工后第 80d 末开始，因施工过程中出现质量缺陷需处理，A4 工作的实际持续时间为 20d，工程费用增加 10000 元。

【问题】

1. 计算网络计划总工期；指出 A1、A4、B2、B3、C 中哪些是关键工作？哪些是非关键工作？

2. 根据事件 1，指出横道图中进度计划安排与监理单位批准的网络图进度计划安排的不妥之处；如按横道图中进度计划安排实施，主坝工程的施工能否满足网络图计划要求？并说明理由。

3. 指出事件 2、事件 3、事件 4 的责任方，并分别分析对工期的影响。

4. 综合事件 2、事件 3、事件 4，计算实际总工期；施工单位应提出多少费用补偿要求？

【参考答案】

1. 网络计划总工期为 120d；

关键工作：A1、B3；非关键工作：B2、A4、C。

2. 事件 1 中，横道图中进度计划安排与监理单位批准的网络图进度计划安排的不妥之处。

（1）A2 工作持续时间网络图计划为 25d，横道图计划为 20d。

（2）A3 工作开始时间网络图计划为第 45d 末，横道图计划为第 40d 末。

（3）A4 工作在网络图计划中持续时间 15d，总时差为 10d，可以在第 75d 末至第 100d 末中安排，在横道图计划从第 80d 末开始，持续时间 15d。

按横道图中进度计划安排实施，主坝工程的施工能满足网络图计划要求。

理由：主坝工程施工横道图计划为 95d，可以满足网络图中计划中主坝的最长工作时间 100d 的要求。

3. 事件 2 的责任方为项目法人，C 工作为非关键工作，总时差为 35d，延期 25d，未超过总时差，不影响工期。

事件 3 的责任方为施工单位，A1 虽为关键工作，延误 3d（23－20），但在横道图安排，将关键工作的 A2 的持续时间调整缩短了 5d，因此 A1 延误不影响总工期，但对后续工作有影响。

事件 4 的责任方为施工单位，A4 工作实际完成时间第 100d 末（80＋20），不影响工期，因此主坝的施工依据横道图计划实施。

4. 实际总工期为 120d，施工单位应提出 30000 元的费用补偿要求。

实务操作和案例分析题七

【背景资料】

发包人与承包人签订堤防加固项目的施工合同，主要内容为堤身加固和穿堤涵洞拆除重建。为保证项目按期完成，将堤身划分成 2 个区段组织流水施工，项目部拟定的初始施工进度计划如图 2-23 所示（单位：d）。

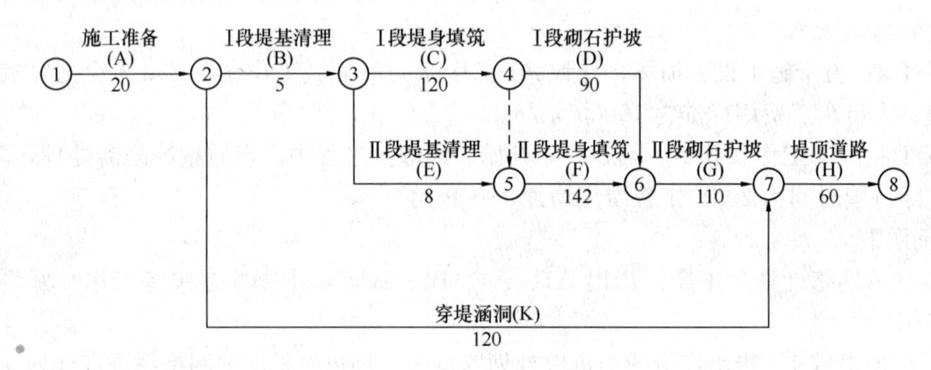

图 2-23　初始施工进度计划

在实施中发生如下事件：

事件 1：项目部在审查初始的施工进度计划时，提出了优化方案，即按先“Ⅱ堤段”、后“Ⅰ堤段”顺序组织施工，其他工作逻辑关系不变，各项工作持续时间不变，新计划已获监理单位批准并按其组织施工。

事件 2：由于设计变更，“Ⅱ段堤身填筑”（F 工作）推迟 5d 完成。

事件 3：质检时发现Ⅰ段砌石存在通缝、叠砌和浮塞现象，需返工处理，故推迟 3d 完成。

事件 4：第 225d 末检查时，“Ⅱ段砌石护坡”（G 工作）已累计完成 40％工程量，“Ⅰ段堤身填筑”（C 工作）已累计完成 40％工程量，“穿堤涵洞”（K 工作）已累计完成 60％工程量。

【问题】

1. 根据事件 1，绘制新的施工网络计划图（工作名称用原计划中的字母代码表示），分别计算原计划与新计划的工期，确定新计划的关键线路（用工作代码表示）。

2. 分别指出事件 2、事件 3 的责任方，分析对工期的影响及可获得工期补偿的天数。

3. 根据事件 4，分别指出第 225d 末 G、C、K 工作已完成多少天工程量？及其对工期

有何影响？（假定各工作匀速施工）

【参考答案】

1. 新的施工网络计划图如图 2-24 所示。

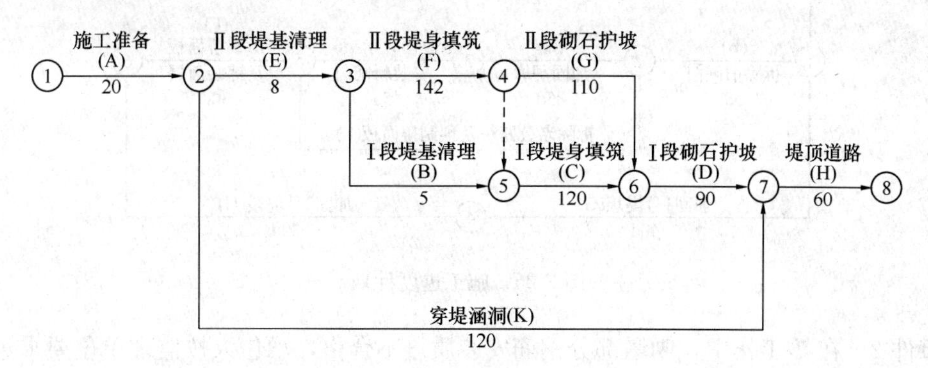

图 2-24　新的施工网络计划图

原计划工期：20＋5＋120＋142＋110＋60＝457d。

新计划工期：20＋8＋142＋120＋90＋60＝440d。

新计划的关键线路：A→E→F→C→D→H。

2. 事件 2 是由于设计变更导致的工期延误，责任在发包方，由于 F 工作是关键工作，会影响工期 5d，因此可延长 5d 工期。

事件 3 是施工质量问题，责任在承包方，因此不予工期补偿，但会影响工期 3d。

3. 第 225d 末检查结果：

G 工作：已完成的工程量＝110×40％＝44d，比计划晚了 11d，超过其 10d 的总时差，影响工期 1d。

C 工作：已完成的工程量＝120×40％＝48d，比计划晚了 7d，由于是关键工作，会延误 7d 工期。

K 工作：已完成的工程量＝120×60％＝72d，比计划晚了 133d，但未超过其 240d 的总时差，因此不影响工期。

实务操作和案例分析题八

【背景资料】

某堤防除险加固工程依据《堤防和疏浚工程施工合同范本》签订了施工合同，施工内容包括防洪闸及堤防加固。其中经承包人申请、监理单位批准，发包人同意将新闸门的制作及安装由分包单位承担。合同约定：

（1）当实际完成工程量超过工程量清单估算工程量时，其超出工程量清单估算工程量15％以上的部分所造成的延期由发包人承担责任；

（2）工期提前的奖励标准为 10000 元/d，逾期完工违约金为 10000 元/d。经监理单位批准的施工进度计划如图 2-25 所示（假定各项工作均衡施工）。

在施工过程中发生了如下事件：

事件 1：由于山体滑坡毁坏了运输必经的公路，新闸门比批准的施工进度计划推迟10d 运抵现场。

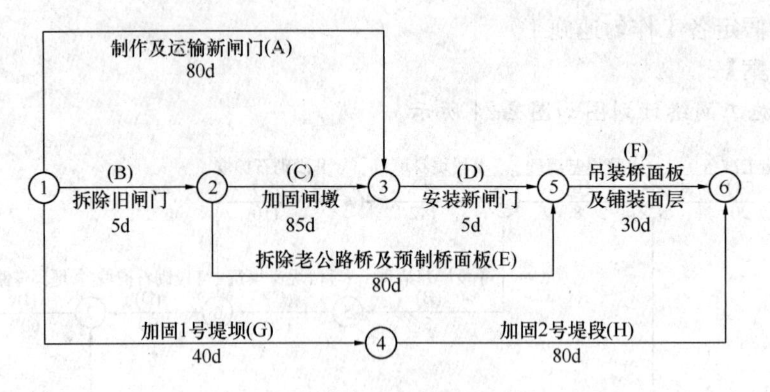

图 2-25 施工进度计划

事件 2：在 C 工作中，闸墩部分钢筋安装质量不合格，承包人按监理单位要求进行了返工处理，导致 C 工作推迟 5d 完成。

事件 3：在 D 工作中，由于安装新闸门的技术人员未能按时到达施工现场，导致 D 工作推迟 6d 完成。

事件 4：在 G 工作中，由于设计变更使堤段填筑的工程量达到工程量清单估算工程量的 120%，导致 G 工作 48d 完成。

事件 5：在 F 工作中，承包人采取赶工措施，F 工作 20d 完成。

【问题】

1. 确定施工进度计划的工期，并指出关键工作。

2. 分别分析事件 1、事件 2、事件 3、事件 4 对工期的影响。

3. 分别指出事件 1、事件 2、事件 3、事件 4 承包人是否有权提出延长工期？并说明理由。

4. 根据施工中发生的上述事件，确定该工程的实际完成时间是多少天？以及承包人因工期提前得到的奖励或因逾期应支付的违约金是多少？

【参考答案】

1. 施工进度计划工期为 125d；关键工作为 B、C、D、F（或拆除旧闸门、加固闸墩、安装新闸门、吊装桥面及铺装面层）。

2. 事件 1：A 工作为非关键工作，总时差为 10d，延误的时间未超过其原有总时差，对工期没有影响。

事件 2：C 为关键工作，影响工期 5d。

事件 3：D 为关键工作，影响工期 6d。

事件 4：G 为非关键工作，但其原有总时差为 5d，影响工期 3d。

3. 事件 1：无权。理由：尽管由发包人承担责任，但未影响工期。

事件 2：无权。理由：造成延期是承包人的责任。

事件 3：无权。理由：造成延期是承包人的责任。

事件 4：当实际工程超过工程量清单估算工程量 15%以上部分所造成的延期，由发包人承担责任。承包人可索赔工期：48－40×（1＋15%）＝2d。

4. 关键线路为 B→C→D→F，计划工期＝5＋85＋5＋30＝125d，补偿工期 2d，根据

第 3 问中各事件的影响，关键线路改变为 G→H，实际工期＝48＋80＝128d。实际工期 128d＞127d（125＋2），所以承包人支付违约金＝（128－125－2）×10000＝10000 元。

实务操作和案例分析题九

【背景资料】

南方某以防洪为主，兼顾灌溉、供水和发电的中型水利工程，需进行扩建和加固，其中两座副坝（1 号和 2 号）的加固项目合同工期为 8 个月，计划当年 11 月 10 日开工。副坝结构型式为黏土心墙土石坝。项目经理部拟定的施工进度计划如图 2-26 所示。

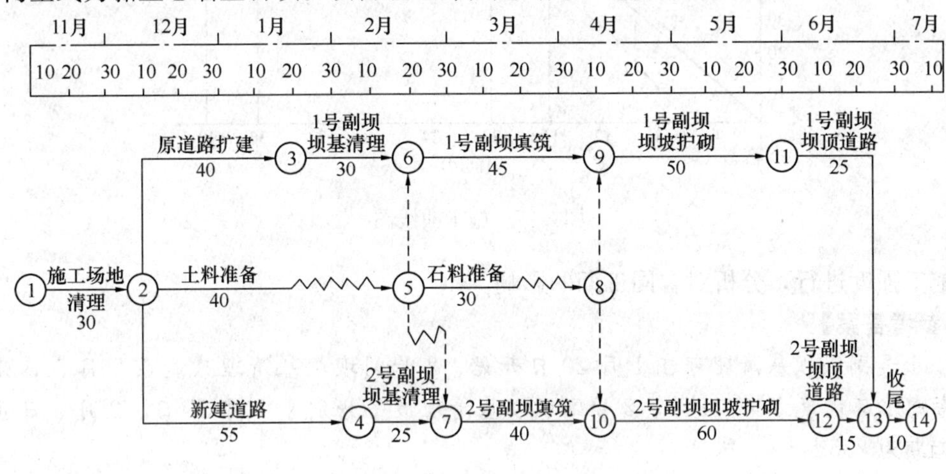

图 2-26　施工进度计划图

说明：1. 每月按 30d 计，时间单位为天；

2. 日期以当日末为准，如 11 月 10 日开工表示 11 月 10 日末开工。

实施过程中发生了如下事件：

事件 1：按照 12 月 10 日上级下达的水库调度方案，坝基清理最早只能在次年 1 月 25 日开始。

事件 2：按照水库调度方案，坝坡护砌迎水面施工最迟应在次年 5 月 10 日完成。

坝坡迎水面与背水面护砌所需时间相同，按先迎水面后背水面顺序安排施工。

事件 3：“2 号副坝填筑”的进度曲线如图 2-27 所示。

事件 4：次年 6 月 20 日检查工程进度，1 号、2 号副坝坝顶道路已完成的工程量分别为 3/5、2/5。

【问题】

1. 确定计划工期；根据水库调度方案，分别指出 1 号、2 号副坝坝基清理最早何时开始？

2. 根据水库调度方案，两座副坝的坝坡护砌迎水面护砌施工何时能完成？可否满足 5 月 10 日完成的要求？

3. 依据事件 3 中 2 号副坝填筑进度曲线，分析在第 16d 末的计划进度与实际进度，并确定 2 号副坝填筑实际用工天数。

4. 根据 6 月 20 日检查结果，分析坝顶道路施工进展状况；若未完成的工程量仍按原

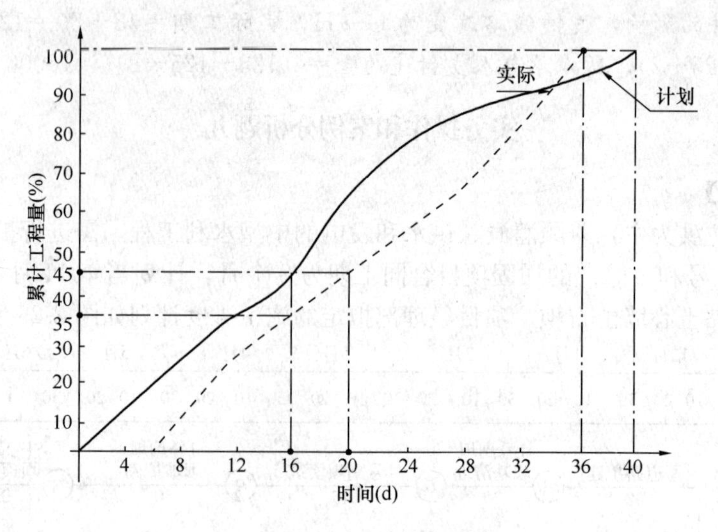

图 2-27 施工曲线图

计划施工强度进行，分析对合同工期的影响。

【参考答案】

1. 1号副坝坝基清理可在1月20日开始、2号副坝坝基清理只能在2月5日开始，综合考虑水库调度方案，1号、2号副坝坝基清理最早分别于1月25日、2月5日开始。计划工期为235d。

2. 按计划1号、2号副坝坝坡护砌迎水面施工可于5月5日、5月10日完成，可满足要求。

【分析】

事件2中提出，坝坡迎水面与背水面护砌所需时间相同，按先迎水面后背水面顺序安排施工，所以坝坡护砌迎水面护砌施工用时为坝坡护砌施工总用时的一半。

计算1号副坝的坝坡护砌迎水面护砌施工完成时间时要考虑1号副坝坝基清理开始时间（1月25日）、1号副坝填筑用时45d和1号副坝坝坡护砌迎水面护砌施工用时25d，所以1号副坝的坝坡护砌迎水面护砌施工完成时间为5月5日，能够满足5月10日完成的要求。

计算2号副坝的坝坡护砌迎水面护砌施工完成时间要考虑2号副坝坝基清理开始时间（2月5日）、2号副坝填筑用时40d和2号副坝坝坡护砌迎水面护砌施工用时30d，所以2号副坝的坝坡护砌迎水面护砌施工完成时间为5月10日，能够满足5月10日完成的要求。

3. 2号副坝填筑第16d末的进度状况为：计划应完成累计工程量45%，实际完成35%，拖欠10%工程量，推迟到第20d末完成，延误时间＝20－16＝4d，实际用工＝36－6＝30d。

4. 6月20日检查，1号副坝坝顶道路已完成3/5，计划应完成4/5，推迟5d。

2号副坝坝顶道路已完成2/5，计划应完成2/3，推迟4d。

由于计划工期比合同工期提前5d，而1号副坝推迟工期也为5d，故对合同工期没有影响。

实务操作和案例分析题十

【背景资料】

某施工企业承揽一土石坝工程施工任务，并组建了现场项目部。为加快施工进度，该项目部按坝面作业的铺料、整平和压实三个主要工序组建专业施工队施工，并将该坝面分为三个施工段，按施工段1、施工段2、施工段3顺序组织流水作业。各专业施工队在各施工段上的工作持续时间见表2-11。并编制了双代号网络进度计划图，如图2-28所示。

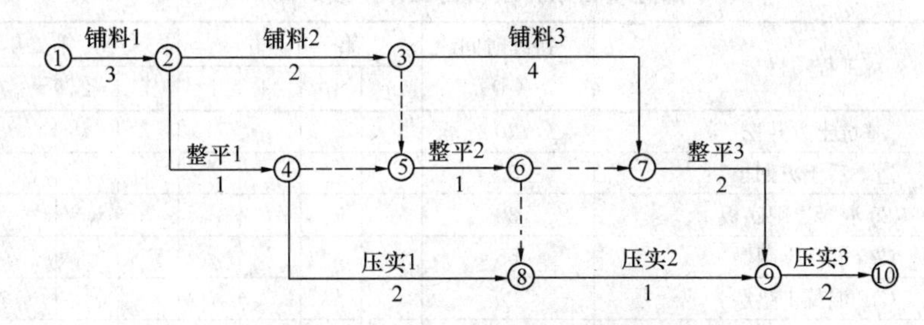

图2-28 双代号网络进度计划图

专业施工队在各施工段上的工作持续时间 **表2-11**

工作队	施工段1	施工段2	施工段3
铺料	3d	2d	4d
整平	1d	1d	2d
压实	2d	1d	2d

【问题】

1. 编制施工过程进度计划时，主要工作步骤有哪些？

2. 根据双代号网络进度计划图和各项工作的持续时间确定其计算工期和关键线路。

3. 指出双代号网络进度计划图中工艺逻辑关系和组织逻辑关系。

4. 在工作“整平2”时突降暴雨，造成工期延误7d，试分析其对施工工期的影响程度。

【参考答案】

1. 编制施工进度计划的主要步骤有：研究设计资料和施工条件，正确计算工程量和工作持续时间，选择施工方法并确定施工顺序。

2. 本题中，双代号网络图的关键线路为：①→②→③→⑦→⑨→⑩。

计算工期为3＋2＋4＋2＋2＝13d。

3. 双代号网络进度计划图中的工艺逻辑关系是：铺料→整平→压实。

双代号网络进度计划图中的组织逻辑关系是：施工段1→施工段2→施工段3。

4. 图2-28中工作“整平2”的总时差等于工作“整平2”最迟开始时间与最早开始时间之差，即8－5＝3d，故工作“整平2”的总时差为3d。现由于暴雨原因工作“整平2”延误7d，故对施工工期影响时间为7－3＝4d。

【分析】

一项工作被延误，是否对工程工期造成影响，应首先考虑该项工作是否在关键线路上。若在关键线路上，则工期延误的时间就等于该项工作的延误时间；若该项工作不在关键线路上，应计算出该项工作的总时差，用总时差与延误时间进行比较，计算出对工期的影响。

实务操作和案例分析题十一

【背景资料】

某施工单位承揽一单孔防洪闸工程，该工程位于土坝上，闸室采用涵洞式结构，闸门采用平板钢闸门。该工程计划于 2017 年 9 月初动工，在闸室主体工程施工中，部分项目划分及项目工作持续时间见表 2-12（每月按 30d 计）。

部分项目划分及项目工作持续时间　　表 2-12

序号	工程项目	持续时间	第一年月份				第二年月份				
		(d)	9	10	11	12	1	2	3	4	5
1	基坑土方开挖	30									
2	边墩后土方回填	30									
3	C25 混凝土闸底板	30									
4	C25 混凝土闸墩	55									
5	C10 混凝土垫层	20									
6	二期混凝土	25									
7	闸门吊装	5									
8	底槛、导轨等埋件安装	20									

注：1. 底槛、导轨等埋件的插筋在底板、闸墩混凝土施工中穿插安装。

2. 持续时间已包括工序间的间歇时间。

【问题】

1. 根据表 2-12 中项目逻辑关系和工作持续时间绘制施工横道图。

2. 根据上述施工横道图，找出工程的关键线路并计算完成上述全部工程项目所需要的合理工期。

3. 施工过程中由于天气原因使得土方回填施工被延误 5d，对合理工期有何影响？

4. 在进行边墩后土方回填时，混凝土与填土的结合面应如何处理？

【参考答案】

1. 绘制的施工横道图如图 2-29 所示。

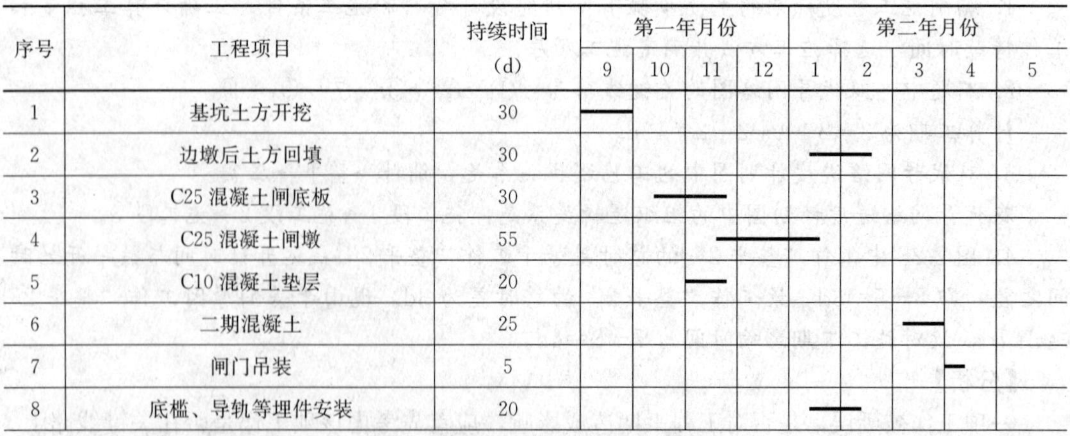

序号	工程项目	持续时间	第一年月份				第二年月份				
		(d)	9	10	11	12	1	2	3	4	5
1	基坑土方开挖	30									
2	边墩后土方回填	30									
3	C25 混凝土闸底板	30									
4	C25 混凝土闸墩	55									
5	C10 混凝土垫层	20									
6	二期混凝土	25									
7	闸门吊装	5									
8	底槛、导轨等埋件安装	20									

（备注：底槛、导轨等埋件的插筋在底板、闸墩混凝土施工中穿插安装完成）

图 2-29　绘制的施工横道图

2. 该工程施工的关键线路是：基坑土方开挖→C10 混凝土垫层→C25 混凝土闸底板→C25 混凝土闸墩→底槛、导轨等埋件安装→二期混凝土→闸门吊装。

3. 土方回填后延 5d 对合理工期没有影响。因为土方回填后延 5d 将在 2 月 20 日结束，经分析合理工期为 185d，在 3 月 5 日结束，所以没有影响。

4. 对于混凝土与填土的结合面连接，靠近混凝土结构物部位不能采用大型机械压实时，可采用小型机械夯实或人工夯实。填土碾压时，要注意混凝土结构物两侧均衡填料压实，以免对其产生过大的侧向压力，影响其安全。

实务操作和案例分析题十二

【背景资料】

某坝后式水电站安装两台立式水轮发电机组，甲公司承包主厂房土建施工和机电安装工程，主机设备由发包方供货。合同约定：①应在两台机墩混凝土均浇筑至发电机层且主厂房施工完成后，方可开始水轮发电机组的正式安装工作；②1 号机为计划首台发电机组；③首台机组安装如工期提前，承包人可获得奖励，标准为 10000 元/d；工期延误，承包人承担逾期违约金，标准为 10000 元/d。

单台尾水管安装综合机械使用费合计 100 元/h，单台座环蜗壳安装综合机械使用费合计 175 元/h。机械闲置费用补偿标准按使用费的 50%计。

施工计划按每月 30d、每天 8h 计，承包人开工前编制首台机组安装施工进度计划，并报监理人批准。首台机组安装施工进度计划如图 2-30 所示（单位：d）。

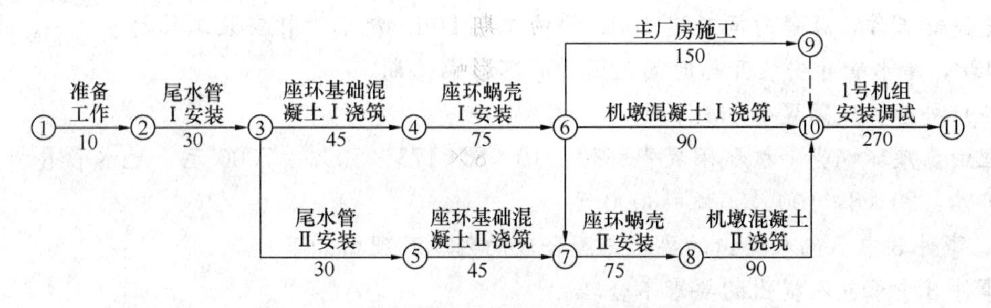

图 2-30　首台机组安装施工进度计划

事件 1：座环蜗壳Ⅰ到货时间延期导致座环蜗壳Ⅰ安装工作开始时间延迟了 10d，尾水管Ⅱ到货时间延期导致尾水管Ⅱ安装工作开始时间延迟了 20d。承包人为此提出顺延工期和补偿机械闲置费要求。

事件 2：座环蜗壳Ⅰ安装和座环基础混凝土Ⅱ浇筑完成后，因不可抗力事件导致后续工作均推迟一个月开始，发包人要求承包人加大资源投入，对后续施工进度计划进行优化调整，确保首台机组安装按原计划工期完成，承包人编制并报监理人批准的首台发电机组安装后续施工进度计划如图 2-31 所示（单位：d）。并约定，相应补偿措施费用 90 万元，其中包含了确保首台机组安装按原计划工期完成所需的赶工费用及工期奖励。

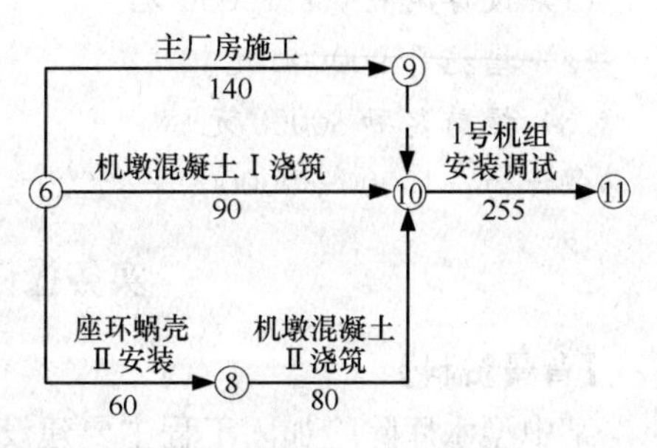

图 2-31　首台机组安装后续施工进度计划

事件 3：监理工程师发现机墩混凝土Ⅱ浇筑存在质量问题，要求承包人返工处理，延长工作时间 10d，返工费用 32600 元。为此，承包人提出顺延工期和补偿费用的要求。

事件 4：主厂房施工实际工作时间为 155d，1 号机组安装调试实际时间为 232d，其他工作按计划完成。

【问题】

1. 根据图 2-31，计算施工进度计划总工期，并指出关键线路（以节点编号表示）。

2. 根据事件 1，承包人可获得的工期顺延天数和机械闲置补偿费用分别为多少？说明理由。

3. 事件 3 中承包人提出的要求是否合理？说明理由。

4. 综合上述四个事件，计算首台机组安装的实际工期；指出工期提前或延误的天数，承包人可获得工期提前奖励或应承担的逾期违约金。

5. 综合上述四个事件计算承包人可获得的补偿及奖励或违约金的总金额。

【参考答案】

1. 施工进度计划总工期为 595d。

关键线路为：①→②→③→④→⑥→⑦→⑧→⑩→⑪。

2. 事件 1 中，承包人可获得的工期顺延天数和机械闲置补偿费用及其理由如下。

扫码学习

(1) 承包人可获得顺延工期 10d。

理由：座环蜗壳Ⅰ、尾水管Ⅱ到货延期均为发包人责任。座环蜗壳Ⅰ安装是关键工作，开始时间延迟 10d，影响工期 10d。尾水管Ⅱ安装工作总时差 45d，尾水管Ⅱ安装开始时间延迟 20d 不影响工期。

(2) 补偿机械闲置费 15000 元。

理由：座环蜗壳Ⅰ机械闲置费补偿：10×8×175×50％＝7000 元；尾水管Ⅱ机械闲置费补偿：20×8×100×50％＝8000 元。

3. 事件 3 中承包人提出的要求是否合理的判断及理由如下。

事件 3 中承包人提出的要求不合理。

理由：施工质量问题属于承包人责任。

4. 首台机组安装实际工期＝10＋30＋45＋75＋155＋232＋10＋30＝587d。

工期提前 8d（595－587），所以可获得工期提前奖励为：8×10000＝80000 元。

5. 综合四个事件计算承包人可获得的补偿及奖励或违约金的总金额如下。

(1) 设备闲置费：15000 元。

(2) 措施费 900000 元。

(3) 提前奖励 80000 元。

合计为：15000＋900000＋80000＝995000 元。

实务操作和案例分析题十三

【背景资料】

某中型水库除险加固工程主要建设内容有：砌石护坡拆除、砌石护坡重建、土方填筑（坝体加高培厚）、深层搅拌桩渗墙、坝顶沥青道路、混凝土防浪墙和管理房等。计划工期

9个月（每月按30d计）。合同约定：①合同中关键工作的结算工程量超过原招标工程量15%的部分所造成的延期由发包人承担责任；②工期提前的奖励标准为10000元/d，逾期完工违约金为10000元/d。

施工中发生如下事件。

事件1：为满足工期要求，采取分段流水作业，其逻辑关系见表2-13。

逻 辑 关 系　　表2-13

工作名称	工作代码	招标工程量（m^3）	持续时间（d）	紧前工作
施工准备	A	…	30	—
护坡拆除Ⅰ	B	1500	15	A
护坡拆除Ⅱ	C	1500	15	B
土方填筑Ⅰ	D	60000	30	B
土方填筑Ⅱ	E	60000	30	C、D
砌石护坡Ⅰ	F	4500	45	D
砌石护坡Ⅱ	G	4500	45	E、F
截渗墙Ⅰ	H	3750	50	D
截渗墙Ⅱ	I	3750	50	E、H
管理房	J	600	120	A
防浪墙	K	240	30	G、I、J
坝顶道路	L	4000	50	K
完工整理	M	…	15	L

项目部技术人员编制的初始网络计划如图2-32所示。

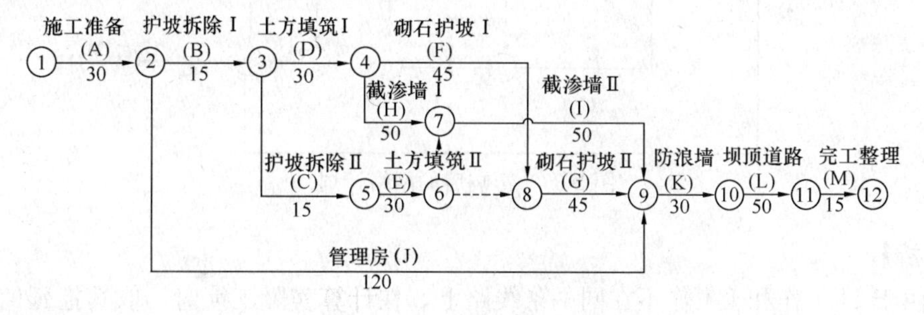

图2-32　初始网络计划

项目部在审核初始网络计划时，发现逻辑关系有错并将其改正。

事件2：项目部在开工后第85d末组织进度检查，F、H、E、J工作累计完成工程量分别为400m^3、600m^3、20000m^3、125m^3（假定工作均衡施工）。

事件3：由于设计变更，K工作的实际完成时间为33d，K工作的结算工程量为292m^3。

除发生上述事件外，施工中其他工作均按计划进行。

【问题】

1. 指出事件1中初始网络计划逻辑关系的错误之处。

2. 依据正确的网络计划，确定计划工期（含施工准备）和关键线路。

3. 根据事件2的结果，说明进度检查时F、H、E、J工作的逻辑状况（按"……工作已完成……天工程量"的方式陈述）。指出哪些工作的延误对工期有影响及影响天数?

4. 事件3中，施工单位是否有权提出延长工期的要求?说明理由。

5. 综合上述事件，该工程实际工期是多少天?承包人可因工期提前得到奖励或逾期完工支付违约金为多少?

【参考答案】

1. 事件1中初始网络计划逻辑关系的错误之处：

(1) E工作的紧前工作只有C工作。E工作的紧前工作应为C、D工作。

(2) 在节点④、⑤之间缺少一项虚工作。

2. 计划工期为270d。

关键线路：A→B→D→H→I→K→L→M。

3. F工作已完成4d工程量，H工作已完成8d工程量，E工作已完成10d工程量，J工作已完成25d工程量。

H、J工作拖延对工期有影响。H工作延误影响工期2d，J工作延误影响工期5d。

4. 事件3中，施工单位有权提出延长工期的要求。

理由：依据合同，承包人对K工作结算工程量超过276m³（240×115%）部分所造成的工程延误可以提出延期要求。发包人承担责任的工程量=292−240×115%=16m³，延长工期=30/240×16=2d。

5. 综合事件1、2、3的影响，网络计划如图2-33所示。

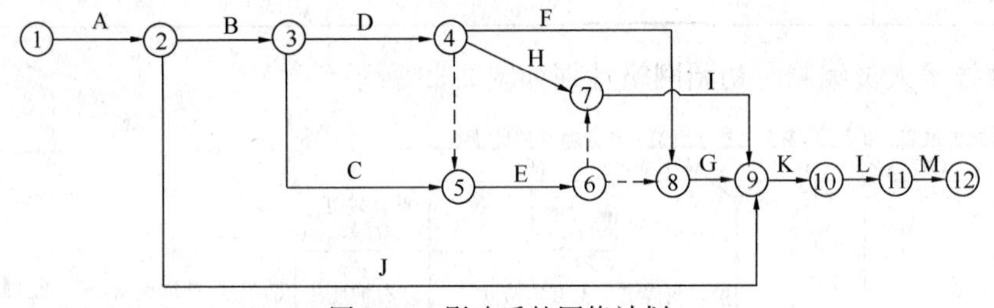

图2-33 影响后的网络计划

【分析】

① 由于H工作和J工作不在同一条线路上，在计算实际工期时，取其拖延值最大者(即5d)。

② K工作拖延时间=33−30=3d。

③ 工程的实际工期=270+5+3=278d。

④ 合同工期+索赔工期=270+2=272d。

⑤ 逾期工期=278−272=6d。

⑥ 逾期完工支付的违约金=10000×6=60000元。

实务操作和案例分析题十四

【背景资料】

某水利枢纽工程由混凝土重力坝、溢洪道和坝后式厂房等组成。发包人与承包人签订了混凝土重力坝施工合同。合同约定的节点工期要求：①2012年12月1日进场准备（指“四通一平”）；②围堰填筑及基坑排水在2013年11月1日开始；③围堰拆除及蓄水在2016年6月1日前结束。

施工项目部技术人员根据资源配置的基本条件编制了重力坝网络进度计划，其工作逻辑关系及持续时间见表2-14。

网络进度计划工作逻辑关系及持续时间表 **表2-14**

工作代码	工作名称		紧前工作	正常工作持续时间（月）	最短工作时间（月）	工作时间缩短增加费用（万元/月）
A1	准备工作1（“四通一平”）			4	3	10
A2	准备工作2（砂石、混凝土拌合等准备）		A1	7	5	20
B1	导流隧洞施工		A1	8	7	30
B2	围堰填筑及基坑排水		A2、B1	2	2	
B3	围堰拆除及蓄水		C5	5	4	28
C1	重力坝	岸坡土石方开挖	A1	6	5	6
C2		河床土石方开挖	B2、C1	5	5	
C3		基础段盖重混凝土浇筑	C2	7	6	30
C4		基础段固结灌浆和帷幕灌浆	C3	2	2	
C5		坝体混凝土浇筑	C4	11	10	25

注：1. 重力坝混凝土总工程量为430万m^3；
2. 每月按30d计。

事件1：技术人员根据上表绘制的初始网络进度计划如图2-34所示。

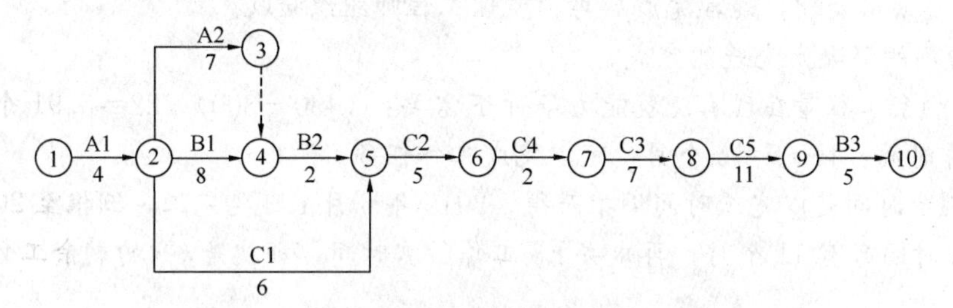

图2-34 初始网络进度计划

项目部技术负责人审核时发现，表中的工作逻辑关系及持续时间正确合理，初始网络进度计划图中部分逻辑关系有错，且不能满足节点工期要求。

技术人员根据审核意见重新编制了符合要求的进度计划，并上报得到批准。

事件2：由于未能及时提供场地，C1工作于2013年7月10日开始，承包人按监理人的要求采取了赶工措施，经170d完成任务，赶工费用2万元，承包人据此提出赶工费和工期的索赔要求。

事件3：坝体混凝土浇筑初期，因对已完成混凝土质量有疑问，监理人要求承包人对已完成混凝土进行钻孔重新检验，由此增加费用4万元，承包人提出索赔要求。

事件4：重力坝混凝土浇筑，至2015年6月30日累计完成工程量为300万m^3。现场混凝土制备、运输、浇筑能力为22万m^3/月。

【问题】

1. 按照费用增加最小原则，绘制符合要求的网络进度计划图，并计算增加的费用。

2. 根据事件 2，分析承包人提出的索赔要求的合理性。

3. 根据事件 3，分析说明承包人是否应该获得增加费用 4 万元的索赔。

4. 根据事件 4，判断重力坝的混凝土浇筑能否按期完成？说明理由。

【参考答案】

1. 修改后的网络计划如图 2-35 所示。由于缩短工期 A1 和 C5 各 1 个月，所以增加费用为：10+25=35 万元。

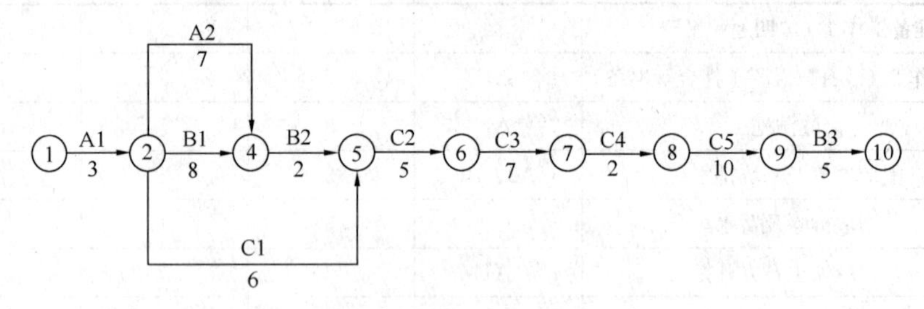

图 2-35　修改后网络进度计划

2. 承包人提出赶工费和工期的索赔要求合理。因为业主未及时提供场地导致工期延长。C1 总时差 4 个月，A1 压缩后工期 3 个月，原定 2012 年 12 月 1 日开工，实际上最迟要到 2013 年 7 月 1 日才能开工。

3. 由有资质的检测单位进行检测，若检测混凝土质量合格，发包人应支付承包人 4 万元的施工增加费；若检测混凝土质量不合格，则不支付所增加的施工费，并由承包人进行混凝土质量缺陷处理，处理完成后再由监理工程师组织验收。

4. 重力坝的混凝土浇筑能完成。

理由：剩余工程量在现有浇筑能力条件下需要：（430－300）/22=5.91 个月，小于 C5 剩余工作时间：11－5=6 个月，可以完成工作任务。

C5 的剩余时间是以完工时间倒推而得，2016 年 6 月 1 日要完工，倒推至 2015 年 6 月 30 日，工作时间只有 11 个月，再减去 B3 工作所需时间，那就是 C5 的剩余工作时间。

实务操作和案例分析题十五

【背景资料】

某水库枢纽工程除险加固的主要内容有：①坝基帷幕灌浆；②坝顶道路重建；③上游护坡重建；④上游坝体培厚；⑤发电隧洞加固；⑥泄洪隧洞加固；⑦新建混凝土截渗墙；⑧下游护坡拆除重建；⑨新建防浪墙。

合同规定：

（1）签约合同价为 2800 万元，工期 17 个月，自 2016 年 11 月 1 日至 2018 年 3 月 30 日。

（2）开工前发包人向承包人按签约合同的 10%支付工程预付款，预付款的扣回与还清按公式 $R=[A(C-F_1S)]/[(F_2-F_1)S]$ 计算，F_1 为 20%、F_2 为 90%。

（3）从第 1 个月起，按进度款的 3%扣留工程质量保证金。

当地汛期为7～9月份，根据批准的施工总体进度计划安排，所有加固工程均安排在非汛期施工。其中“上游护坡重建”在第一个非汛期应施工至汛期最高水位以上，为此在第一个非汛期安排完成工程量的80%，剩余工程量安排在第二个非汛期施工（注：“上游护坡重建”工作累计持续时间为160d）。承包人编制了第一、二个非汛期的施工网络进度计划图，如图2-36所示，其中第二个非汛期计划在2017年10月1日开工。该计划上报并得到批准。

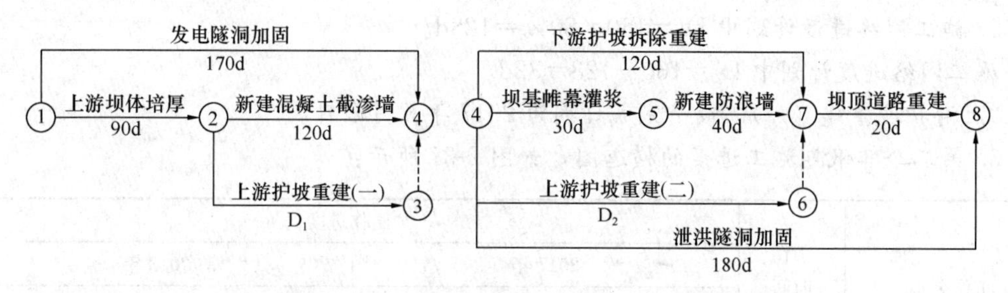

图2-36　第一、二个非汛期的施工网络进度计划图

工程按合同约定如期开工，施工过程中发生了如下事件：

事件1：由于设计变更，发包人未能按期提供图纸，致使“新建防浪墙”在2017年12月30日完成，因设备闲置等增加费用2万元。据此承包人提出了顺延工期20d，增加费用2万元的索赔要求。

事件2：至2017年12月份，累计完成合同工程量2422万元。监理人确认的2018年1月份完成工程量清单中的项目包括：“泄洪隧洞加固”142万元，“下游护坡拆除重建”82万元。

【问题】

1. 根据批准的施工网络进度计划，分别指出“发电隧洞加固”、“新建混凝土截渗墙”最早完成的日期。

2. 按均衡施工原则，确定施工网络进度计划中D_1、D_2的值，并指出“上游护坡重建(一)”的最早完成日期。

3. 根据第二个非汛期的施工网络进度计划，在表2-15中绘制第二个非汛期施工进度的横道图（按最早时间安排）。

非汛期的施工网络进度计划　　　　表2-15

工作名称	工作时间(d)	工作进度																	
		2017年									2018年								
		10月			11月			12月			1月			2月			3月		
		10	20	30	10	20	30	10	20	30	10	20	30	10	20	30	10	20	30
泄洪隧洞加固																			
坝基帷幕灌浆																			
新建防浪墙																			
坝顶道路重建																			
上游护坡重建（二）																			
下游护坡拆除重建																			

4. 根据事件 1，分析承包人提出的索赔要求是否合理？并说明理由。

5. 根据事件 2，分别计算 2018 年 1 月份的工程进度款、工程预付款扣回额、工程质量保证金扣留额、发包人应支付的工程款。

【参考答案】

1. "发电隧洞加固"的最早完成日期为 2017 年 4 月 20 日。

"新建混凝土截渗墙"的最早完成日期为 2017 年 5 月 30 日。

2. 施工网络进度计划中 $D_1=160\times80\%=128d$。

施工网络进度计划中 $D_2=160-128=32d$。

"上游护坡重建（一）"最早完成日期为 2017 年 6 月 8 日。

3. 第二个非汛期施工进度的横道图，如图 2-37 所示：

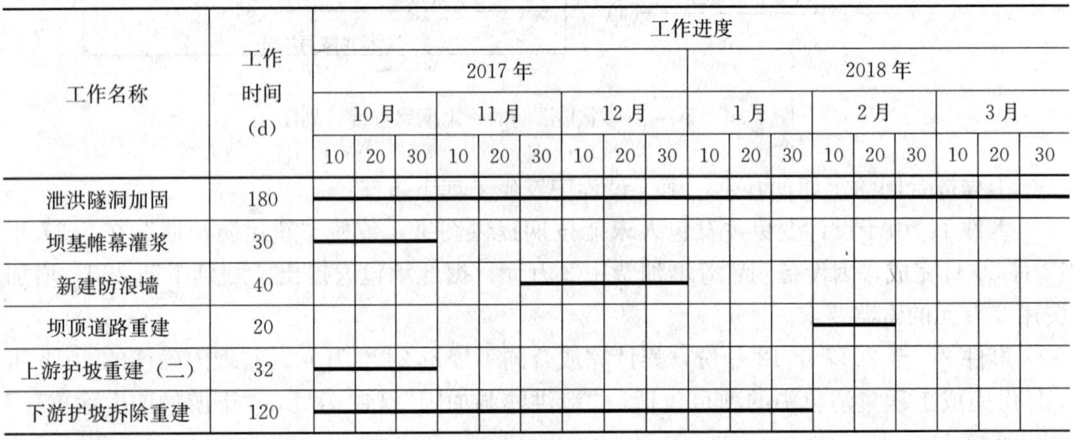

工作名称	工作时间（d）	工作进度																	
		2017 年									2018 年								
		10 月			11 月			12 月			1 月			2 月			3 月		
		10	20	30	10	20	30	10	20	30	10	20	30	10	20	30	10	20	30
泄洪隧洞加固	180																		
坝基帷幕灌浆	30																		
新建防浪墙	40																		
坝顶道路重建	20																		
上游护坡重建（二）	32																		
下游护坡拆除重建	120																		

图 2-37　第二个非汛期施工进度的横道图

4. 事件 1 的责任方为发包人，该工作为关键工作，总时差为 90d，不影响总工期，所以顺延工期 20d 的索赔要求不合理，但增加费用 2 万元的索赔要求合理。

5. 对事件 2 中各款项计算如下：

（1）工程进度款＝142＋82＝224 万元。

（2）工程预付款扣回金额是 14 万元。

至 2017 年 12 月份，累计工程预付款的扣回金额为：

$R_{12}=(2422-2800\times20\%)\times(2800\times10\%)/[(90\%-20\%)\times2800]$

$=266$ 万元。

至 2018 年 1 月份，累计工程预付款的扣回金额为：

$R_1=(2422+224-2800\times20\%)\times(2800\times10\%)/[(90\%-20\%)\times2800]=298$ 万元。

因 298 万元＞280 万元（$2800\times10\%$）。

$2800\times10\%-266=14$ 万元。

（3）工程质量保证金扣留款＝224×3%＝6.72 万元。

（4）发包人应支付的工程款＝224－14－6.72＝203.28 万元。

实务操作和案例分析题十六

【背景资料】

某水利枢纽加固改造工程包括以下工程项目：

（1）浅孔节制闸加固。主要内容包括：底板及闸墩加固、公路桥及以上部分拆除重建等。浅孔闸设计洪水位 29.5m。

（2）新建深孔节制闸。主要内容包括：闸室、公路桥、新挖上、下游河道等。深孔闸位于浅孔闸右侧（地面高程 35.0m 左右）。

（3）新建一座船闸。主要内容包括：闸室、公路桥、新挖上、下游航道等。

（4）上、下游围堰填筑。

（5）上、下游围堰拆除。

按工程施工需要，枢纽加固改造工程布置有混凝土拌合系统、钢筋加工厂、木工加工厂、预制构件厂、机修车间、地磅房、油料库、生活区、停车场等。枢纽布置示意图如图 2-38 所示。

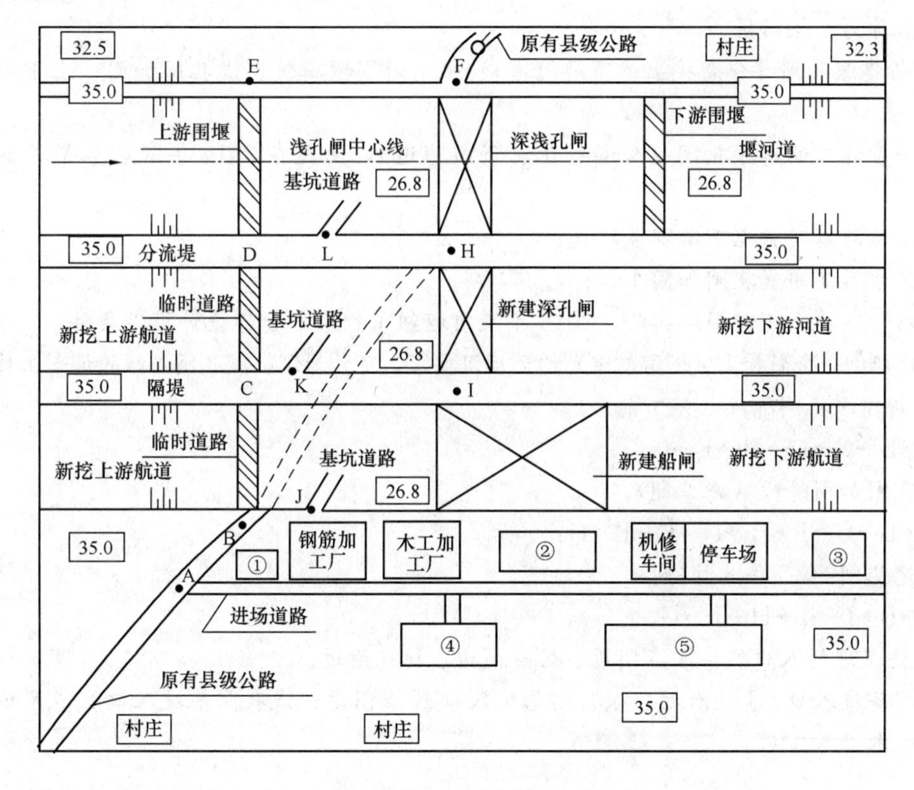

图 2-38　枢纽布置示意图

示意图中①、②、③、④、⑤为临时设施（包括混凝土拌合系统、地磅房、油料库、生活区、预制构件厂）代号。有关施工基本要求有：

（1）施工导流采用深孔闸与浅孔闸互为导流。深孔闸在浅孔闸施工期内能满足非汛期十年一遇的导流标准。枢纽所处河道的汛期为每年的 6、7、8 三个月。

（2）在施工期间，连接河道两岸村镇的县级公路不能中断交通。施工前通过枢纽工程的县级公路的线路为 A→B→H→F→G。

（3）工程 2014 年 3 月开工，2015 年 12 月底完工，合同工期 22 个月。

（4）2015 年汛期枢纽工程基本具备设计排洪条件。

【问题】

1. 按照合理布置的原则，指出示意图中代号①、②、③、④、⑤所对应的临时设施的名称。

2. 指出枢纽加固改造工程项目中哪些是控制枢纽工程加固改造工期的关键项目？并简要说明合理的工程项目建设安排顺序。

3. 指出新建深孔闸（完工前）、浅孔闸加固（施工期）、新建船闸（2015 年 8 月）这三个施工阶段两岸的交通路线。

4. 工程施工期间，应在示意图中的哪些地点和设施附近设置安全警示标志？

【参考答案】

1. ①对应的临时设施名称为：地磅房；②对应的临时设施名称为：混凝土拌合系统；③对应的临时设施名称为：油料库；④对应的临时设施名称为：预制构件厂；⑤对应的临时设施名称为：生活区。

2. 新建深孔闸（含新挖上、下游河道）、上下游围堰填筑、浅孔闸加固、上下游围堰拆除。

第一步施工新建深孔闸（含新挖上、下游河道），使之在 2014 年汛后尽早具备导流条件；

第二步随后实施上下游围堰填筑；

第三步再实施浅孔闸加固工作；

第四步实施上下游围堰拆除，2015 年汛前枢纽工程基本具备设计排洪条件。

新建船闸（含新挖上、下游航道）均无度汛要求，可作为深、浅孔闸工程的调剂工作面。

3. 新建深孔闸阶段（完工前）：

A→B→C→D→H→F→G；

浅孔闸加固阶段（施工期）：

A→B→C→I→H→D→E→F→G；

新建船闸 2015 年 8 月份：

A→B→C→I→H→F→G。

4. 施工现场入口处：A 点附近、E 点附近、F 点附近。

船闸基坑入口、J 点附近、深孔闸基坑入口 K 点附近、浅孔闸基坑入口 L 点附近；油料库处；木工加工厂。

实务操作和案例分析题十七

【背景资料】

某水库除险加固工程的主要工作内容有：坝基帷幕灌浆（A）、坝顶道路重建（B）、上游护坡重建（C）、上游坝体培厚（D）、发电隧洞加固（E）、泄洪隧洞加固（F）、新建混凝土截渗墙（G）、下游护坡重建（H）、新建防浪墙（I）。

施工合同约定，工程施工总工期 17 个月（每月按 30d 计，下同），自 2011 年 11 月 1

日开工至 2013 年 3 月 30 日完工。

施工过程中发生如下事件：

事件 1：施工单位根据工程具体情况和合同工期要求，将主要工作内容均安排在非汛期施工。工程所在地汛期为 7～9 月份。施工单位分别绘制了两个非汛期的施工网络进度计划图，如图 2-39 和图 2-40 所示。

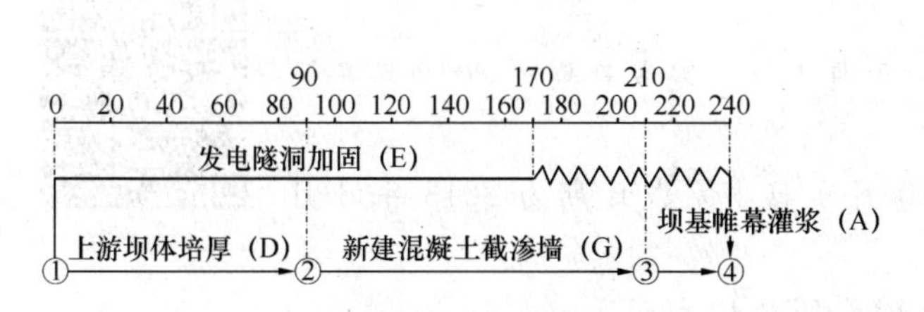

图 2-39　非汛期的施工网络进度计划

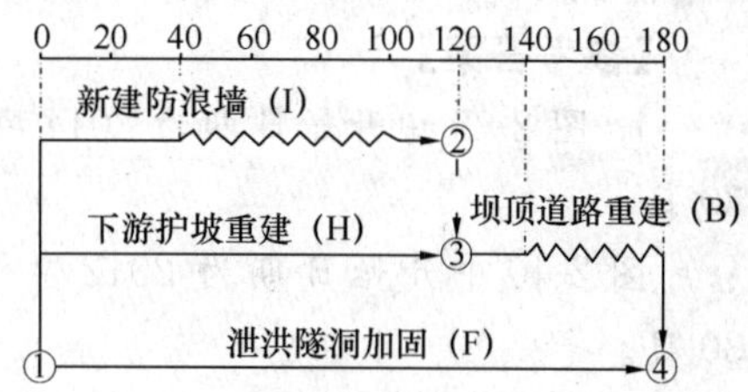

图 2-40　非汛期的施工网络进度计划

监理工程师审核意见如下：

（1）上游护坡重建（C）工作应列入施工网络进度计划，并要确保安全度汛。

（2）应明确图 2-39 和图 2-40 施工进度计划的起止日期。

施工单位根据监理工程师审核意见和资源配置情况，确定上游护坡重建（C）工作持续时间为 150d，C 工作具体安排为：第一个非汛期完成总工程量的 80%，其余工程量安排在第二个非汛期施工且在 H 工作之前完成。据此施工单位对施工网络进度计划进行了修订。监理工程师批准后，工程如期开工。

事件 2：施工单位对发电隧洞加固（E）工作施工进度有关数据进行统计，绘制的工作进度曲线如图 2-41 所示。

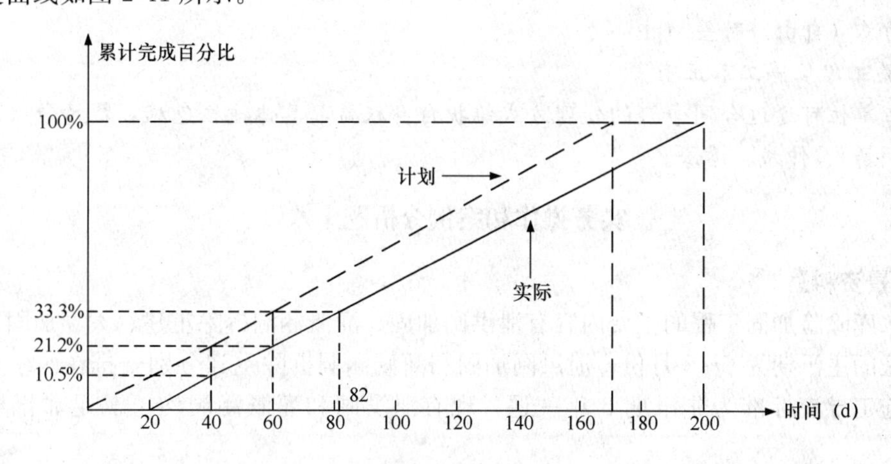

图 2-41　发电隧洞加固（E）工作进度曲线图

事件 3：坝顶道路施工中，项目法人要求设计单位将坝顶水泥混凝土路面变更为沥青混凝土路面。因原合同中无相同及类似工程，施工单位向监理工程师提交了沥青混凝土路面报价单。总监理工程师审定后调低该单价。施工单位认为价格过低，经协商未果，为维护自身权益遂停止施工，并书面通知监理工程师。

【问题】

1. 分别写出图 2-39、图 2-40 中施工网络进度计划的开始和完成日期。

2. 根据事件1，用双代号非时标网络图绘制出修订后的施工进度计划（用工作代码表示）。

3. 根据事件2，指出E工作第60d末实际超额（或拖欠）计划累计工程量的百分比，提前（或拖延）的天数。指出E工作实际持续时间，并简要分析E工作的实际进度对计划工期的影响。

4. 事件3中，施工单位停工的做法是否正确？施工单位可通过哪些途径来维护自身权益？

【参考答案】

扫码学习

1. 图2-39中开始日期为2011年11月1日，完成日期为2012年6月30日；

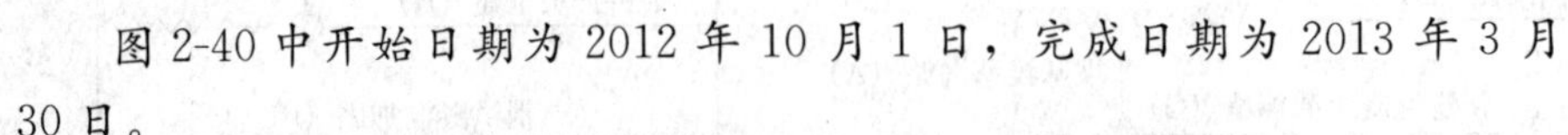

图2-40中开始日期为2012年10月1日，完成日期为2013年3月30日。

2. 修订后的施工进度计划如图2-42和图2-43所示。

注：C1、C2分别代表C工作在两个非汛期完成的相应工作。

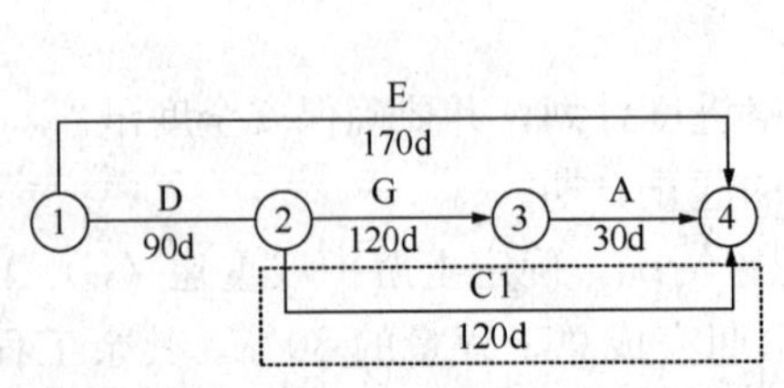

图2-42 修订后的施工进度计划

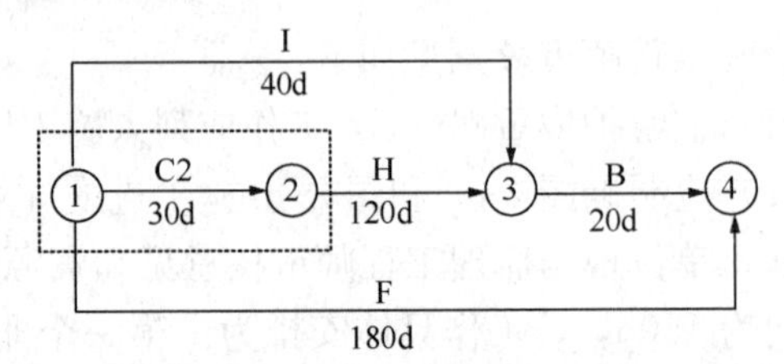

图2-43 修订后的施工进度计划

3. 第60d末，E工作实际拖欠计划累计工程量为12.1%；拖延20d。

E工作实际持续时间为180d；不影响计划工期；因为E工作拖延时间为30d，未超过E工作的总（自由）时差70d。

4. 施工单位停工不正确。

施工单位可通过合同争议的处理方式维护自身权益，具体途径包括：提请争议评审组评审（调解）、仲裁、诉讼。

实务操作和案例分析题十八

【背景资料】

某水库除险加固工程的主要内容有泄洪闸加固、灌溉涵洞拆除重建、大坝加固。工程所在地区的主汛期为6～8月份，泄洪闸加固和灌溉涵洞拆除重建分别安排在两个非汛期施工。施工导流标准为非汛期5年一遇，现有泄洪闸和灌溉涵洞均可满足非汛期导流要求。

承包人依据《水利水电工程标准施工招标文件》（2009年版）与发包人签订了施工合同。合同约定：

（1）签约合同价为2200万元，工期19个月（每月按30d计，下同），2016年10月1日开工。

（2）开工前，发包人按签约合同价的10%向承包人支付工程预付款，工程预付款的扣回与还清按$R=A(C-F_1S)/(F_2-F_1)S$计算，其中$F_1=20\%$，$F_2=90\%$。

（3）从第一个月起，按工程进度款3%的比例扣留工程质量保证金。

（4）控制性节点工期见表 2-16。

控制性节点工期 **表 2-16**

节点名称	控制性节点工期
水库除险加固工程完工	2018 年 4 月 30 日
泄洪闸加固局部具备通水条件	T
灌溉涵洞拆除重建具备通水条件	2018 年 3 月 30 日

施工中发生以下事件：

事件 1：工程开工前，承包人按要求向监理人提交了开工报审表，并做好开工前的准备，工程如期开工。

事件 2：大坝加固项目计划于 2016 年 10 月 1 日开工，2017 年 9 月 30 日完工。承包人对大坝加固项目进行了细化分解，并考虑施工现场资源配备和安全度汛要求等因素，编制了大坝加固项目各工作的逻辑关系表（表 2-17），其中大坝安全度汛目标为重建迎水面护坡、新建坝身混凝土防渗墙两项工作必须在 2017 年 5 月底前完成。

大坝加固项目各工作的逻辑关系表 **表 2-17**

工作代码	工作名称	工作持续时间（d）	紧前工作
A	拆除背水面护坡	30	—
B	坝身迎水面土方培厚加高	60	G
C	砌筑背水面砌石护坡	90	F、K
D	拆除迎水面护坡	40	—
E	预制混凝土砌块	50	G
F	砌筑迎水面混凝土砌块护坡	100	B、E
G	拆除坝顶道路	20	A、D
H	重建坝顶防浪墙和道路	50	C
K	新建坝身混凝土防渗墙	120	B

根据表 2-17，承包人绘制了大坝加固项目施工进度计划如图 2-44 所示。

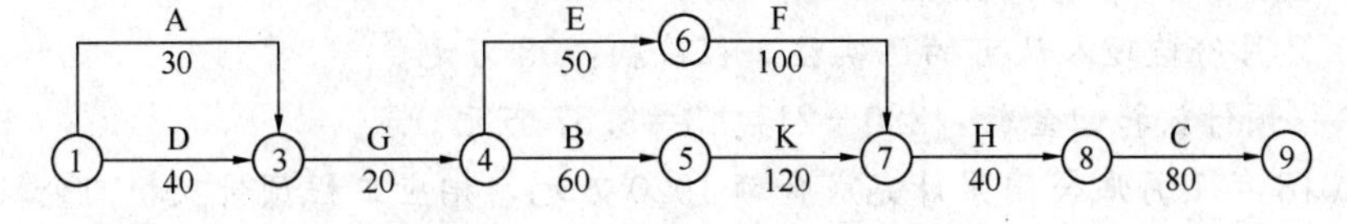

图 2-44 大坝加固项目施工进度计划

经检查发现图 2-44 有错误，监理人要求承包人根据表 2-17 对图 2-44 进行修订。

事件 3：F 工作由于设计变更工程量增加 12%，为此承包人分析对安全度汛和工期的影响，按监理人的变更意向书要求，提交了包括变更工作计划、措施等内容的实施方案。

事件 4：截至 2018 年 1 月底累计完成合同金额为 1920 万元，2018 年 2 月份经监理人认可的已实施工程价款为98万元。

【问题】

1. 写出事件1中承包人提交的开工报审表主要内容。

2. 指出表2-16中控制性节点工期 T 的最迟时间，说明理由。

3. 根据事件2，说明大坝加固项目施工进度计划（图2-44）应修订的主要内容。

4. 根据事件3，分析在施工条件不变的情况下（假定匀速施工），变更事项对大坝安全度汛目标的影响。

5. 计算2018年2月份发包人应支付承包人的工程款（计算结果保留两位小数）。

【参考答案】

1. 承包人提交开工报审表的主要内容是按合同进度计划正常施工所需的施工道路、临时设施、材料设备、施工人员等施工组织措施的落实情况以及工程进度安排。

2. 控制性节点工期 T 的最迟时间为2017年5月30日。施工期间泄洪闸与灌溉涵洞应互为导流，因灌溉涵洞在第二个非汛期施工，泄洪闸加固应安排在第一个非汛期，而6月份进入主汛期（在5月30日前应具备通水条件）。

3. 图2-44修订的主要内容包括：

（1）A工作增加节点②（A工作后增加虚工作）；

（2）节点⑤、⑥之间增加虚工作（B工作应是F的紧前工作）；

（3）工作H与C先后对调；

（4）工作H、C时间分别为50和90。

承包人修订后的大坝加固项目施工进度计划如图2-45所示。

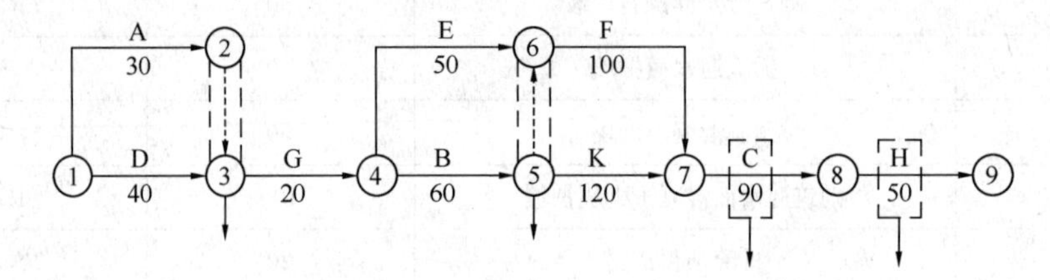

图2-45　修订后的大坝加固项目施工进度计划

4. 按计划，F工作最早完成日期为2017年5月10日，在施工条件不变情况下，增加12%的工程量，工作时间需延长12d（100×12%），F工作将于2017年5月22日完成，F工作的总时差为20d，对安全度汛无影响。

5.（1）2月份监理人认可的已实施工程价款：98万元。

（2）工程预付款扣回金额：220－211.43＝8.57万元。

截至2018年1月底合同累计完成金额1920万元，相应工程预付款扣回金额按公式计算结果为211.43万元。

截至2018年2月底合同累计完成金额2018万元，相应工程预付款扣回金额为225.43万元。

225.43万元＞220万元（2200×10%）。

（3）工程质量保证金扣留额：98×3%＝2.94万元。

（4）发包人应支付的工程款：98－8.57－2.94＝86.49万元。

实务操作和案例分析题十九

【背景资料】

某水闸项目经监理单位批准的施工进度网络图如图 2-46 所示（单位：d），合同约定：工期提前奖励 10000 元/d，逾期违约金标准为 10000 元/d。

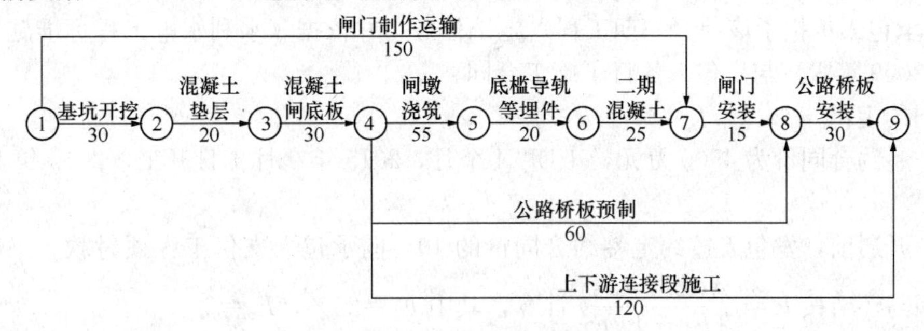

图 2-46　施工进度网络图

在施工中发生如下事件：

事件 1：基坑开挖后，发现地质情况与业主提供的资料不符，需要进行处理，致使“基坑开挖”工作推迟 10d 完成。

事件 2：对闸墩浇筑质量进行检查时，发现存在质量问题，需进行返工处理，使得“闸墩浇筑”工作经过 60d 才完成任务。

事件 3：在进行闸门安装时，施工设备出现了故障后需要修理，导致“闸门安装”工作的实际持续时间为 17d。

事件 4：由于设计变更，使得“上下游连接段施工”推迟 22d 完成。

事件 5：为加快进度采取了赶工措施，将“底槛导轨等埋件”工作的时间压缩了 8d。

【问题】

1. 指出施工进度计划的计划工期，确定其关键线路。

2. 分别说明事件 1～事件 4 的责任方以及对计划工期的影响。

3. 综合上述事件，计算该项目的实际工期，应获得多少天的工期补偿？可获得的工期提前的奖励或支付逾期违约金为多少？

【参考答案】

1. 施工进度计划的计划工期为 225d，关键线路为：①→②→③→④→⑤→⑥→⑦→⑧→⑨。

2. 事件 1～事件 4 的责任方以及对计划工期的影响：

事件 1 责任方为业主，因“基坑开挖”为关键工作，故影响计划工期 10d。

事件 2 责任方为施工单位，因“闸墩浇筑”为关键工作，故影响计划工期 5d。

事件 3 责任方为施工单位，因“闸门安装”为关键工作，故影响计划工期 2d。

事件 4 责任方为业主，因“上下游连续段施工”为非关键工作，总时差为 25d，故不影响计划工期。

3. 该项目的实际工期为：225＋10＋5＋2－8＝234d；应获得 10d 的工期补偿，可获得工期提前奖励为 10000 元。

实务操作和案例分析题二十

【背景资料】

某水利枢纽工程由大坝、电站、泄洪洞（底孔）和溢流表孔等建筑物组成。为满足度汛要求，工程施工采取两期导流，一期工程施工泄洪底孔坝段（A）和溢流表孔坝段（B）。某承包人承担了该项（一期工程）施工任务，并依据《水利水电工程标准施工招标文件》（2009年版）与发包人签订了施工合同。

合同约定：

（1）签约合同价为4500万元，工期24个月，2015年9月1日开工，2015年12月1日截流。

（2）开通前，发包人按约定签约合同价的10%向承包人支付工程预付款，工程预付款的扣回与还清按 $R=\dfrac{A(C-F_1S)}{(F_2-F_1)S}$ 计算，其中 $F_1=20\%$，$F_2=90\%$。

（3）从第1个月起，按工程进度款3%的比例扣留工程质量保证金。

由承包人编制，并经监理人批准的施工进度计划如图2-47所示（单位：月，每月按30d计）。

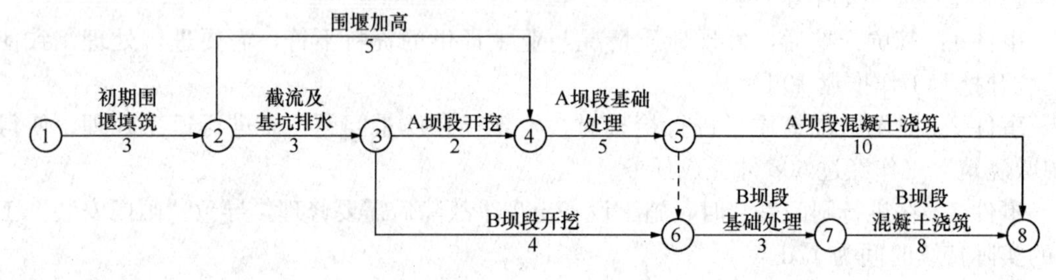

图2-47 施工进度计划图

本工程在施工过程中发生以下事件：

事件1：由于发包人未按时提供施工场地，造成了开工时间推迟，导致“初期围堰填筑”的延误，经测算“初期围堰填筑”要延至2016年1月30日才能完成。承包人据此向监理人递交了索赔意向通知书，后经双方协商达成如下事项：

（1）截流时间推迟到2016年2月1日；

（2）“围堰加高”须在2016年5月30日（含5月30日）前完成；

（3）完工日期不变，调整进度计划；

（4）发包人承担赶工费用，依照增加费用最小原则确定赶工费。承包人依据工期—费用表（见表2-18），重新编制新的施工进度计划，并提交了赶工措施和增加的费用，上报监理人并获批准。

工期一费用表 **表2-18**

工作名称	正常工作时间（月）	最短工作时间（月）	缩短工作时间增加费用（含利润）（万元/月）
初期围堰填筑	3	3	—
围堰加高	5	3	50
截流及基坑排水	3	2	30
A坝段开挖	2	2	—

续表

工作名称	正常工作时间（月）	最短工作时间（月）	缩短工作时间增加费用（含利润）（万元/月）
A 坝段基础处理	5	5	—
A 坝段混凝土浇筑	10	9	40
B 坝段开挖	4	2	20
B 坝段基础处理	3	2	35
B 坝段混凝土浇筑	8	7	45

事件 2：截至 2016 年 2 月底，累计完成合同金额为 200 万元；监理人确认的 2016 年 3 月份已完成工程量清单中“截流及基坑排水”的金额为 245 万元，“围堰加高”的金额为 135 万元，均含赶工增加费用。

事件 3：结合现场及资源情况，承包人对新的施工进度计划进行了局部调整，A 坝段采用搭接施工，其单代号搭接网络如图 2-48 所示。

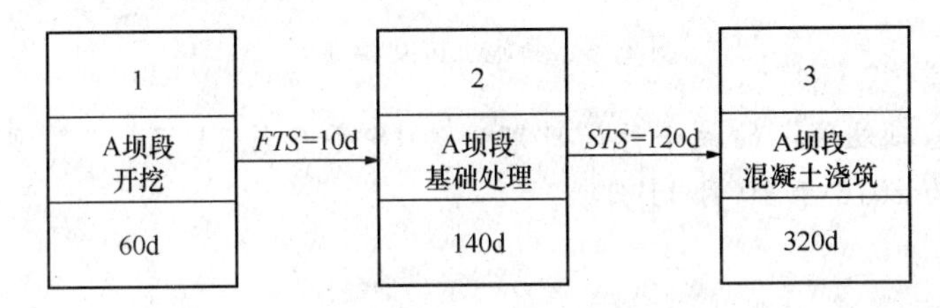

图 2-48　A 坝段施工进度单代号搭接网络图

【问题】

1. 根据原网络进度计划，分别指出“初期围堰填筑”和“围堰加高”的最早完成日期。

2. 根据事件 1，按增加费用最少原则，应如何调整施工进度计划？计算施工所增加的总费用。

3. 根据事件 1，绘制从 2016 年 2 月 1 日起的新施工进度计划（采用双代号网络图表示），指出“A 坝段开挖”的最早开始日期。

4. 计算承包人 2016 年 3 月份进度付款申请单中有关款项的金额。

5. 根据事件 3，分别指出“A 坝段基础处理”和“A 坝段混凝土浇筑”的最早开始日期。

【参考答案】

1. 初期围堰填筑最早完成日期是 2015 年 11 月 30 日；围堰加高最早完成日期为 2016 年 4 月 30 日。

2. “初期围堰填筑”拖延 2 个月，而“围堰加高”要求在 5 月 30 日前完成，且完工日期不变。调整方案如下：

（1）“围堰加高”工作时间从 5 个月缩短为 4 个月，缩短 1 个月，增加费用 50 万元；

（2）为保证按期完工，关键线路要缩短 2 个月，选择费用最少的关键工作。

“截流及基坑排水”缩短工作时间 1 个月，增加费用 30 万元；

“B 坝段基础处理”缩短工作时间 1 个月，增加费用 35 万元；

赶工所需增加的总费用＝50＋30＋35＝115 万元。

3. 新施工进度计划如图 2-49 所示。

“A 坝段开挖”的最早开始日期为 2016 年 4 月 1 日。

4. 截止到 2016 年 3 月份，累计完成合同金额为 580(200＋245＋135)万元，小于签约合同 20%(4500×20%＝900 万元)，因此预付款扣回值为 0 万元，工程质量保证金为(245＋135)×3%＝11.4 万元，应支付 380－11.4＝368.6 万元。

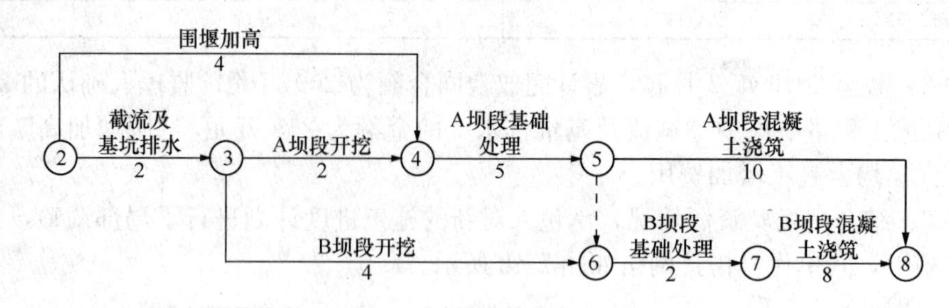

图 2-49　新施工进度计划图

5. “A 坝段基础处理”的最早开始日期为 2016 年 6 月 11 日；“A 坝段混凝土浇筑”的最早开始日期为 2016 年 10 月 11 日。

第三章　水利水电工程造价与成本管理

2011—2020 年度实务操作和案例分析题考点分布

考点 \ 年份	2011 年	2012 年 6 月	2012 年 10 月	2013 年	2014 年	2015 年	2016 年	2017 年	2018 年	2019 年	2020 年
基础单价			●								
单价分析及定额的相关知识		●		●			●	●			
施工成本计算基础								●			
投标阶段成本管理											●
施工准备阶段的成本管理						●					
水利工程工程量计量和支付规则的内容	●										

专家指导：

施工造价与成本管理的考查点相对进度、质量、合同、安全管理来说比较少，常考的点就是单价分析，对于教材中的单价分析表一定要掌握。

要　点　归　纳

1. 造价构成【**重要考点**】

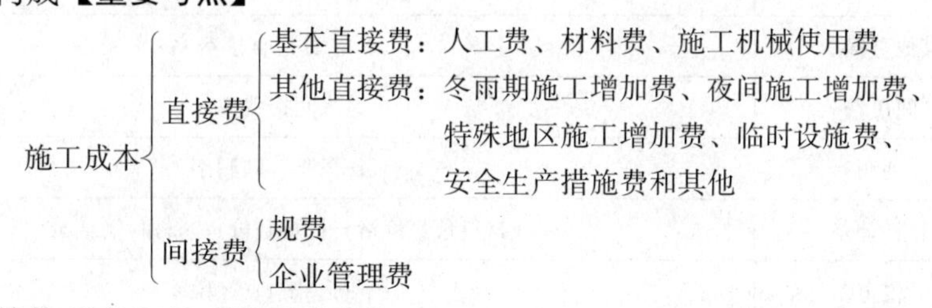

2. 基础单价（表 3-1）【**重要考点**】

基础单价　　**表 3-1**

单价	内　　容
人工预算单价	人工预算单价是指生产工人在单位时间（工时）的费用。根据工程性质的不同，人工预算单价有枢纽工程、引水及河道工程两种计算方法和标准。每种计算方法将人工均划分为工长、高级工、中级工、初级工 4 个档次
材料预算价格	材料原价、运杂费、运输保险费和采购及保管费等分别按不含增值税进项税额的价格计算，采购及保管费，按现行计算标准乘以 1.10 调整系数
施工机械使用费	施工机械台时费定额的折旧费除以 1.13 调整系数，修理及替换设备费除以 1.09 调整系数，安装拆卸费不变

续表

单价	内　容
混凝土材料单价	根据《水利工程设计概（估）算编制规定》（水总［2014］429号），当采用商品混凝土时，其材料单价应按基价200元/m^3计入工程单价取费，预算价格与基价的差额以材料补差形式进行计算，材料补差列入单价表中并计取税金
施工用电、水、风单价	施工用电、水、风的价格组成基本相同，由基本价、能量损耗摊销费、设施维修摊销费组成

3. 单价分析**【重要考点】**

工程单价是指以价格形式表示的完成单位工程量（如1m^3、1t、1套等）所耗用的全部费用。包括直接费、间接费、企业利润和税金等四部分内容，分为建筑和安装工程单价两类，由“量、价、费”三要素组成。

量：指完成单位工程量所需的人工、材料和施工机械台时数量。须根据设计图纸及施工组织设计等资料，正确选用定额相应子目的规定量。

价：指人工预算单价、材料预算价格和施工机械台时费等基础单价。

费：指按规定计入工程单价的其他直接费、间接费、企业利润和税金。

建筑工程单价计算一般采用表3-2“单价分析表”的形式计算。

单价分析表　　表3-2

1	直接费	（1）＋（2）
（1）	基本直接费	1）＋2）＋3）
1）	人工费	∑定额人工工时数×人工预算单价
2）	材料费	∑定额材料用量×材料预算价格
3）	机械使用费	∑定额机械台时用量×机械台时费
（2）	其他直接费	（1）×其他直接费率
2	间接费	1×间接费率
3	利润	（1＋2）×利润率
4	材料补差	（材料预算价格－材料基价）×材料消耗量
5	税金	（1＋2＋3＋4）×税率
6	工程单价	1＋2＋3＋4＋5

注：1. 材料补差是《水利工程设计概（估）算编制规定（工程部分）》（水总［2014］429号）规范概（估）算管理时用到的方法。施工单位投标或成本核算时可根据自身情况参照本表格式。需要注意的是若不采用材料补差方式，在选取间接费率、其他直接费费率、利润率、税率时应考虑价格竞争性，合理调整《水利工程设计概（估）算编制规定（工程部分）》（水总［2014］429号）规定的费率；

2. 根据《水利部办公厅关于印发〈水利工程营业税改征增值税计价依据调整办法〉的通知》（办水总［2016］132号）的通知，其他直接费、利润计算标准不变，税金指应计入建筑安装工程费用内的增值税销项税额，税率为9%。

4. 水利工程工程量计量和支付规则**【重要考点】**

（1）土方开挖工程

① 场地平整按施工图纸所示场地平整区域计算的有效面积以平方米为单位计量，按《工程量清单》相应项目有效工程量的每平方米工程单价支付。

② 一般土方开挖、淤泥流砂开挖、沟槽开挖和柱坑开挖按施工图纸所示开挖轮廓尺寸计算的有效自然方体积以立方米为单位计量，按《工程量清单》相应项目有效工程量的每立方米工程单价支付。

③ 承包人完成“植被清理”工作所需的费用，包含在《工程量清单》相应土方明挖项目有效工程量的每立方米工程单价中，不另行支付。

④ 土方明挖开始前，承包人应根据监理人指示，测量开挖区的地形和计量剖面，经监理人检查确认后，作为计量支付的原始资料。土方明挖按施工图纸所示的轮廓尺寸计算有效自然方体积以立方米为单位计量，按《工程量清单》相应项目有效工程量的每立方米工程单价支付。施工过程中增加的超挖量和施工附加量所需的费用，应包含在《工程量清单》相应项目有效工程量的每立方米工程单价中，不另行支付。

(2) 地基处理工程

① 除合同另有约定外，承包人按合同要求完成振冲试验、振冲桩体密实度和承载力检验等工作所需的费用，包含在《工程量清单》相应项目有效工程量的每米工程单价中，不另行支付。

② 除合同另有约定外，承包人按合同要求完成灌注桩成孔成桩试验、成桩承载力检验、校验施工参数和工艺、埋设孔口装置、造孔、清孔、护壁以及混凝土拌合、运输和灌注等工作所需的费用，包含在《工程量清单》相应灌注桩项目有效工程量的每立方米工程单价中，不另行支付。

(3) 土方填筑工程

① 坝（堤）体填筑按施工图纸所示尺寸计算的有效压实方体积以立方米为单位计量，按《工程量清单》相应项目有效工程量的每立方米工程单价支付。

② 坝（堤）体全部完成后，最终结算的工程量应是经过施工期间压实并经自然沉陷后按施工图纸所示尺寸计算的有效压实方体积。若分次支付的累计工程量超出最终结算的工程量，应扣除超出部分工程量。

③ 黏土心墙、接触黏土、混凝土防渗墙顶部附近的高塑性黏土、上游铺盖区的土料、反滤料、过渡料和垫层料均按施工图纸所示尺寸计算的有效压实方体积以立方米为单位计量，由发包人按《工程量清单》相应项目有效工程量的每立方米工程单价支付。

④ 坝体上、下游面块石护坡按施工图纸所示尺寸计算的有效体积以立方米为单位计量，按《工程量清单》相应项目有效工程量的每立方米工程单价支付。

⑤ 除合同另有约定外，承包人对料场（土料场、石料场和存料场）进行复核、复勘、取样试验、地质测绘以及工程完建后的料场整治和清理等工作所需的费用，包含在每立方米（吨）材料单价或《工程量清单》相应项目工程单价或总价中，不另行支付。

(4) 混凝土工程

① 除合同另有约定外，现浇混凝土的模板费用，包含在《工程量清单》相应混凝土或钢筋混凝土项目有效工程量的每立方米工程单价中，不另行计量和支付。

混凝土预制构件模板所需费用，包含在《工程量清单》相应预制混凝土构件项目有效工程量的工程单价中，不另行支付。

② 钢筋按施工图纸所示钢筋强度等级、直径和长度计算的有效重量以吨为单位计量，由发包人按《工程量清单》相应项目有效工程量的每吨工程单价支付。施工架立筋、搭接、套筒连接、加工及安装过程中操作损耗等所需费用，均包含在《工程量清单》相应项目有效工程量的每吨工程单价中，不另行支付。

③ 普通混凝土按施工图纸所示尺寸计算的有效体积以立方米为单位计量，按《工程量清单》相应项目有效工程量的每立方米工程单价支付。

④ 不可预见地质原因超挖引起的超填工程量所发生的费用，按《工程量清单》相应项目或变更项目的每立方米工程单价支付。除此之外，同一承包人由于其他原因超挖引起的超填工程量和由此增加的其他工作所需的费用，均应包含在《工程量清单》相应项目有效工程量的每立方米工程单价中，不另行支付。

（5）砌体工程

① 砌筑工程的砂浆、拉结筋、垫层、排水管、止水设施、伸缩缝、沉降缝及埋设件等费用，包含在《工程量清单》相应砌筑项目有效工程量的每立方米工程单价中，不另行支付。

② 承包人按合同要求完成砌体建筑物的基础清理和施工排水等工作所需的费用，包含在《工程量清单》相应砌筑项目有效工程量的每立方米工程单价中，不另行支付。

历 年 真 题

实务操作和案例分析题一［2017年真题］

【背景资料】

五里湖大沟属淮海省凤山市，万庄站位于五里湖大沟右堤上，装机流量16.5m³/s，堤防级别为4级，配3台轴流泵，总装机3×355kW＝1065kW。在工程建设过程中发生如下事件：

事件1：招标文件设定投标最高限价为3000万元。招标文件中有关投标人资格条件要求如下：

（1）有企业法人地位，注册地不在凤山市的，在凤山市必须成立分公司。

（2）必须具有水利水电工程施工总承包三级及以上企业资质，近5年至少有2项类似工程业绩，类似工程指合同额不低于2500万元的泵站施工（下同）。

（3）具有有效的安全生产许可证，单位主要负责人必须具有有效的安全生产考核合格证。

（4）拟担任的项目经理应为二级及以上水利水电工程专业注册建造师，具有有效的安全生产考核合格证，近5年至少有一项类似工程业绩。

（5）拟担任的项目经理、技术负责人、质量负责人、专职安全生产管理人员、财务负责人必须是本单位人员（须提供缴纳社会保险的证明）；项目经理不得同时担任其他建设工程施工项目负责人；专职安全生产管理人员须具有有效的安全生产考核合格证。

（6）单位信誉良好，具有淮海省水利厅BBB级以上信用等级，且近1年在“信用中国”网站上不得有不良行为记录。

（7）近3年无行贿犯罪档案记录；财务状况良好。

某投标人以上述部分条款存在排斥潜在投标人、损害自身利益为由，在投标截止时间前第7天向行政监督部门提出书面异议。

事件2：某投标文件中，基坑开挖采用$1m^3$挖掘机配5t自卸车运输2km，其单价分析表部分信息见表3-3。

$1m^3$挖掘机配5t自卸车运输2km单价分析表 **表3-3**

工作内容：挖、装、运、回 单位：$100m^3$

序号	费用名称	单位	数量	单价（元）
一	直接工程费			
（一）	基本直接费			
1	人工费	工时	10	4.26
2	材料费			
3	机械使用费			
（1）	$1m^3$挖掘机	台时	1	200
（2）	59kW推土机	台时	0.5	110
（3）	5t自卸汽车	台时	10	100
（二）	现场经费（费率3%）			
二	施工企业管理费（费率5%）			
三	企业利润（费率7%）			
四	增值税（税率3.22%）			
	工程单价			

【问题】

1. 根据《水利水电工程等级划分及洪水标准》SL 252—2000，指出万庄站的工程等别、工程规模及主要建筑物和次要建筑物的级别。

2. 事件1中的哪些条款存在不妥？说明理由。指出投标人异议的提出存在哪些不妥？

3. 根据《水利工程设计概估算编制规定（工程部分）》（水总［2014］429号）和《水利工程营业税改征增值税计价依据调整办法》（办水总［2016］132号），指出事件2单价分析表中“费用名称”一列中有关内容的不妥之处。

4. 计算事件2单价分析表中的机械使用费。

【解题方略】

1. 本题考查的是水利水电工程等级划分。该考点是每年的必考考点。《水利水电工程等级划分及洪水标准》SL 252—2000（该规范已被SL 252—2017替代）规定，灌溉、排水泵站的等别，应根据其装机流量与装机功率，具体分类见表3-4。

灌溉、排水泵站的等别 表 3-4

工程等别	工程规模	分等指标	
		装机流量（m^3/s）	装机功率（10^4kW）
Ⅰ	大（1）型	≥200	≥3
Ⅱ	大（2）型	200～50	3～1
Ⅲ	中型	50～10	1～0.1
Ⅳ	小（1）型	10～2	0.1～0.01
Ⅴ	小（2）型	＜2	＜0.01

水利水电工程的永久性水工建筑物的级别应根据建筑物所在工程的等别，以及建筑物的重要性确定为五级，分别为1、2、3、4、5级，具体分类见表3-5。

永久性水工建筑物的级别 表 3-5

工程等别	主要建筑物	次要建筑物	工程等别	主要建筑物	次要建筑物
Ⅰ	1	3	Ⅳ	4	5
Ⅱ	2	3	Ⅴ	5	5
Ⅲ	3	4			

《水利水电工程等级划分及洪水标准》SL 252—2017已无表3-4的规定，考生掌握解题思路即可。本案例中，$10m^3/s$≤装机流量$16.5m^3/s$≤$50m^3/s$，工程等别为Ⅲ等。0.1≤总装机3×355＝1065kW＝0.1065×10^4kW≤1，工程等别为Ⅲ等。背景资料中给出，堤防级别为4级。穿堤建筑物与堤防级别不一致，应取高。因此，工程等别为Ⅲ等；工程规模为中型。建筑物工程等别为Ⅲ等，对应的主要建筑物级别为3级，次要建筑级别为4级。

2. 本题考核的是施工招标条件和处理招标文件异议。

第（1）款不妥。《招标投标法实施条例》规定，招标人不得以不合理的条件限制、排斥潜在投标人或者投标人。

招标人有下列行为之一的，属于以不合理条件限制、排斥潜在投标人或者投标人：

（1）就同一招标项目向潜在投标人或者投标人提供有差别的项目信息；

（2）设定的资格、技术、商务条件与招标项目的具体特点和实际需要不相适应或者与合同履行无关；

（3）依法必须进行招标的项目以特定行政区域或者特定行业的业绩、奖项作为加分条件或者中标条件；

（4）对潜在投标人或者投标人采取不同的资格审查或者评标标准；

（5）限定或者指定特定的专利、商标、品牌、原产地或者供应商；

（6）依法必须进行招标的项目非法限定潜在投标人或者投标人的所有制形式或者组织形式；

（7）以其他不合理条件限制、排斥潜在投标人或者投标人。

第（2）款不妥。三级企业可承担单项合同额6000万元以下的下列水利水电工程的施工：小（1）型以下水利水电工程和建筑物级别4级以下水工建筑物的施工总承包，但下列工程限制在以下范围内：坝高40m以下、水电站总装机容量20MW以下、泵站总装机容量 800kW 以下、水工隧洞洞径小于 6m（或断面积相等的其他型式）且长度小于 500m、堤防级别 3 级以下。

类似业绩应该包括功能、结构、规模、造价等，类似工程不能一特定专业限制招标范围。

第（6）款不妥。潜在投标人或者其他利害关系人（指特定分包人、供应商、投标人的项目负责人）对招标文件有异议的，应当在投标截止时间 10 日前提出。招标人应当自收到异议之日起 3 日内作出答复；作出答复前，应当暂停招标投标活动。

3. 本题考查的是水利水电工程施工成本管理中的单价分析。

建筑工程单价计算一般采用表 3-6“单价分析表”的形式计算：

单价分析表　　　　表 3-6

1	直接费	（1）＋（2）
（1）	基本直接费	1）＋2）＋3）
1）	人工费	Σ定额人工工时数×人工预算单价
2）	材料费	Σ定额材料用量×材料预算价格
3）	机械使用费	Σ定额机械台时用量×机械台时费
（2）	其他直接费	（1）×其他直接费率
2	间接费	1×间接费率
3	利润	（1＋2）×利润率
4	材料补差	（材料预算价格－材料基价）×材料消耗量
5	税金	（1＋2＋3＋4）×税率
6	工程单价	1＋2＋3＋4＋5

根据《水利工程营业税改征增值税计价依据调整办法》（办水总［2016］132 号）的通知，其他直接费、利润计算标准不变，税金指应计入建筑安装工程费用内的增值税销项税额，税率为 9％。

4. 本题考查的是施工成本计算基础。根据上表，机械使用费＝Σ定额机械台时用量×机械台时费。

【参考答案】

1. 工程等别：Ⅲ等；工程规模：中型；主要建筑物级别：3 级；次要建筑物级别：4 级。

2. 第（1）款不妥。招标文件不得把成立分公司作为资格条件。

第（2）款不妥。本工程为中型工程，主要建筑物级别为 3 级，须由水利水电工程施工总承包二级及以上企业承担。

第（6）款不妥。不能仅以淮海省水利厅公布的信用等级作为资格条件。

投标人异议的提出不妥之处：

在投标截止时间前第 7d 提出异议不妥（应当在投标截止时间 10d 前）；

向行政监督部门提出不妥（应当向招标人或招标代理机构提出）。

3. “直接工程费”不妥，应为“直接费”；

“现场经费”不妥，应为“其他直接费”；

"施工企业管理费"不妥，应为"间接费"；

增值税"税率3.22%"不妥，按现行规定应为"9%"。

4.1m^{3}挖掘机：1×200=200元/100m^3；

59kW推土机：0.5×110=55元/100m^3；

5t自卸汽车：10×100=1000元/100m^3；

机械使用费=200+55+1000=1255元/100m^3。

实务操作和案例分析题二［2015年真题］

【背景资料】

某河道治理工程施工1标建设内容为新建一座涵洞，招标文件依据《水利水电工程标准施工招标文件》(2009年版)编制，工程量清单采用清单计价格式。招标文件规定：

(1) 除措施项目外，其他工程项目采用单价承包方式。

(2) 投标最高限价490万元，超过限价的投标报价为无效报价。

(3) 发包人不提供材料和施工设备，也不设定暂估价项目。

投标截止时间10d前，招标人未接到招标文件异议，在招标和合同管理过程中发生以下事件：

事件1：投标人A提交的投标报价函及附件正本1份，副本4份，函明投标总报价优惠5%，随同投标文件递交了投标保证金，投标保证金来源于工程所在省分公司资产。评标公示期结束后第二天，未中标的投标人A向该项目招标投标行政监督部门投诉，以投标最高限价违反法规为由，要求重新招标。

事件2：投标人B提交了已标价工程量清单（含已标价工程量清单计算附件），投标报价汇总见表3-7。

投标报价汇总表 **表3-7**

合同编号：XX-SG-01

项目名称：某河道治理工程施工1标

序号	工程项目或费用名称	单位	工程量	单价（元）	合价（元）
1	土方开挖	m^3	30000	15	450000
2	土方回填	m^3	20000	10	200000
3	干砌块石护坡（底）	m^3	600	150	90000
4	浆砌块石护坡（底）	m^3	1500	200	300000
5	混凝土工程（含模板）	m^3	2500	400	1000000
6	C	t	200	6000	1200000
7	基础处理工程	m^3	300	300	90000
8	设备制造与安装工程	元			500000
9	措施项目	项	1	500000	500000
10	D	元			500000
合计		4830000			

事件3：合同中关于砌体工程的计量和支付有如下规定：

（1）砌体工程按投标图纸所示尺寸计算的有效砌筑体以 m^3 为单位计量；

（2）浆砌块石砂浆按有效砌筑体以 m^3 为计量单位；

（3）砌体工程中的止水设施、排水管、垫层及预埋件等费用，包含在砌体项目有效工程量单价中，不另行支付；

（4）承包人按合同要求完成砌体建筑物的基础清理和施工排水等工作所需的费用包含在措施项目费用中，不另行支付。

【问题】

1. 依据背景资料，根据《招标投标法实施条例》、《水利水电工程标准施工招标文件》（2009年版）的相关规定，指出事件1中招标人A投标行为的不妥之处，并说明正确的做法。

2. 指出“投标报价汇总表”中的C和D所代表的工程项目或费用名称。

3. 事件2中，已标价工程量清单计算附件包含的内容有哪些？

4. 指出并改正事件3合同约定中的不妥之处。

【解题方略】

1. 本题考查的是施工投标的主要程序。解答本题需要认真分析事件1中的每一句话，判断其做法是否妥当。投标文件份数要求是正本1份，副本4份。所以“投标人A提交的投标报价函及附件正本1份，副本4份”是正确的。投标人应按招标文件“工程量清单”的要求填写相应表格。投标人在投标截止时间前修改投标函中的投标报价，应同时修改“工程量清单”中的相应报价，并附修改后的单价分析表（含修改后的基础单价计算表）或措施项目表（临时工程费用表）。所以“函明投标总报价优惠5%”是不妥的。以现金或者支票形式提交的投标保证金应当从其基本账户转出。所以“随同投标文件递交了投标保证金，投标保证金来源于工程所在省分公司资产。”是不妥的。投标人或者其他利害关系人对依法必须进行招标的项目的评标结果有异议的，应当在中标候选人公示期间提出。所以“评标公示期结束后第二天，未中标的投标人A向该项目招标投标行政监督部门投诉”是不妥的。

2. 本题考查的是施工投标的主要程序。根据工程条件和背景资料中投标报价汇总表的具体内容，结合施工定额和工程量清单计价规范有关规定，可以判断C为钢筋制作与安装；D为暂列金额（或其他项目）。

3. 本题考查的是施工准备阶段成本管理。根据投标报价编写要求，已标价工程量清单计算附件包含内容有：

（1）单价分析表或工程单价计算表；

（2）基础单价分析表（人工预算计算表或人工费单价汇总表、主要材料预算价格汇总表、投标人生产施工风、水、电计算书基础单价汇总表、混凝土配合比材料费表、施工机械台时费汇总表）；

（3）总价项目分类分项工程分解表。

4. 本题考查的是水利工程工程量计量和支付规则的主要内容。重点掌握土方开挖工程、土方填筑工程、模板、钢筋与砌体工程工程量计量和支付规则。

【参考答案】

1. 事件1中招标人A投标行为的不妥之处及正确做法。

(1) 不妥之处：函明投标总报价优惠5%。

正确做法：最终报价应该是优惠后的价格，优惠后的总价应该按修改的工程量清单中的相应报价，并附修改后的单价分析表或措施项，而不是直接从总价下浮多少。

(2) 不妥之处：投标保证金来源于工程所在省分公司资产。

正确做法：投标保证金必须从公司基本账户汇出（或来源于投标人A基本账户）。

(3) 不妥之处：评标公示期结束后第二天，未中标的投标人向该项目招标投标行政监督部门投诉。

正确做法：投标人应在投标文件截止时间10d前，对招标文件提出异议，应撤销投诉。

2. "投标报价汇总表"中，C代表钢筋工程（钢筋制作与安装），D代表其他项目。

3. 事件2中，已标价工程量清单计算附件包含：单价分析表或工程单价计算表；基础单价分析表（人工预算计算表或人工费单价汇总表、主要材料预算价格汇总表、投标人生产施工风、水、电计算书基础单价汇总表、混凝土配合比材料费表、施工机械台时费汇总表）；总价项目分类分项工程分解表。

4. (1) 砌体工程按招标图纸计量不妥。应该按照施工图纸计算的有效砌体体积。

(2) 浆砌块石砂浆按有效砌筑体以m^3为单位计量不妥。浆砌块石砂浆包含在砌体工程有效工程量的每立方米工程单价中，不另行支付。

(3) 承包人按合同要求完成砌体建筑物的基础清理和施工排水等工作所需的费用，包含在措施项目中不妥。应包含在砌体工程有效工程量的每立方米单价中，不另行支付。

实务操作和案例分析题三［2013年真题］

【背景资料】

某泵站土建工程招标文件依据《水利水电工程标准施工招标文件》（2009年版）编制。招标文件约定：

1. 模板工程费用不单独计量和支付，摊入到相应混凝土单价中；

2. 投标最高限价2800万元，投标最低限价2100万元；

3. 若签约合同价低于投标最高限价的20%时，履约保证金由签约合同价的10%提高到15%；

4. 永久占地应严格限定在发包人提供的永久施工用地范围内，临时施工用地由承包人负责，费用包含在投标报价中；

5. 承包人应严格执行投标文件承诺的施工进度计划，实施期间不得调整；

6. 工程预付款总金额为签约合同价的10%，以履约保证金担保。依据水利部现行定额及编制规定，某投标人编制了排架C25混凝土单价分析表见表3-8：

排架C25混凝土单价分析表　单位：$100m^3$　表3-8

序号	项目或费用名称	型号规格	计量单位	数量	单价（元）	合价（元）
1	直接费					34099.68
1.1	人工费					1259.34

续表

序号	项目或费用名称	型号规格	计量单位	数量	单价（元）	合价（元）
(1)	A		工时	11.70	4.91	57.45
(2)	高级工		工时	15.50	4.56	70.68
(3)	中级工		工时	209.70	3.87	811.54
(4)	初级工		工时	151.50	2.11	319.67
1.2	材料费					28926.14
(1)	混凝土	B	m^3	103.00	274.82	28306.46
(2)	水		m^3	70.00	0.75	52.50
(3)	其他材料费		%	2	28358.96	567.18
1.3	机械使用费					2253.84
(1)	振动器	1.1kW	台时	20.00	22.60	452.00
(2)	变频机组	8.5kWh	台时	10.00	17.20	172.00
(3)	风水枪		台时	50.04	25.70	1286.03
(4)	其他机械费		%	18	1910.03	343.81
1.4	C		m^3	103		1361.66
1.5	D		m^3	103		298.70
2	施工管理费		%	5	34099.68	1704.98
3	企业利润		%	7	35804.66	2506.33
4	税金		%	3.22	38310.99	1233.61
	合计					39544.60

投标截止后，该投标人发现排架混凝土单价分析时未摊入模板费用，以投标文件修改函向招标人提出修改该单价分析表，否则放弃本次投标。

【问题】

1. 指出招标文件约定中的不妥之处。

2. 指出排架C25混凝土单价分析表中，A、B、C、D所代表的名称（或型号规格）。

3. 若排架立模系数为0.8m^2/m^3，模板制作、安装、拆除综合单价的直接费为40元/m^2。计算每立方米排架C25混凝土相应模板直接费和摊入模板费用后排架C25混凝土单价直接费。（计算结果保留小数点后两位）

4. 对投标人修改排架C25混凝土单价分析表的有关做法，招标人应如何处理？

5. 评标委员会能否要求投标人以投标文件澄清答复方式增加模板费用？说明理由。

【解题方略】

1. 本题考查的是招标文件编制。《招标投标法实施条例》规定，招标人设有最高投标限价的，应当在招标文件中明确最高投标限价或者最高投标限价的计算方法。招标人不得规定最低投标限价。招标文件要求中标人提交履约保证金的，中标人应当按照招标文件的要求提交。履约保证金不得超过中标合同金额的10%。

2. 本题考查的是建筑工程单价分析表及定额的相关知识。本题涉及人工预算单价、混凝土半成品及混凝土单价分析的知识。

人工预算单价是指生产工人在单位时间（工时）的费用。根据工程性质的不同，人工预算单价有枢纽工程、引水及河道工程两种计算方法和标准。每种计算方法将人工均划分为工长、高级工、中级工、初级工四个档次。

混凝土配合比的各项材料用量，已考虑了材料的场内运输及操作损耗（至拌合楼进料仓止），混凝土拌制后的拌合料运输及操作损耗，已反映在不同浇筑部位定额的“混凝土”材料量中。混凝土配合比的各项材料用量应根据工程试验提供的资料计算，若无试验资料时也可按有关定额规定计算。根据《水利工程设计概（估）算编制规定》（水总［2014］429号文），当采用商品混凝土时，其材料单价应按基价200元/m^3计入工程单价取费，预算价格与基价的差额以材料补差形式进行计算，材料补差列入单价表中并计取税金。

3. 本题考查的是单价分析中，模板费用的计算。模板费用不一定必须摊入相应混凝土单价中，将模板工程单独作为一个分类分项工程，单独计量和支付时，需要区分模板部位、形式，编制模板单价。

4. 本题考查的是投标文件的修改与撤回。考生应注意区分，二者是投标文件递交中的两个概念。《招标投标法实施条例》规定，投标人撤回已提交的投标文件，应当在投标截止时间前书面通知招标人。招标人已收取投标保证金的，应当自收到投标人书面撤回通知日起5日内退还。投标截止后投标人撤销投标文件或放弃投标的，招标人可以不退换投标保证金。

5. 本题考查的是投标文件的澄清与答复。

评标过程中，评标委员会可以书面形式要求投标人对所提交的投标文件进行书面澄清或说明，或者对细微偏差进行补正时，投标人澄清和补正投标文件应遵守下述规定：

（1）投标人不得主动提出澄清、说明或补正。

（2）澄清、说明和补正不得改变投标文件的实质性内容（算术性错误修正的除外）。

（3）投标人的书面澄清、说明和补正属于投标文件的组成部分。

（4）评标委员会对投标人提交的澄清、说明或补正仍有疑问时，可要求投标人进一步澄清、说明或补正的，投标人应予配合。

【参考答案】

1. 招标文件约定中的不妥之处如下：

（1）设定投标最低限价；

（2）履约保证金由签约合同价的10%提高到15%；

（3）承包人应严格执行投标文件承诺的施工进度计划，实施期间不得调整；

（4）临时占地由承包人负责。

2. 排架C25混凝土单价分析表中，A所代表的名称为工长；B所代表的型号规格为C25；C所代表的名称为混凝土拌制；D所代表的名称为混凝土运输。

3. 每立方米排架C25混凝土相应模板直接费＝1×0.8×40＝32.00元。

摊入模板费用后排架C25混凝土单价直接费＝34099.68/100＋32.00＝373.00元。

4. 对投标人修改排架C25混凝土单价分析表的有关做法，招标人应拒绝，若放弃投标，则没收投标保证金。

5. 评标委员会不能要求投标人以投标文件澄清答复方式增加模板费用。

理由：除计算性错误外，评标委员会不能要求投标人澄清投标文件实质性内容。

实务操作和案例分析题四［2012年6月真题］

【背景资料】

某河道治理工程施工面向社会公开招标。某公司参加了投标，中标后与业主签订了施工合同。在开展了工程投标及施工过程中有如下事件：

事件1：编制投标报价文件时，通过工程量复核，把措施项目清单中围堰工程量12000m³修改为10000m³，并编制了单价分析表（表3-9）。

围堰填筑单价分析表 **表3-9**

序号	工程或费用名称	单位	单价	合价
一	直接工程费	元		6.36
1	直接费	元		6.00
(1)	A	元	1.50	1.50
(2)	材料费	元	0.50	0.50
(3)	机械使用费	元	4	4.00
2	其他直接费	%	2	0.12
3	B	%	4	0.24
二	间接费	%	5	0.32
三	C	%	7	0.47
四	D	%	3.22	0.23
五	工程单价	元/m³		7.38

事件2：该公司拟订胡××为法定代表人的委托代理人，胡××组织完成投标文件的标志，随后为开标开展了相关准备工作。

事件3：2011年11月，围堰施工完成，实际工程量为13000m³，在当月工程进度款支付申请书中，围堰工程结算费用计算为13000×7.38＝95940元。

事件4：因护坡工程为新型混凝土砌块，制作与安装有特殊技术要求，业主向该公司推荐了具备相应资质的分包人。

【问题】

1. 指出围堰填筑单价分析表中A、B、C、D分别代表的费用名称。

2. 事件2中，该公司为开标开展的相关准备工作有哪些？

3. 事件3中，围堰工程结算费用计算是否正确？说明理由，如不正确，给出正确结果。

4. 根据《水利建设工程施工分包管理规定》（水建管［2005］304号），事件4中该公司对业主推荐分包人的处理方式有哪几种？并分别写出其具体做法。

【解题方略】

1. 本题考查的是单价分析。工程单价是指以价格形式表示的完成单位工程量（如1m³、1t、1套等）所耗用的全部费用。包括直接费、间接费、企业利润和税金等四部分内容，分为建筑和安装工程单价两类，由“量、价、费”三要素组成。费：指按规定计入工程单价的其他直接费、间接费、企业利润和税金。

2. 本题考查的是投标人在开标环节中应注意的事项。水利工程项目施工开标应当在招标文件确定的提交投标文件截止时间的同一时间公开进行；开标地点应当为招标文件中确定的地点。投标文件有下列情形之一的，招标人不予受理：

（1）逾期送达的或者未送达指定地点的；

（2）未按招标文件要求密封的；

（3）投标人的法定代表人或委托代理人为出席开标会的。

实际工作中，主持人需要查验授权委托书，个人身份证明文件，核实投标保证金提交情况，并将开标情况以开标记录形式在投标人认可后提交评标委员会。另外，要注意，投标保证金不是开标时接收投标文件的依据，本题是根据实践提出的重要注意事项。

3. 本题考查的是合同支付结算。本题中，围堰项目为总价承包，其投标报价依据其修改后的工程量及单价计算，实际完成的工程量对合同没有约束力。因此围堰工程结算费用正确的结果：10000×7.38＝73800元。

4. 本题考查的是推荐分包人管理的规定。考生在解答本题时应注意区分指定分包和推荐分包。在合同实施过程中，有下列情况之一的，项目法人可向承包人推荐分包人：①由于重大设计变更导致施工方案重大变化，致使承包人不具备相应的施工能力；②由于承包人原因，导致施工工期拖延，承包人无力在合同规定的期限内完成合同任务；③项目有特殊技术要求、特殊工艺或涉及专利权保护的。如承包人同意，则应由承包人与分包人签订分包合同，并对该推荐分包人的行为负全部责任；如承包人拒绝，则可由承包人自行选择分包人，但需经项目法人书面认可。项目法人一般不得直接指定分包人。由指定分包人造成的与其分包工作有关的一切索赔、诉讼和损失赔偿由指定分包人直接对项目法人负责，承包人不对此承担责任。

【参考答案】

1. A代表的费用名称：人工费。

B代表的费用名称：现场经费。

C代表的费用名称：企业利润。

D代表的费用名称：税金。

2. 事件2中，该公司为开标开展的相关准备工作：

（1）按照招标文件要求对投标文件签字、盖章。

（2）按照要求密封投标文件。

（3）在投标截止时间前把投标文件密封送达指定地点。

（4）准备开标所要求的授权委托书、个人身份证明文件、投标保证金。

3. 事件3中，围堰工程结算费用计算不正确。

因为措施项目是总价承包。

围堰工程结算费用正确的结果：10000×7.38＝73800元。

4. 事件4中该公司对业主推荐分包人的处理方式有接受和拒绝两种。

具体做法：如承包人接受，则应由承包人与分包人签订分包合同，并对该推荐分包人的行为负全部责任；如承包人拒绝，则可由承包人自行选择分包人，但需经项目法人书面认可。

典　型　习　题

实务操作和案例分析题一

【背景资料】

某大型引调水工程施工标投标最高限价3亿元，主要工程内容包括水闸、渠道及管理设施等。招标文件按照《水利水电工程标准施工招标文件》（2009年版）编制。建设管理过程中发生如下事件：

事件1：招标文件有关投标保证金的条款如下：

条款1：投标保证金可以银行保函方式提交，以现金或支票方式提交的，必须从其基本账户转出；

条款2：投标保证金应在开标前3d向招标人提交；

条款3：联合体投标的，投标保证金必须由牵头人提交；

条款4：投标保证金有效期从递交投标文件开始，延续到投标有效期满后30d止；

条款5：签订合同后5个工作日内，招标人向未中标的投标人退还投标保证金和利息，中标人的投标保证金和利息在扣除招标代理费后退还。

事件2：某投标人编制的投标文件中，柴油预算价格计算样表见表3-10。

柴油预算价格计算表　　　　**表3-10**

序号	费用名称	计算公式	不含增值税价格（元/t）	备注
1	材料原价			含税价格6960元/t，增值税率为16%
2	运杂费			运距20km，运杂费标准10元/t·km
3	运输保险费			费率1.0%
4	采购及保管费			费率2.2%
预算价格（不含增值税）				

事件3：中标公示期间，第二中标候选人投诉第一中标候选人项目经理有在建工程（担任项目经理）。经核查该工程已竣工验收，但在当地建设行政主管部门监管平台中未销号。

事件4：招标阶段，初设批复的管理设施无法确定准确价格，发包人以暂列金额600万元方式在工程量清单中明标列出，并说明若总承包单位未中标，该部分适用分包管理。合同实施期间，发包人对管理设施公开招标，总承包单位参与投标，但未中标。随后发包人与中标人就管理设施签订合同。

事件5：承包人已按发包人要求提交履约保证金。合同支付条款中，工程质量保证金的相关规定如下：

条款1：工程建设期间，每月在工程进度支付款中按3%比例预留，总额不超过工程价款结算总额的3%；

条款2：工程质量保修期间，以现金、支票、汇票方式预留工程质量保证金的，预留总额为工程价款结算总额的5%；以银行保函方式预留工程质量保证金的，预留总额为工程价款结算总额的3%；

条款3：工程质量保证金担保期限从通过工程竣工验收之日起计算；

条款4：工程质量保修期限内，由于承包人原因造成的缺陷，处理费用超过工程质量保证金数额的，发包人还可以索赔；

条款5：工程质量保修期满时，发包人将在30个工作日内将工程质量保证金及利息退回给承包人。

【问题】

1. 指出并改正事件1中不合理的投标保证金条款。

2. 根据事件2，绘制并完善柴油预算价格计算表3-11。

柴油预算价格计算表 **表3-11**

序号	费用名称	计算公式	不含增值税价格（元/t）
1	材料原价		
2	运杂费		
3	运输保险费		
4	采购及保管费		
预算价格（不含增值税）			

3. 事件3中，第二中标候选人的投诉程序是否妥当？调查结论是否影响中标结果？并分别说明理由。

4. 指出事件4中发包人做法的不妥之处，并说明理由。

5. 根据《建设工程质量保证金管理办法》（建质［2017］138号）和《水利水电工程标准施工招标文件》（2009年版），事件5工程质量保证金条款中，不合理的条款有哪些？说明理由。

【参考答案】

1. 事件1中不合理的投标保证金条款及改正如下：

（1）条款2不妥，改正：投标保证金应在开标前随投标文件向招标人提交；

（2）条款4不妥，改正：投标保证金有效期从递交投标文件开始，延续到投标有效期满；

（3）条款5不妥，改正：签订合同后5个工作日内，招标人向未中标人和中标人退还投标保证金和利息。

2. 柴油预算价格计算表见表3-12。

柴油预算价格计算表 **表3-12**

序号	费用名称	计算公式	不含增值税价格（元/t）
1	材料原价	6960÷1.16	6000
2	运杂费	20×10	200
3	运输保险费	6000×1.0%	60
4	采购及保管费	（6000+200）×2.2%	136.4
预算价格（不含增值税）		6000+200+60+136.4	6396.4

注：计算公式也可用文字表示。

3. 事件 3 中，第二中标候选人的投诉程序及调查结论的分析。

第二中标候选人的投诉程序不妥。

理由：应先提出异议，不满意再投诉。

调查结论不影响中标结果。

理由：该项目经理所负责工程已经竣工验收。

4. 事件 4 中发包人做法的不妥之处及理由如下。

不妥之处一：将管理设施列为暂列金额项目。

理由：管理设施已经初设批复，属于确定实施项目，只是价格无法确定，应当列为暂估价项目。

不妥之处二：发包人与管理设施中标人签订合同。

理由：总承包人没有中标管理设施时，暂估价项目应当由总承包人与管理设施中标人签订合同。

5. 事件 5 中不合理的条款及其理由如下。

条款 1 不妥。工程建设期间，承包人已提交履约保证金的，每月工程进度支付款不再预留工程质量保证金。

条款 2 不妥。以现金、支票、汇票方式预留工程质量保证金的，预留总额亦不应超过工程价款结算总额的 3%。

条款 3 不妥。工程质量保证金担保期限从通过合同工程完工验收之日起计算。

实务操作和案例分析题二

【背景资料】

一排水涵洞工程施工招标中，某投标人提交的已标价工程量清单（含计算辅助资料）见表 3-13。

已标价工程量清单　　表 3-13

工程项目或费用名称	单位	工程量	单价（元）	合价（元）
土方开挖	m^3	22000	10	220000
土方回填	m^3	15000	80	120000
干砌块石护坡（底）	m^3	450	100	45000
浆砌块石护坡（底）	m^3	900	120	118000
混凝土工程（含模板）	m^3	1200	350	420000
钢筋制作与安装	t	90	5000	450000
临时工程	项	1	200000	200000
备用金	元		200000	200000
合计				1773000

计算辅助资料中，人工预算单价如下：

A：4.23 元/工时；高级工：3.57 元/工时。

B：2.86 元/工时；初级工：2.19 元/工时。

【问题】

1. 根据水利工程招标投标有关规定，指出有计算性错误的工程项目或费用名称，进行计算性算术错误修正并说明适用的修正原则。修正后投标报价为多少？

2. 指出“钢筋制作与安装”项目中“制作”包含的工作内容。

3. 计算辅助资料中，A、B各代表什么档次人工单价？除人工预算单价外，为满足报价需要，还需编制的基础单价有哪些？

【参考答案】

1.（1）计算性错误的工程项目或费用名称：土方回填工程。计算性算术错误修正：单价 80 元/m^3 改为 8 元/m^3，合价不变。适用的修正原则：对小数点有明显异位的，以合价为准改正单价。

（2）计算性错误的工程项目或费用名称：浆砌块石护坡（底）。计算性算术错误修正：合价 118000 元改为 108000 元，单价。适用的修正原则：按单价与工程量的乘积与总价之间不一致时，以单价为准改正合价。

（3）修正后的投标报价为 1673000 元。

2. 钢筋的加工包括调直、去锈、切断、弯曲和连接等工序。

3. A 代表工长的人工单价；B 代表中级工的人工单价。

除人工预算单价外，为满足报价需要，还需编制的基础单价：材料预算价格；电、风、水预算价格；施工机械台时费；砂石料单价；混凝土材料单价。

实务操作和案例分析题三

【背景资料】

某水利工程施工招标文件依据《水利水电工程标准施工招标文件》（2009 年版）编制。招投标及合同管理过程中发生如下事件：

事件 1：评标方法采用综合评估法。投标总报价分值 40 分，偏差率为－3％时得满分，在此基础上，每上升一个百分点扣 2 分，每下降一个百分点扣 1 分，扣完为止，报价得分取小数点后 1 位数字。偏差率＝（投标报价－评标基准价）/评标基准价×100％，百分率计算结果保留小数点后一位。评标基准价＝投标最高限价×40％＋所有投标人投标报价的算术平均值×60％，投标报价应不高于最高限价 7000 万元，并不低于最低限价 5000 万元。

招标文件合同部分关于总价子目的计量和支付方面内容如下：

① 除价格调整因素外，总价子目的计量与支付以总价为基础，不得调整；

② 承包人应按照工程量清单要求对总价子目进行分解；

③ 总价子目的工程量是承包人用于结算的最终工程量；

④ 承包人实际完成的工程量仅作为工程目标管理和控制进度支付的依据；

⑤ 承包人应按照批准的各总价子目支付周期对已完成的总价子目进行计量。

某投标人在阅读上述内容时，存在疑问并发现不妥之处，通过一系列途径要求招标人修改完善招标文件，未获解决。为维护自身权益，依法提出诉讼。

事件 2：投标前，该投标人召开了投标策略讨论会，拟采取不平衡报价，分析其利弊。会上部分观点如下：

观点一：本工程基础工程结算时间早，其单价可以高报；

观点二：本工程支付条件苛刻，投标报价可高报；

观点三：边坡开挖工程量预计会增加，其单价适当高报；

观点四：启闭机房和桥头堡装饰装修工程图纸不明确，估计修改后工程量要减少，可低报；

观点五：机电安装工程工期宽松，相应投标报价可低报。

事件3：该投标人编制的2.75m³铲运机铲运土单价分析表见表3-14。

2.75m³ 铲运机铲运土单价分析表（Ⅱ类土运距200m）　　表3-14

定额工作内容：铲装、卸除、转向、洒水、土场道路平整等　　单位：100m³

序号	工程项目或费用名称	单位	数量	单价（元）	合价（元）
一	直接费				
1	人工费				11.49
	初级工	工时	5.2	2.21	11.49
2	材料费				43.19
	费用A	元	10%	431.87	43.19
3	机械使用费				420.38
(1)	2.75m³ 拖式铲运机	台时	4.19	10.53	44.12
(2)	机械B	台时	4.19	80.19	336.00
(3)	机械C	台时	0.42	95.86	40.26
二	施工管理费	元	11.84%		
三	企业利润	元	7%		
四	税金	元	9%	568.50	51.17
	合计				

【问题】

1. 根据事件1，指出投标报价有关规定中的疑问和不妥之处。指出并改正总价子目计量和支付内容中的不妥之处。

2. 事件1中，在提出诉讼之前，投标人可通过哪些途径维护自身权益？

3. 事件2中，哪些观点符合不平衡报价适用条件？分析不平衡报价策略的利弊。

4. 指出事件3费用A的名称、计费基础以及机械B和机械C的名称。

5. 根据事件3，计算2.75m³铲运机铲运土（Ⅱ类土，运距200m）单价分析表中的直接费、施工管理费、企业利润（计算结果保留两位小数）。

6. 事件3中2.75m³铲运机铲运土（Ⅱ类土，运距200m）单价分析表列出了部分定额工作内容，请补充该定额其他工作内容。

【参考答案】

1. 投标报价规定中的疑问和不妥之处有：

(1) 不应设定最低投标限价；

(2) 参与计算评标基准价的投标人是否需要通过初步评审，不明确；

(3) 投标报价得分是否允许插值，不明确。

总价子目的计量与支付内容中的不妥之处有：

(1) 除价格调整因素外，总价子目的计量与支付应以总价为基础不妥；

改正：总价子目的计量与支付应以总价为基础不因价格调整因素而改变。

(2) 总价子目的工程量是承包人用于结算的最终工程量不妥；

改正：除变更外，总价子目的工程量是承包人用于结算的最终工程量。

2. 投标人可依据下述途径维护自身权益：

(1) 发送招标文件澄清或修改函；

(2) 发送招标文件异议；

(3) 向行政监督部门投诉。

3. 观点一、观点三和观点四符合不平衡报价适用条件。

不平衡报价的利：既不提高总报价、不影响报价得分，又能在后期结算时得到更理想的经济效益。

不平衡报价的弊：投标人报低单价的项目，如工程量执行时增多将造成承包人损失；不平衡报价过多或过于明显可能导致报价不合理，引起投标无效或不能中标。

4. 费用A指零星材料费，计费基础是人工费和机械使用费之和；

机械B指拖拉机；

机械C指推土机。

5. 直接费＝人工费＋材料费＋机械使用费＝11.49＋43.19＋420.38＝475.06元/100m^3。

施工管理费＝直接费×11.84%＝475.06×11.84%＝56.25元/100m^3。

企业利润＝(直接费＋施工管理费)×7%＝(475.06＋56.25)×7%＝37.19元/100m^3。

6. 2.75m^3 铲运机铲运工单价分析表中定额其他工作内容：运送、空回、卸土推平。

实务操作和案例分析题四

【背景资料】

招标人××省水利工程建设管理局依据《水利水电工程标准施工招标文件》(2009年版)编制了新阳泵站主体工程施工标招标文件，交易场所为××省公共资源交易中心，投标截止时间为2015年7月19日。在阅读招标文件后，投标人×××集团对招标文件提交了异议函。

> 异议函
>
> ××省公共资源交易中心：
>
> 新阳泵站主体工程施工标招标文件对合同工期的要求前后不一致，投标人须知前附表为26个月，而技术条款为30个月。请予澄清。
>
> ×××集团
>
> 2015年7月12日

×××集团投标文件中，投标报价汇总表（分组工程量清单模式）见表3-15。其中，围堰拆除工程采取1m^{3}挖掘机配8t自卸汽车运输施工，运距3km，相关定额见表3-16。围堰为Ⅳ类土（定额调整系数为1.09），初级工、1m^{3}挖掘机、59kW推土机、8t自卸汽车的单价分别为2.66元/工时、190元/台时、100元/台时、120元/台时。

投标报价汇总表 **表3-15**

组号	工程项目或费用名称	金额（元）	备注
一	建筑工程	50000000	

续表

组号	工程项目或费用名称	金额（元）	备　注
二	A	8000000	设备由发包人另行采购
三	金属结构设备安装工程	6000000	设备由发包人另行采购
四	水土保持及环境保护工程	1000000	
五	B	3700000	
1	施工围堰工程	1000000	总价承包
2	施工交通工程	500000	
3	C	1000000	
4	其他临时工程	1200000	
一～五合计		68700000	
	D=（一～五合计）×5%	3435000	发包人掌握
	总计	72135000	

$1m^3$挖掘机配8t自卸汽车运输定额表　　表3-16

（Ⅲ类土　运距3km，单位：$100m^3$）

序号	工程项目或费用名称	单　位	数　量
1	人工费		
	初级工	工时	4.69
2	材料费		
	零星材料费	元	4%
3	机械使用费		
(1)	$1m^3$挖掘机	台时	0.70
(2)	59kW推土机	台时	0.35
(3)	8t自卸汽车	台时	7.10

经过评标，×××集团中标。根据招标文件，施工围堰工程为总价承包项目，招标文件提供了初步设计施工导流方案，供投标人参考。×××集团采用了招标文件提供的施工导流方案。实施过程中，围堰在设计使用条件下发生坍塌事故，造成30万元直接经济损失。×××集团以施工导流方案由招标文件提供为由，在事件发生后依合同规定程序陆续提交相关索赔函件，向发包人提出索赔。

【问题】

1. ×××集团对招标文件提交的异议函有哪些不妥之处？说明理由。除背景资料的异议类型外，在招投标过程中，投标人可提出的异议还有哪些类型？分别应在什么时段提出？

2. 表3-15中，A、B、C、D所代表的工程或项目名称是什么？指出预留D的目的和使用D时的估价原则。

3. 依据背景资料，×××集团提出的索赔能否成立？说明理由。指出围堰坍塌事故发生后×××集团提交的相关索赔函件名称。

4. 计算围堰拆除单价中的人工费、材料费、机械费（保留小数点后两位）。

【参考答案】

1. 异议对象不妥。理由：异议应向招标人（××省水利工程建设管理局）提出。

异议内容不妥。理由：招标文件异议只针对损害投标人利益的不合理条款提出，招标文件前后矛盾可通过招标文件澄清方式提出。

异议提出时间不妥。理由：招标文件异议应在投标截止时间前10d或在2015年7月9日前提出。

除背景资料的异议类型外，投标人可提出的异议有开标异议、评标异议。

开标异议应当在开标过程中提出，评标异议应在中标候选人公示期间提出。

2. A代表机电设备安装工程；

B代表施工临时工程；

C代表施工单位临时房屋建筑工程；

D代表暂列金额。

预留D的目的是处理合同变更。

已标价工程量清单中有适用于变更工作子目的，采用该子目单价；

已标价工程量清单中无适用于变更工作的子目，但有类似子目的，可在合理范围内参照类似子目单价，由监理人商定或确定变更工作的单价；

已标价工程量清单中无适用或类似子目的，可按照成本加利润的原则，由监理人商定或确定变更工作的单价。

3. 不成立。因为围堰工程是总价承包项目，招标文件提供的施工导流方案仅供参考，围堰发生事故非发包人责任。

事件发生后，×××集团提交的相关索赔函件包括索赔意向通知书、索赔通知书、最终索赔通知书。

4. 人工费＝4.69×1.09×2.66＝13.60元/100m^3。

材料费＝(13.60＋1111.80)×4％＝45.02元/100m^3。

机械费＝0.7×1.09×190＋0.35×1.09×100＋7.1×1.09×120＝1111.80元/100m^3。

实务操作和案例分析题五

【背景资料】

某大（2）型泵站工程施工招标文件根据《水利水电工程标准施工招标文件》（2009年版）编制。专用合同条款规定：钢筋由发包人供应，投标人按到工地价3800元/t计算预算价格，税前扣除；管理所房屋列为暂估价项目，金额600万元。某投标人编制的投标文件部分内容如下：

1. 已标价工程量清单中，钢筋制作与安装单价分析见表3-17。

钢筋制作与安装单价分析表　　单位：1t　**表3-17**

编号	名称及规格	单位	数量	单价（元）	合计（元）	备注
1	直接工程费				4724.53	
1.1	直接费				4354.41	
1.1.1	人工费				120.70	

续表

编号	名称及规格	单位	数量	单价（元）	合计（元）	备注
(1)	甲	工时	2.32	6.91	16.03	
(2)	高级工	工时	6.48	6.43	41.67	
(3)	中级工	工时	8.1	5.47	44.31	
(4)	乙	工时	6.25	2.99	18.69	
1.1.2	材料费	元			4165.70	
(1)	钢筋	t	1.05	3858.2	4051.11	
(2)	钢丝	kg	4	5.7	22.80	
(3)	丙	kg	7.22	7	50.24	
(4)	其他材料费		41.25	1	41.25	
1.1.3	机械使用费				68.01	
1.2	其他直接费				108.86	
1.3	现场经费				261.26	
2	间接费				188.98	
3	企业利润				196.54	
4	扣除钢筋材料价	元			丁	
5	税金	元			戊	税率取9%
	合同执行单价	元			1156.12	

2. 混凝土工程施工方案中，混凝土施工工艺流程如图3-1所示：

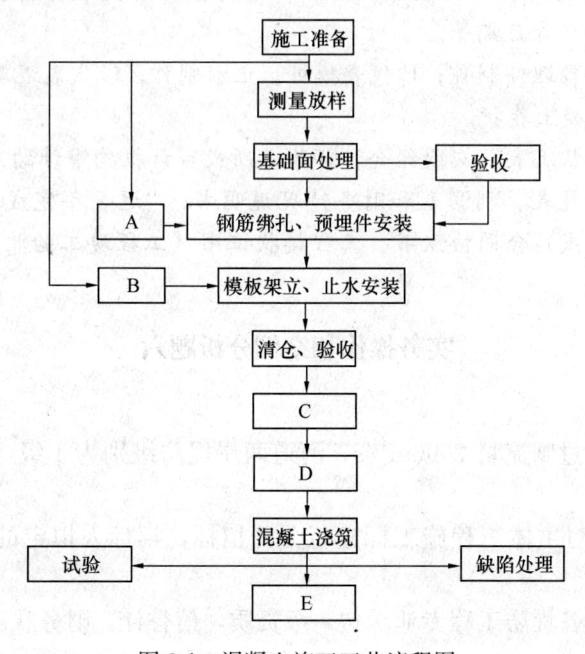

图3-1　混凝土施工工艺流程图

3. 资格审查资料包括“近3年财务状况表”“近5年完成的类似项目情况表”等相关

表格及其证明材料复印件。

【问题】

1. 将“管理所房屋”列为暂估价项目需符合哪些条件？

2. 根据“钢筋制作与安装单价分析表”回答下列问题：

（1）指出甲、乙、丙分别代表的名称；

（2）计算扣除钢筋材料价（丁）和税金（戊）（计算结果保留两位小数）；

（3）分别说明钢筋的数量取为“1.05”、单价取为“3858.2”的理由。

3. 除名称、价格和扣除方式外，专用合同条款中关于发包人供应钢筋还需明确哪些内容？

4. 指出“混凝土施工工艺流程图”中A、B、C、D、E分别代表的工序名称。

5. 资格审查资料中“近3年财务状况表”和“近5年完成的类似项目情况表”分别应附哪些证明材料？

【参考答案】

1. 将“管理所房屋”列为暂估价项目的条件：项目已确定，无法确定合同准确价格。

2. 甲、乙、丙分别代表的名称：甲代表工长；乙代表初级工；丙代表电焊条。

扣除钢筋材料价（丁）的计算：1.05×3800＝3990元。

扣除税金（戊）的计算：（4724.53＋188.98＋196.54－3990）×9%＝100.80元。

钢筋（R235）的数量取为1.05的理由：发包人提供的钢筋数量应包含施工架立筋和连接、加工及安装中的操作损耗。

钢筋（R235）的单价取为3858.2的理由：其中包含了钢筋到工地后的仓储（保管）费用。

3. 发包人提供的材料和工程设备，还应在专用合同条款中写明规格，数量，交货方式，交货地点和计划交货日期等。

4. A代表钢筋、预埋件制作；B代表模板、止水制作；C代表混凝土拌制；D代表混凝土运输；E代表混凝土养护。

5. “近3年财务状况表”应附经会计师事务所或审计机构审计的财务会计报表，包括资产负债表、现金流量表、利润表和财务情况说明书；“近5年完成的类似项目情况表”应附中标通知书和（或）合同协议书、工程接收证书（工程竣工验收证书）、合同工程完工证书。

实务操作和案例分析题六

【背景资料】

陈村拦河闸设计过闸流量2000m³/s，河道两岸堤防级别为1级，在拦河闸工程建设中发生如下事件：

事件1：招标人对主体工程施工标进行公开招标，招标人拟定的招标公告中有如下内容：

（1）投标人须具备堤防工程专业承包一级资质，信誉佳，财务状况良好，类似工程经验丰富。

（2）投标人必须具有××省颁发的投标许可证和安全生产许可证。

（3）凡有意参加投标者，须派员持有关证件于2016年6月15日上午8：00～12：00，下午 14：30～17：30 向招标人购买招标文件。

（4）定于 2016 年 6 月 22 日下午 3：00 在×××市新华宾馆五楼会议室召开标前会，投标人必须参加。

事件 2：由于石材短缺，为满足工期的需要，监理人指示承包人将护坡型式由砌石变更为混凝土砌块，按照合同约定，双方依据现行水利工程概（估）算编制管理规定编制了混凝土砌块单价，单价中人工费、材料费、机械使用费分别为 10 元/m^3、389 元/m^3、1 元/m^3。受混凝土砌块生产安装工艺限制，承包人无力完成，发包人向承包人推荐了专业化生产安装企业 A 作为分包人。

事件 3：按照施工进度计划，施工期第 1 月承包人应当完成基坑降水、基坑开挖（部分）和基础处理（部分）的任务，除基坑降水是承包人应完成的临时工程总价承包项目外，其余均是单价承包项目，为了确定基坑降水方案，承包人对基坑降水区域进行补充勘探，发生费用 3 万元，施工期第 1 月末承包人申报的结算工程量清单见表 3-18。

施工期第 1 月末承包人申报的结算工程量清单　　表 3-18

编号	工程或费用名称	单位	合同工程量（金额）	按设计图示尺寸计算的工程量	结算工程（金额）	备　注
1	基坑降水	万元	12		15	结算金额计入补充勘探费用 3 万元
2	基坑土方开挖	m^3	10000	11500	12500	结算工程量按设计图示尺寸计算的工程量加上不可避免的施工超挖
3	基础处理	m^3	1000	950	1000	以合同工程量作为结算工程量

【问题】

1. 指出上述公告中的不合理之处。

2. 发包人向承包人推荐了专业化生产安装企业 A 作为分包人，对此，承包人可以如何处理？对承包人的相应要求有哪些？

3. 若其他直接费费率取 2%，间接费费率取 6%，企业利润率取 7%，计算背景材料中每立方米混凝土砌块单价中的直接费、间接费、企业利润。（保留两位小数）

4. 指出施工期第 1 月结算工程量清单中结算工程量（全额）不妥之处，并说明理由。

【参考答案】

1. 上述公告中的不合理之处：

（1）堤防工程专业承包一级的资质要求不合理；

（2）××省投标许可证的要求不合理；

（3）招标文件的出售时间不合理，必须 5 个工作日；

（4）投标人必须参加标前会的要求不合理。

2. 承包人的处理方式及相应要求如下：

（1）承包人可以同意。承包人必须与分包人 A 签订分包合同，并对分包人 A 的行为负全部责任。

（2）承包人有权拒绝。可以自行选择分包人，承包人自行选择分包人必须经发包人书面认可。

3. 其他直接费：(10＋389＋1)×2%＝8 元/m³；

间接费：(10＋389＋1＋8)×6%＝24.48 元/m³；

或(10＋389＋1)×(1＋2%)×6%＝24.48 元/m³；

企业利润：(10＋389＋1＋8＋24.48)×7%＝30.27 元/m³；

或(10＋389＋1)×(1＋2%)×(1＋6%)×7%＝30.27 元/m³。

4. 结算工程量（全额）不妥之处及理由如下。

（1）补充勘探费用不应计入。承包人为其临时工程所需进行的补充勘探费用由承包人自行承担。

（2）不可避免的土方开挖超挖量不应计入。该费用已包含在基坑土方开挖单价中。

（3）以合同工程量作为申报结算工程量有错误。合同工程量是合同工程估算工程量，结算工程量应为按设计图示尺寸计算的有效实体方体积量。

实务操作和案例分析题七

【背景资料】

清河泵站设计装机流量 150m³/s，出口防洪闸所处堤防为 1 级。招标人对出口防洪闸工程施工标进行公开招标。有关招标工作计划如下：5 月 31 日提交招标备案报告，6 月 1 日发布招标公告，6 月 11 日～6 月 15 日出售招标文件，6 月 16 日组织现场踏勘，6 月 17 日组织投标预备会，7 月 5 日开标，7 月 6 日～7 月 10 日评标定标。招标工作完成后，A 单位中标，与发包人签订了施工承包合同。工程实施中发生如下事件。

事件 1：Ⅰ-Ⅰ段挡土墙（示意图如图 3-2 所示）开挖设计边坡 1∶1，由于不可避免的超挖，实际开挖边坡为 1∶1.15。A 单位申报的结算工程量为 $50\times(S_1+S_2+S_3)$，监理单位不同意。

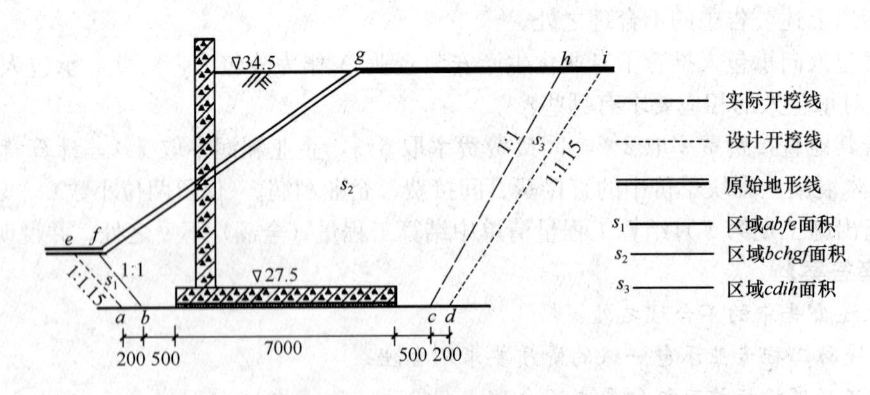

图 3-2　挡土墙示意图

注：1. 图中除高程以 m 计外，其余均以 mm 计。

2. 图中水流方向为垂直于纸面，且开挖断面不变。

3. Ⅰ-Ⅰ段挡土墙长 50m

事件 2：原定料场土料含水量不能满足要求，监理单位指示 A 单位改变挡土墙墙后填土料场，运距由1km增加到1.5km，填筑单价直接费相应增加2元/m^3，A单位提出费用变更申请。

【问题】

1. 根据《建筑业企业资质标准》（建市［2014］159号）的有关规定，满足清河泵站出口防洪闸工程施工标要求的企业资质等级有哪些？

2. 上述施工标招标工作计划中，招标人可以不开展哪些工作？确定中标人后，招标人还需执行的招标程序有哪些？

3. 为满足Ⅰ-Ⅰ段挡土墙土方开挖工程计量要求，A单位应进行的测量内容有哪些？

4. Ⅰ-Ⅰ段挡土墙土方开挖工程计量中，不可避免的施工超挖产生的工程量能否申报结算？为什么？计算Ⅰ-Ⅰ段挡土墙土方开挖工程结算工程量。

5. 料场变更后，A单位的费用变更申请能否批准？说明理由。若其他直接费费率取2%，根据水利工程概（估）算编制有关规定，计算填筑单价直接费增加后相应的其他直接费、直接费。

【参考答案】

1. 根据《建筑业企业资质标准》（建市［2014］159号）的有关规定，满足清河泵站出口防洪闸工程施工标要求的企业资质等级有水利水电工程施工总承包等级、水利水电施工总承包一级。

2. 上述施工标招标工作计划中，招标人可以不开展的工作包括：组织现场踏勘和投标预备会。

确定中标人后，招标人还需执行的招标程序：

（1）向水行政主管部门提交招标投标情况的书面总结报告。

（2）发中标通知书，并将中标结果通知所有投标人。

（3）进行合同谈判，并与中标人订立书面合同。

3. 为满足Ⅰ-Ⅰ段挡土墙土方开挖工程计量要求，A单位应对招标设计图示轮廓尺寸范围以内的有效自然方体积进行测量。

4. Ⅰ-Ⅰ段挡土墙土方开挖工程计量中，不可避免的施工超挖产生的工程量不能申报结算。

理由：土方开挖工程工程量应按招标设计图示轮廓尺寸范围以内的有效自然方体积计量。施工过程中增加的超挖量和施工附加量所发生的费用，应摊入有效工程量的工程单价中。

Ⅰ-Ⅰ段挡土墙土方开挖工程结算工程量$=50\times S_2$。

5. 料场变更后，A单位的费用变更申请能得到批准。

理由：料场变更，运输距离也发生了变化，单价也应作相应调整。

其他直接费＝基本直接费×其他直接费费率＝2×2%＝0.04元。

直接费＝基本直接费＋其他直接费＝2＋0.04＝2.04元。

实务操作和案例分析题八

【背景资料】

某枢纽工程由节制闸、船闸和新筑堤防组成，节制闸14孔，每孔净宽10m，设计流量 1500m^3/s；船闸闸室长 120m，船闸净宽 10m；新筑堤防长 3000m。某投标人中标并与发包人签订了施工合同。合同约定工程预付款为签约合同价的 20%。投标文件中部分土方及混凝土工程量、单价见表 3-19。

投标文件中部分土方及混凝土工程量及单价表 **表 3-19**

序号	项目名称	工程量（万 m^3）	单价（元/m^3）
1	土方开挖	20	11
2	土方回填	12	15
3	混凝土	3.5	320

表中未列出的合同其他项目工程款为 2000 万元。

承包人编制并经监理人批准的进度计划为：

第 1～4 个月进行土方工程施工，第 5 个月开始浇筑混凝土，混凝土采用拌合站拌合（拌合站安装、调试需 1 个月时间完成）。

工程开工后，承包人根据监理人批准的进度计划，立即组织进场了部分设备，其中包括：挖掘机 2 台，推土机 2 台，自卸汽车 10 辆，拌合站 1 套。监理单位按合同发布了开工令。

工程实施过程中，发生了下列事件：

事件 1：工程开工后，由于征地工作受阻未及时提供施工场地，使土方工程开工滞后 1 个月，承包人提出了书面索赔意向书报送监理人。监理人签收了意向书，并指示承包人调整土方工程施工进度计划，混凝土浇筑施工计划不变。承包人提出的设备索赔费用包括 2 台挖掘机、2 台推土机、10 辆自卸汽车和 1 套拌合站进场后 1 个月的闲置费用。

事件 2：闸首设计建基面为岩石，开挖到建基面时，未见岩石出露，补充勘测发现建基面以下为 2m 厚软土，其下才为岩层，为此设计单位提出对此 2m 厚的软土采用碎石土换填处理并提出变更设计。碎石土单价中的直接费为 30 元/m^3。

事件 3：在新筑堤防填筑过程中，遇阴雨天气，承包人根据施工措施计划，对填筑面采取措施，以尽量减小阴雨天气对工程的影响。

【问题】

1. 计算本工程的工程预付款。依据《水利水电工程标准施工招标文件》（2009 年版），首次支付工程预付款需要满足哪些条件？

2. 指出事件 1 中承包人的索赔要求是否合理？索赔的费用组成是否合理？并分别说明理由。

3. 根据《水利工程设计概（估）算编制规定》（水总［2014］429 号），计算事件 2 中的碎石土单价［其他直接费费率为 2%，间接费费率为 9%，企业利润率为 7%，税率为 9%（所有取费基数均不含税）；计算结果保留两位小数］。

4. 根据《堤防工程施工规范》SL 260—2014，指出事件 3 中承包人对填筑面应采取的措施。

【参考答案】

1. 签约合同价款＝20×11＋12×15＋3.5×320＋2000＝3520 万元。

工程预付款＝3520×20%＝704 万元。

首次支付工程预付款的条件是：

(1) 承包人向发包人提交经发包人认可的工程预付款保函（担保）；

(2) 监理人出具付款证书。

2. 对事件1中索赔要求及费用组成是否合理的判断及理由如下：

(1) 承包人的索赔要求合理。

理由：提供施工场地是发包人的责任。

(2) 索赔的费用组成不合理。

理由：拌合站闲置按计划不在事件1的影响之内。

3. 间接费＝直接费×间接费率＝30×9%＝2.70元/m^3。

企业利润＝（直接费＋间接费）×利润率＝（30＋2.70）×7%＝2.29元/m^3。

税金＝（直接费＋间接费＋企业利润）×税率＝（30＋2.70＋2.29）×9%＝3.15元/m^3。

碎石土的单价＝30＋2.7＋2.29＋3.15＝38.14元/m^3。

4. 施工单位应采取的措施：

(1) 雨前应及时压实已填筑的作业面，并做成中央凸起向两侧微倾；

(2) 雨中禁止行人和车辆通行；雨后晾晒复压检验合格后继续填筑。

实务操作和案例分析题九

【背景资料】

某地新建一水库，其库容为3亿m^3，土石坝坝高75m。批准项目概算中的土坝工程概算为1亿元。土坝工程施工招标工作实际完成情况见表3-20。

土坝工程施工招标工作实际完成情况表　　表3-20

工作序号	（一）	（二）	（三）	（四）	（五）
时间	2014.5.25	2014.6.5～2014.6.9（5个工作日）	2014.6.10	2014.6.11	2014.6.27
工作内容	在《中国采购与招标网》上发布招标公告	发售招标文件，投标人A、B、C、D、E购买了招标文件	仅组织投标人A、B、C踏勘现场	电话通知删除招标文件中坝前护坡内容	上午9:00投标截止，上午10:00组织开标，投标人A、B、C、D、E参加

根据《水利水电工程标准施工招标文件》（2009年版），发包人与投标人A签订了施工合同。其中第一坝段土方填筑工程合同单价中的直接费为7.5元/m^3（不含碾压，下同）。列入合同文件的投标辅助资料内容，见表3-21。

列入合同文件的投标辅助资料内容　　表3-21

填筑方法	土的级别	运距（m）	直接费（元/时）	说明
2.75m^3铲运机	Ⅲ	300	5.3	1. 单价＝直接费×综合系数，综合系数取1.34 2. 土的级别调整时，单价须调整，调整系数为：Ⅰ、Ⅱ类土0.91，Ⅳ类土1.09
	Ⅲ	400	6.4	
	Ⅲ	500	7.5	
1m^3挖掘机配5t自卸汽车	Ⅲ	1000	8.7	
	Ⅲ	2000	10.8	

工程开工后，发包人变更了招标文件中拟定的第一坝段取土区。新取土区的土质为黏土，自然湿密度 1900kg/m^3，用锹开挖时需用力加脚踩。取土区变更后，施工运距由 500m 增加到 1500m。

【问题】

1. 根据建筑业企业资质标准的有关规定，除水利水电工程施工总承包特级外，满足本工程坝体施工要求的企业资质等级还有哪些?

2. 指出土坝工程施工招标投标实际工作中不符合现行水利工程招标投标有关规定之处，并提出正确做法。

3. 根据现行水利工程设计概（估）算编制的有关规定，指出投标辅助资料“说明”栏中“综合系数”综合了哪些费用?

4. 第一坝段取土区变更后，其土方填筑工程单价调整适用的原则是什么?

5. 判断第一坝段新取土区土的级别，简要分析并计算新的土方填筑工程单价（单位：元/m^3，有小数点的，保留到小数点后两位）。

【参考答案】

1. 水利水电工程施工总承包一级和水工大坝工程专业承包一级。

2. 土坝工程施工招标实际工作中不符合现行水利工程招标投标有关规定之处及正确做法如下。

（三）违反规定。招标人不得单独或者分别组织任何一个投标人进行现场踏勘。

（四）违反规定。招标人对招标文件的修改应当以书面形式。

（五）违反规定。投标截止时间与开标时间应相同。

3. 投标辅助资料说明栏中综合系数综合了其他直接费、间接费、企业利润、税金。

4. 因投标辅助资料中有类似项目，所以在合理的范围内参考类似项目的单价作为单价调整的基础。

5. 新取土区的土的级别为Ⅲ级。

第一坝段填筑应以 1m^3 挖掘机配自卸汽车的单价为基础变更估计。

因为运距超过 500m 后，2.75m^3 铲运机施工方案不经济；

运距超过 1km 时，挖掘机配自卸车的施工方案经济合理。

第一坝段的填筑单价为（8.7＋10.8）/2×1.34＝13.07 元/m^3。

实务操作和案例分析题十

【背景资料】

某枢纽工程施工招标文件依据《水利水电工程标准施工招标文件》（2009 年版）编制，其中工程量清单采用工程量清单计价规范格式编制。管理房装饰装修工程以暂估价形式列入工程清单。

投标人甲编制的该标段投标文件正本 1 份，副本 3 份，正本除封面、封底、目录和分隔页外的其他页，均只加盖了单位章并由法定代表人的委托代理人签字。

投标人乙中标，并与招标人签订了施工合同。其中，工程项目总价表内容见表3-22。

工程项目总价表　　表 3-22

序号	项目编码	工程项目名称	金额（万元）	备　注
一		分类分项工程	A	
1.1		土方开挖工程	200	
1.1.1	500101002001	一般土方开挖	200	
1.2		石方开挖工程	150	
1.3		砌筑工程	15	
1.4		锚喷支护工程	70	
1.5		钻孔灌浆工程	100	
1.6		混凝土工程	4000	
1.7		钢筋加工及安装工程	40	
1.8		其他建筑工程	200	
二		措施项目	500	
三		其他项目	C	
3.1		暂列金额	B	取分类分项工程与措施项目之和的5%
3.2		管理房装饰装修工程	210	暂估价
四		总价	D	与投标总价表一致。完成零星工作项目所需的人工等填报单价后，列入零星工作项目计价表，不列入总价

合同约定，质量保证金按签约合同价的3%计取，管理房装饰装修工程必须通过招标方式选择承包单位，并允许将外幕墙分包。

管理房装饰装修工程招标中，投标人丙拟将外幕墙分包，填报了拟分包情况表，明确分包项目、工程量、拟投入的人员和设备。

【问题】

1. 根据《水利水电工程标准施工招标文件》（2009 年版），指出投标人甲的投标文件在签字盖章和份数方面的不妥之处并改正。

2. 工程项目总价表中项目编码“500101002001”各部分所代表的含义是什么？除人工外，零星工作项目计价表包含的项目名称还有哪些？

3. 指出工程项目总价表中 A、B、C、D 所代表的金额。

4. 根据《水利水电工程标准施工招标文件》（2009 年版），指出本合同质量保证金退还的时间节点及相应金额。

5. 指出管理房装饰装修工程招标的组织主体。投标人丙的投标文件中，关于外幕墙分包需提供的材料还有哪些？

【参考答案】

1. 投标人甲的投标文件在签字盖章和份数方面的不妥之处及改正：

（1）签字盖章不完整，已标价工程量清单还需要注册水利造价工程师加盖执业印章。

（2）副本数量不够，副本应为 4 份。

2. 工程项目总价表中项目编码“500101002001”各部分的含义：一、二位为水利工程顺序码，三、四位为专业工程顺序码，五、六位为分类工程顺序码，七、八、九位为分项工程顺序码，十至十二位为清单项目名称顺序码。

除人工外，零星工作项目计价表包含的项目名称还有材料和机械。

3. A 代表 4775 万元。计算过程为：200＋150＋15＋70＋100＋4000＋40＋200＝4775 万元。

B 代表 263.75 万元。计算过程为：(4775＋500) ×5%＝263.75 万元。

C 代表 473.75 万元。计算过程为：263.75＋210＝473.75 万元。

D 代表 5748.75 万元。计算过程为：4775＋263.75＋473.75＝5512.5 万元。

4. 质量保证金金额＝5748.75×3%＝172.46 万元。

(1) 合同工程完工证书颁发后 14d 内，退还金额为 172.46/2＝86.23 万元。

(2) 工程质量保修期满后 30 个工作日内，退还金额为 172.46/2＝86.23 万元。

(3) 工程质量保修期满，承包人没有完成缺陷责任，发包人有权扣留与未履行责任剩余工作所需金额相应的质量保证金余额，并有权延长缺陷责任期，直至完成剩余工作为止。

5. 若承包人不具备承担暂估价项目的能力或具备承担暂估价项目的能力但明确不参与投标的，由发包人和承包人组织招标。若承包人具备承担暂估价项目的能力且明确参与投标的，由发包人组织招标。

外幕墙分包需提供的材料还有分包协议、分包人的资质证书、营业执照。

第四章　水利水电工程施工招标投标与合同管理

2011—2020 年度实务操作和案例分析题考点分布

考点＼年份	2011 年	2012 年 6 月	2012 年 10 月	2013 年	2014 年	2015 年	2016 年	2017 年	2018 年	2019 年	2020 年
施工投标条件									●		
施工招标条件和处理招标文件异议					●			●		●	
招投标文件编制				●							
招标文件的澄清和修改					●						
投标文件的修改与撤回				●							
投标文件的澄清与答复				●			●				
投标人在开标环节中应注意的事项		●									
施工投标的主要程序	●				●	●				●	●
资格审查			●								
合同责任及工期、费用索赔		●		●	●			●	●		
工程结算									●		
施工分包的要求	●								●	●	
发包人和承包人的义务和责任				●	●				●	●	
承包人项目经理要求							●			●	●
承包人提供的材料和工程设备的相关规定							●				
不利物质条件的界定原则与处理方法					●						
质量条款的内容						●	●				
进度条款的内容								●			
工程计量											●
质量保证金的退还							●			●	
完工付款申请单的内容							●				●
工程款的计算	●	●	●			●					●
价格调整											●
设计变更的处理				●							
变更估价原则及工程量清单							●				
涉及变更的往来函件							●				

专家指导：

施工合同管理内容中，索赔类型的题目历年都是实务操作和案例分析题的重点，一般都会结合合同责任及进度延误进行综合考查，要综合利用背景资料中的条件，思考并确定解答的重点。从上述历年考试情况来看，判断招标投标管理相关条款的正误是常考题型。另外需要关注的就是合同文件的相关内容，考查力度较大。工程款的计算主要是考查考生对工程预付款、质量保证金、预付款扣回等的掌握情况，计算难度不大，其计算方法在背景资料的合同中都有约定。

要 点 归 纳

1. 施工总承包企业资质等级的划分和承包范围**【重要考点】**

根据《建筑业企业资质标准》（建市［2014］159号）以及《住房城乡建设部关于简化建筑业企业资质标准部分指标的通知》（建市［2016］226号），水利水电工程施工总承包企业资质等级分为特级、一级、二级、三级，资质标准中关于建造师数量的要求是：

（1）特级企业注册一级建造师50人以上；

（2）三级企业水利水电工程专业注册建造师不少于8人；

（3）其他等级企业没有数量要求。

资质标准中，相应承包工程范围是：

（1）特级企业可承担水利水电工程的施工总承包、工程总承包和项目管理业务；

（2）一级企业可承担各等级水利水电工程的施工；

（3）二级企业可承担工程规模中型以下水利水电工程和建筑物级别3级以下水工建筑物的施工，但下列工程规模限制在以下范围内：坝高70m以下、水电站总装机容量150MW以下、水工隧洞洞径小于8m（或断面积相等的其他型式）且长度小于1000m、堤防级别2级以下；

（4）三级企业可承担单项合同额6000万元以下的下列水利水电工程的施工：小（1）型以下水利水电工程和建筑物级别4级以下水工建筑物的施工总承包，但下列工程限制在以下范围内：坝高40m以下、水电站总装机容量20MW以下、泵站总装机容量800kW以下、水工隧洞洞径小于6m（或断面积相等的其他型式）且长度小于500m、堤防级别3级以下。

2. 招标文件的澄清与修改**【重要考点】**

招标文件的澄清和修改通知将在投标截止时间15d前以书面形式发给所有购买招标文件的投标人，但不指明澄清问题的来源。如果澄清和修改通知发出的时间距投标截止时间不足15d，且影响投标文件编制的，相应延长投标截止时间。

招标文件的澄清和修改通知构成招标文件的组成部分，有利于完善招标文件，维护招投标双方权益。需要注意的是，招标文件的澄清和修改通知应当由招标人或其委托的招标代理机构发出，澄清和修改事项可能来源于投标人的书面要求，也可以是招标人对招标文件的自我完善。

3. 标底和最高投标限价编制**【重要考点】**

招标人可以自行决定是否编制标底。一个招标项目只能有一个标底。标底必须保密。招标人设有最高投标限价的，应当在招标文件中明确最高投标限价或者最高投标限价的计算方法。招标人不得规定最低投标限价。

4. 招标文件异议处理**【高频考点】**

异议是投标人司法救济手段之一，与招标文件澄清或修改、投诉、诉讼一起，可有效维护投标人权益。潜在投标人或者其他利害关系人（指特定分包人、供应商、投标人的项目负责人）对招标文件有异议的，应当在投标截止时间10日前提出。招标人应当自收到异议之日起3日内作出答复；作出答复前，应当暂停招标投标活动。未在规定时间提出异议的，不得再对招标文件相关内容提出投诉。招标人处理招标文件异议涉及招标文件澄清或修改的，按照相应程序办理。

5. 施工投标条件**【重要考点】**

投标人应具备与拟承担招标项目施工相适应的资质、财务状况、业绩、信誉等资格条件。

投标人业绩一般指类似工程业绩。投标人业绩以合同工程完工证书颁发时间为准。投标人应按招标文件要求填报“近5年完成的类似项目情况表”，并附中标通知书和（或）合同协议书、工程接收证书（工程竣工验收证书）、合同工程完工证书的复印件。

根据水利部《关于印发水利建设市场主体信用评价管理暂行办法的通知》（水建管[2015] 377号），信用等级分为AAA（信用很好）、AA（信用好）、A（信用较好）、BBB（信用一般）和CCC（信用较差）三等五级。被列入“黑名单”的水利建设市场主体信用评价实行一票否决制，取消其信用等级。

6. 投标文件格式要求**【重要考点】**

（1）投标文件签字盖章要求是：投标文件正本除封面、封底、目录、分隔页外的其他每一页必须加盖投标人单位章并由投标人的法定代表人或其委托代理人签字，已标价的工程量清单还应由注册水利工程造价工程师加盖执业印章。

（2）投标文件份数要求是正本1份，副本4份。

（3）投标人应按招标文件“工程量清单”的要求填写相应表格。投标人在投标截止时间前修改投标函中的投标报价，应同时修改“工程量清单”中的相应报价，并附修改后的单价分析表（含修改后的基础单价计算表）或措施项目表（临时工程费用表）。

7. 投标保证金的递交**【重要考点】**

（1）以现金或者支票形式提交的投标保证金应当从其基本账户转出。

（2）联合体投标的，其投标保证金由牵头人递交，并应符合招标文件的规定。

（3）投标人不按要求提交投标保证金的，其投标文件作无效标处理。

（4）招标人与中标人签订合同后5个工作日内，向未中标的投标人和中标人退还投标保证金及相应利息。

（5）投标保证金与投标有效期一致。投标人在规定的投标有效期内撤销或修改其投标文件，或中标人在收到中标通知书后，无正当理由拒签合同协议或未按招标文件规定提交履约担保的，招标人可不予退还投标保证金。

8. 按评标委员会要求澄清和补正投标文件**【重要考点】**

（1）投标人不得主动提出澄清、说明或补正。

（2）澄清、说明和补正不得改变投标文件的实质性内容（算术性错误修正的除外）。

（3）投标人的书面澄清、说明和补正属于投标文件的组成部分。

（4）评标委员会对投标人提交的澄清、说明或补正仍有疑问时，可要求投标人进一步澄清、说明或补正的，投标人应予配合。

9. 评标公示期**【重要考点】**

招标人应当自收到评标报告之日起3日内公示中标候选人，中标候选人不超过3人。公示期不得少于3日。

投标人或者其他利害关系人对依法必须进行招标的项目的评标结果有异议的，应当在中标候选人公示期间提出。招标人应当自收到异议之日起3日内作出答复；作出答复前，应当暂停招标投标活动。未在规定时间提出异议的，不得再针对评标提出投诉。

10. 认定为转包及违法分包的情形**【重要考点】**

具有下列情形之一的，认定为转包：

（1）承包单位将承包的全部建设工程转包给其他单位（包括母公司承接工程后将所承接工程交由具有独立法人资格的子公司施工的情形）或个人的；

（2）将承包的全部建设工程肢解后以分包名义转包给其他单位或个人的；

（3）承包单位将其承包的全部工程以内部承包合同等形式交由分公司施工；

（4）采取联营合作形式承包，其中一方将其全部工程交由联营另一方施工；

（5）全部工程由劳务作业分包单位实施，劳务作业分包单位计取报酬是除上缴给承包单位管理费之外全部工程价款的；

（6）签订合同后，承包单位未按合同约定设立现场管理机构；或未按投标承诺派驻本单位主要管理人员或未对工程质量、进度、安全、财务等进行实质性管理；

（7）承包单位不履行管理义务，只向实际施工单位收取管理费；

（8）法律法规规定的其他转包行为。本单位人员是指在本单位工作，并与本单位签订劳动合同，由本单位支付劳动报酬、缴纳社会保险的人员。

具有下列情形之一的，认定为违法分包：

（1）将工程分包给不具备相应资质或安全生产许可证的单位或个人施工的；

（2）施工承包合同中未有约定，又未经项目法人书面认可，将工程分包给其他单位施工的；

（3）将主要建筑物的主体结构工程分包的；

（4）工程分包单位将其承包的工程中非劳务作业部分再次分包的；

（5）劳务作业分包单位将其承包的劳务作业再分包的；或除计取劳务作业费用外，还计取主要建筑材料款和大中型机械设备费用的；

（6）承包单位未与分包单位签订分包合同，或分包合同不满足承包合同中相关要求的；

（7）法律法规规定的其他违法分包行。

11. 发包人与承包人的义务**【高频考点】**

根据《水利水电工程标准施工招标文件》（2009年版），发包人和承包人义务如下：

（1）发包人的义务：①遵守法律；②发出开工通知；③提供施工场地；④协助承包人办理证件和批件；⑤组织设计交底；⑥支付合同价款；⑦组织法人验收；⑧专用合同条款约定的其他义务和责任。

（2）承包人的义务：①遵守法律；②依法纳税；③完成各项承包工作；④对施工作业和施工方法的完备性负责；⑤保证工程施工和人员的安全；⑥负责施工场地及其周边环境与生态的保护工作；⑦避免施工对公众与他人的利益造成损害；⑧为他人提供方便；⑨工

程的维护和照管；⑩专用合同条款约定的其他义务和责任。

12. 承包人项目经理要求**【重要考点】**

（1）承包人更换项目经理应事先征得发包人同意，并应在更换 14d 前通知发包人和监理人。

（2）承包人项目经理短期离开施工场地，应事先征得监理人同意，并委派代表代行其职责。

（3）在情况紧急且无法与监理人取得联系时，可采取保证工程和人员生命财产安全的紧急措施，并在采取措施后 24h 内向监理人提交书面报告。

（4）承包人为履行合同发出的一切函件均应盖有承包人授权的施工场地管理机构章，并由承包人项目经理或其授权代表签字。

（5）承包人项目经理可以授权其下属人员履行其某项职责，但事先应将这些人员的姓名和授权范围通知监理人。

13. 承包人提供的材料和工程设备

（1）运入施工场地的材料、工程设备，包括备品备件、安装专用工器具与随机资料，必须专用于合同工程，未经监理人同意，承包人不得运出施工场地或挪作他用。

（2）随同工程设备运入施工场地的备品备件、专用工器具与随机资料，应由承包人会同监理人按供货人的装箱单清点后共同封存，未经监理人同意不得启用。承包人因合同工作需要使用上述物品时，应向监理人提出申请。

14. 发包人的工期延误**【重要考点】**

在履行合同过程中，由于发包人的下列原因造成工期延误的，承包人有权要求发包人延长工期和（或）增加费用，并支付合理利润：①增加合同工作内容；②改变合同中任何一项工作的质量要求或其他特性；③发包人延迟提供材料、工程设备或变更交货地点的；④因发包人原因导致的暂停施工；⑤提供图纸延误；⑥未按合同约定及时支付预付款、进度款；⑦发包人造成工期延误的其他原因。

15. 工程预付款的扣回与还清公式**【高频考点】**

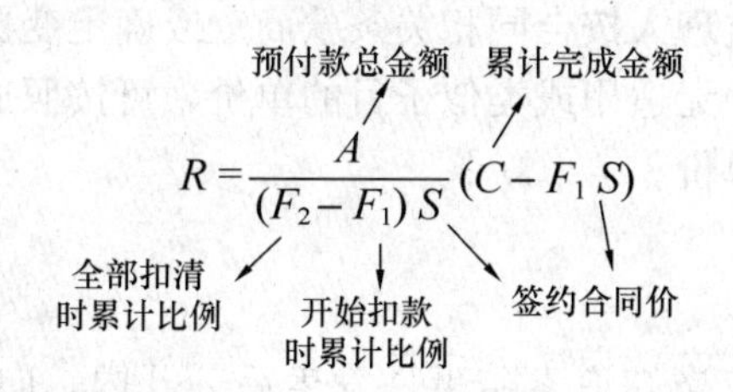

16. 工程进度付款**【高频考点】**

（1）进度付款申请单内容：①截至本次付款周期末已实施工程的价款；②变更金额；③索赔金额；④应支付的预付款和扣减的返还预付款；⑤应扣减的质量保证金；⑥根据合同应增加和扣减的其他金额。

（2）发包人应在监理人收到进度付款申请单后的 28d 内，将进度应付款支付给承包人。

17. 质量保证金的退还**【高频考点】**

（1）合同工程完工证书颁发后 14d 内，发包人将质量保证金总额的一半支付给承包人。

（2）在工程质量保修期满时，发包人将在 30 个工作日核实后将质量保证金支付给承包人。

（3）在工程质量保修期满时，承包人没有完成缺陷责任的，发包人有权扣留与未履行责任剩余工作所需金额相应的质量保证金余额，并有权延长缺陷责任期，直至完成剩余工作为止。

根据《住房城乡建设部　财政部关于印发〈建设工程质量保证金管理办法〉的通知》（建质［2017］138号）规定，发包人应按照合同约定方式预留保证金，保证金总预留比例不得高于工程价款结算总额的3%。

为保证当年考试真题的准确性，本书历年真题中保证金预留比例仍为5%，典型习题中保证金预留比例为3%。

18. 完工结算**【重要考点】**

（1）承包人应在合同工程完工证书颁发后28d内，向监理人提交完工付款申请单，并提供相关证明材料。

（2）完工付款申请单应包括下列内容：完工结算合同总价、发包人已支付承包人的工程价款、应扣留的质量保证金、应支付的完工付款金额。

（3）监理人在收到承包人提交的完工付款申请单后的14d内完成核查，提出发包人到期应支付给承包人的价款送发包人审核并抄送承包人。发包人应在收到完工付款后14d内审核完毕，由监理人向承包人出具经发包人签认的完工付款证书。发包人应在监理人出具完工付款证书后的14d内，将应支付款支付给承包人。发包人不按期支付的，将逾期付款违约金支付给承包人。

19. 工程变更**【重要考点】**

（1）变更权：在履行合同过程中，经发包人同意，监理人可按变更程序向承包人作出变更指示，承包人应遵照执行。没有监理人的变更指示，承包人不得擅自变更。

（2）变更的估价原则：

①已标价工程量清单中有适用于变更工作的子目的，采用该子目的单价。

②已标价工程量清单中无适用于变更工作的子目，但有类似子目的，可在合理范围内参照类似子目的单价，由监理人按合同相关条款商定或确定变更工作的单价。

③已标价工程量清单中无适用或类似子目的单价，可按照成本加利润的原则，由监理人商定或确定变更工作的单价。

20. 索赔**【高频考点】**

（1）承包人索赔

①承包人应在知道或应当知道索赔事件发生后28d内，向监理人递交索赔意向通知书，并说明发生索赔事件的事由。承包人未在前述28d内发出索赔意向通知书的，丧失要求追加付款和（或）延长工期的权利。

②承包人应在发出索赔意向通知书后28d内，向监理人正式递交索赔通知书。索赔通知书应详细说明索赔理由以及要求追加的付款金额和（或）延长的工期，并附必要的记录和证明材料。

③索赔事件具有连续影响的，承包人应按合理时间间隔继续递交延续索赔通知，说明连续影响的实际情况和记录，列出累计的追加付款金额和（或）工期延长天数。

④在索赔事件影响结束后的28d内，承包人应向监理人递交最终索赔通知书，说明最终要求索赔的追加付款金额和延长的工期，并附必要的记录和证明材料。

(2) 发包人索赔

①发生索赔事件后，监理人应及时书面通知承包人，详细说明发包人有权得到的索赔金额和（或）延长缺陷责任期的细节和依据。

②承包人应付给发包人的金额可从拟支付给承包人的合同价款中扣除，或由承包人以其他方式支付给发包人。

21. 价格调整（公式法）**【重要考点】**

$$\Delta P = P_0\left[A + \left(B_1 \times \frac{F_{t1}}{F_{01}} + B_2 \times \frac{F_{t2}}{F_{02}} + B_3 \times \frac{F_{t3}}{F_{03}} + \cdots + B_n \times \frac{F_{tn}}{F_{0n}}\right) - 1\right]$$

式中 ΔP——需调整的价格差额；

P_0——付款证书中承包人应得到的已完成工程量的金额；此项金额应不包括价格调整、不计质量保证金的扣留和支付、预付款的支付和扣回；变更及其他金额已按现行价格计价的，也不计在内；

A——定值权重（即不调部分的权重）；

B_1，B_2，B_3，…，B_n——各可调因子的变值权重（即可调部分的权重），为各可调因子在投标函投标总报价中所占的比例；

F_{t1}，F_{t2}，F_{t3}，…，F_{tn}——各可调因子的现行价格指数，指付款证书相关周期最后一天的前 42d 的各可调因子的价格指数；

F_{01}，F_{02}，F_{03}，…，F_{0n}——各可调因子的基本价格指数，指基准日期的各可调因子的价格指数。

历 年 真 题

实务操作和案例分析题一［2020 年真题］

【背景资料】

某新建水闸工程，发包人依据《水利水电工程标准施工招标文件》（2009 年版）编制施工招标文件。发包人与承包人签订的施工合同约定：合同工期 8 个月，签约合同价为 1280 万元。监理人向承包人发出的开工通知中载明的开工时间为第一年 10 月 1 日。闸室施工内容包括基坑开挖、闸底板垫层混凝土、闸墩混凝土、闸底板混凝土、闸门安装及调试、门槽二期混凝土、底槛及导轨等埋件安装、闸上公路桥等项工作，承包人编制经监理人批准的闸室施工进度计划如图 4-1 所示（每月按 30d 计，不考虑工作之间的搭接）。

施工过程中发生如下事件：

事件 1：承包人收到发包人提供的测量基准点等相关资料后，开展了施工测量，并将施工控制网资料提交监理人审批。

事件 2：经监理人确认的截至第一年 12 月底、第二年 3 月底累计完成合同工程价款分别为 475 万元和 1060 万元。

事件 3：水闸工程合同工程完工验收后，承包人向监理人提交了完工付款申请单，并提供相关证明材料。

序号	工作名称	持续时间（天）	第一年			第二年				
			10	11	12	1	2	3	4	5
1	基坑开挖	30								
2	A	20		━━						
3	B	30		━	━━					
4	C	55			━	━━	━			
5	底槛及导轨等埋件安装	20								
6	D	25						━━		
7	E	15							━	
8	闸上公路桥	30							━	━━
计划完成工程价款（万元）			150	160	180	200	190	170	130	100

图 4-1　闸室施工进度计划

【问题】

1. 指出图 4-1 中 A、B、C、D、E 分别代表的工作名称；分别指出基坑开挖和底槛及导轨等埋件安装两项工作的计划开始时间和完成时间。

2. 事件 1 中，除测量基准点外，发包人还应提供哪些基准资料？承包人应在收到发包人提供的基准资料后多少天内向监理人提交施工控制网资料？

3. 分别写出事件 2 中，截至第一年 12 月底、第二年 3 月底的施工进度进展情况（用“实际比计划超前或拖后××万元”表述）。

4. 事件 3 中，承包人向监理人提交的完工付款申请单的主要内容有哪些？

【解题方略】

1. 本题考查的是施工进度安排的具体要求。

根据图表判断工作名称是经常会考查的形式，考生需要掌握解题方法。水闸主体结构施工主要包括闸身上部结构以及闸底板、闸墩、止水设施和门槽等方面的施工内容，其中混凝土工程是水闸施工中的主要环节。混凝土工程的施工宜掌握以闸室为中心，按照“先深后浅、先重后轻、先高后矮、先主后次”的原则进行。水闸施工顺序是基坑开挖→闸底板施工（先进行闸底板垫层混凝土施工，再进行闸底板施工）→闸墩（属于支撑构件）施工→门槽施工→闸门安装及调试。

横道图表示的施工进度计划表示出各项工作的划分、工作的开始时间和完成时间、工作的持续时间、工作之间的相互搭接关系，以及整个工程项目的开工时间、完工时间等。本题的分析过程如下：

开工通知中载明的开工时间为第一年 10 月 1 日，也就是基坑开挖工作的计划开始时间为第一年 10 月 1 日，持续时间为 30d，那么其计划完成时间为第一年 10 月 30 日。闸底板垫层混凝土（工作 A）计划开始时间为 11 月 1 日（注意每月按 30d 计，不考虑工作之间的搭接），持续时间为 20d，那么其计划完成时间为 11 月 20 日。闸底板混凝土（工作 B）计划开始时间为 11 月 21 日，持续时间为 30d，那么其计划完成时间为 12 月 20 日。闸墩混凝土（工作 C）计划开始时间为 12 月 21 日，持续时间为 55d，那么其计划完成时间为第二年2月15日。底槛及导轨等埋件安装的计划开始时间为第二年2月16日，持续时间为20d，计划完成时间为第二年3月5日。

2. 本题考查的是发包人的义务和责任。除专用合同条款另有约定外，施工控制网由承包人负责测设，发包人应在本合同协议书签订后的14d内，向承包人提供测量基准点、基准线和水准点及其相关资料。承包人应在收到上述资料后的28d内，将施测的施工控制网资料提交监理人审批。监理人应在收到报批件后的14d内批复承包人。

3. 本题考查的是工程价款的计算。这一问需要根据横道图中给出的计划完成工程价款来计算。

第一年12月底累计完成工程价款＝150＋160＋180＝490万元，累计完成合同工程价款实际比计划拖后490－475＝15万元。

第二年3月底累计完成工程价款＝150＋160＋180＋200＋190＋170＝1050万元，累计完成合同工程价款实际比计划超前1060－1050＝10万元。

4. 本题考查的是完工付款申请单的主要内容。承包人应在合同工程完工证书颁发后28d内，向监理人提交完工付款申请单，并提供相关证明材料。完工付款申请单应包括下列内容：完工结算合同总价、发包人已支付承包人的工程价款、应扣留的质量保证金、应支付的完工付款金额。

【参考答案】

1. 图4-1中A、B、C、D、E代表的工作名称分别为：A——闸底板垫层混凝土；B——闸底板混凝土；C——闸墩混凝土；D——门槽二期混凝土；E——闸门安装及调试。

基坑开挖工作的计划开始时间为第一年10月1日，计划完成时间为第一年10月30日；底槛及导轨等埋件安装的计划开始时间为第二年2月16日，计划完成时间为第二年3月5日。

2. 事件1中，除测量基准点外，发包人还应提供基准线和水准点及其相关资料。承包人应在收到上述资料后的28d内，将施测的施工控制网资料提交监理人审批。

3. 截至第一年12月底，累计完成合同工程价款实际比计划拖后15万元；第二年3月底累计完成合同工程价款实际比计划超前10万元。

4. 完工付款申请单的主要内容：完工结算合同总价、发包人已支付承包人的工程价款、应扣留的质量保证金、应支付的完工付款金额。

实务操作和案例分析题二［2020年真题］

【背景资料】

某水利工程施工招标文件依据《水利水电工程标准施工招标文件》（2009年版）和《水利工程工程量清单计价规范》GB 50501—2007编制。合同约定：合同工期20个月，以已标价工程量清单中土方工程所含子目为单元，对柴油进行调差。调差子目完工后，若其施工期间工程所在地造价信息（月刊）载明的柴油价格平均值超过中标价中柴油价格的5%时，超出5%以上部分予以调差。招标及合同管理过程中发生如下事件：

事件1：招标人A编制的招标报价表由主表和辅表组成，其中主表由投标总价、工程项目总价表，零星工作项目清单计价表等组成。编标人员建议零星工作项目清单计价表中的单价适当报高价。

事件2：在投标截止时间前投标人B提交了调价函（一正二副），将投标总价由3000万元下调至2900万元，其他不变。调价函按照招标文件要求签字、盖章、密封、装订、标识后，递交至投标文件接收地点。

事件3：合同谈判时，合同双方围绕项目经理是否应该履行下述职责进行商讨：①组织提交开工报审表；②组织编制围堰工程专项施工方案，并现场监督实施；③组织开展二级安全教育培训；④组织填写质量缺陷备案表；⑤签发工程质量保修书；⑥组织编制竣工财务决算；⑦组织提交完工付款申请单。

事件4：中标价中，土方开挖工程柴油消耗定额为0.14kg/m^3，柴油价格3元/kg。土方开挖工程施工期4个月，合同工程量100000m^3，实际开挖工程量110000m^3，按施工图纸计算的工程量为108000m^3。施工期间工程所在地造价信息（月刊）载明的4个月柴油价格分别为3.0元/kg、3.2元/kg、3.5元/kg、3.1元/kg。

【问题】

1. 事件1中，除已列出的表格外，投标报价主表还应包括哪些表格？编标人员的建议是否合理？说明理由。

2. 事件2中，投标人B提交的调价函有哪些不妥？说明理由。

3. 事件3商讨的职责中，哪些属于项目经理职责范围？

4. 事件4中，土方开挖子目应当按哪个工程量进行计量？说明理由。分析计算该子目承包人应得的调差金额（单位：元，保留小数点后两位）。

【解题方略】

1. 本题考查的是投标报价表的组成及投标报价策略。

投标报价表由17个表组成，其中有6个主表，分别是：①投标总价；②工程项目总价表；③分类分项工程量清单计价表；④措施项目清单计价表；⑤其他项目清单计价表；⑥零星工作项目清单计价表。本题中已列出投标总价、工程项目总价表，零星工作项目清单计价表，还包括分类分项工程量清单计价表；措施项目清单计价表；其他项目清单计价表。

零星工作项目清单计价表只填报单价，不计入工程项目总价表，单价是可以报高一些，以便在招标人额外用工或使用施工机械时可多盈利。

2. 本题考查的是投标报价的相关规定。事件2提供了3个信息，需要分别判断：

（1）在投标截止时间前投标人B提交了调价函（一正二副）。提交时间没有问题，份数是有问题。份数要求是正本1份，副本4份。

（2）将投标总价由3000万元下调至2900万元，其他不变。投标人在进行工程项目工程量清单招标的投标报价时，不能进行投标总价优惠（或降价、让利），投标人对投标报价的任何优惠（或降价、让利）均应反映在相应清单项目的综合单价中。

（3）调价函按照招标文件要求签字、盖章、密封、装订、标识后，递交至投标文件接收地点。这个要求是没有问题的。

3. 本题考查的是项目经理的职责。承包人应向监理人提交工程开工报审表，经监理人审批后执行；质量缺陷备案表由监理单位组织填写；质量保修书由承包人向发包人出具。水利基本建设项目竣工采取决算由项目法人（或项目责任单位）组织编制；承包人应在合同工程完工证书颁发后 28d 内，向监理人提交完工付款申请单。

4. 本题考查的是工程量计量与支付。土方开挖工程应按施工图纸所示的轮廓尺寸计算的有效自然方体积以立方米计量。合同工程量是估算工程量，实际开挖工程含超挖量和附加量，均不作为结算工程量。

施工期间工程所在地造价信息(月刊)载明的 4 个月柴油价格分别为 3.0 元/kg、3.2 元/kg、3.5 元/kg、3.1 元/kg，平均价格为(3.0+3.2+3.5+3.1)/4=3.2 元/kg>3 元/kg×(1+5%)，超出部分应予调整。所以柴油调差价格=0.14×(3.2−3×1.05)=0.007 元/m^2，子目承包人应得的调差金额：108000×0.007=756.00 元。

【参考答案】

1. 事件 1 中，除已列出的表格外，投标报价主表还应包括：分类分项工程量清单计价表；措施项目清单计价表；其他项目清单计价表。

编标人员的建议合理。

理由：零星工作项目清单没有工程量，只填报单价，不计入工程项目总价表。

2. 事件 2 中，投标人 B 提交的调价函存在的不妥之处及理由。

不妥之处一：在投标截止时间前投标人 B 提交了调价函（一正二副）。

理由：投标文件份数要求是正本 1 份，副本 4 份。

不妥之处二：将投标总价由 3000 万元下调至 2900 万元，其他不变。

理由：修改投标函中的投标报价，应同时修改“工程量清单”中的相应报价，并附修改后的单价分析表（含修改后的基础单价计算表）（或应同时修改单价）和措施项目表(临时工程费用表)。

3. 事件 3 商讨的职责中，属于项目经理职责范围有：①组织提交开工报审表；②组织开展二级安全教育培训；③组织提交完工付款申请单。(序号表示为①、③、⑦)

4. 事件 4 中，土方开挖子目应当按施工图纸计算的工程量（108000m^3）进行计量。理由：土方开挖工程应按施工图纸所示的轮廓尺寸计算的有效自然方体积以立方米计量。合同工程量是估算工程量，实际开挖工程含超挖量和附加量，均不作为结算工程量。

施工期间工程所在地造价信息(月刊)载明的 4 个月柴油平均价格为 3.2 元/kg；柴油调差价格=0.14×(3.2−3×1.05)=0.007 元/m^3；该子目承包人应得的调差金额=108000×0.007=756.00 元。

实务操作和案例分析题三［2019 年真题］

【背景资料】

某水利水电工程项目采取公开招标方式招标，招标人依据《水利水电工程标准施工招标文件》(2009 年版）编制招标文件。招标文件明确：承包人应具有相应资质和业绩要求、具有 AA 及以上的信用等级；投标有效期为 60d；投标保证金为 50 万元整。

该项目招标投标及实施过程中发生如下事件：

事件 1：A 投标人在规定的时间内，就招标文件设定信用等级作为资格审查条件，向招标人提出书面异议。

事件 2：该项目因故需要暂停评标，招标人以书面形式通知所有投标人延长投标有效期至 90d。B 投标人同意延长投标有效期，但同时要求局部修改其投标文件，否则拒绝延长。

事件 3：C 投标人提交全部投标文件后发现报价有重大失误，在投标截止时间前，向招标人递交了书面文件，要求撤回投标文件，放弃本次投标。

事件 4：投标人 D 中标并与发包人签订施工总承包合同。根据合同约定，总承包人 D 把土方工程分包给具有相应资质的分包人 E，并与之签订分包合同，且口头通知发包人。分包人 E 按照规定设立项目管理机构，其中，项目负责人、质量管理人员等均为本单位人员。

事件 5：监理工程师检查时发现局部土方填筑压实度不满足设计要求，立即向分包人 E 下达了书面整改通知。分包人 E 整改后向监理机构提交了回复单。

【问题】

1. 针对事件 1，招标人应当如何处理？

2. 针对事件 2，B 投标人提出修改其投标文件的要求是否妥当？说明理由。招标人应如何处理该事件？

3. 事件 3 中，招标人应如何处理 C 投标人撤回投标文件的要求？

4. 指出并改正事件 4 中不妥之处。分包人 E 设立的项目管理机构中，还有哪些人员必须是本单位人员？

5. 指出并改正事件 5 中不妥之处。

【解题方略】

1. 本题考查的是处理招标文件异议。关于招标文件异议的处理是一个重要的知识点，在 2015 年、2017 年案例分析题中都有考查过。主要考查两个采分点：

（1）什么时间提出异议？潜在投标人或者其他利害关系人（指特定分包人、供应商、投标人的项目负责人）对招标文件有异议的，应当在投标截止时间 10 日前提出。

（2）什么时间作出答复？招标人应当自收到异议之日起 3 日内作出答复；作出答复前，应当暂停招标投标活动。

2. 第 2、3 两问均考查投标有效期的相关规定。出现特殊情况需要延长投标有效期的，招标人以书面形式通知所有投标人延长投标有效期。投标人同意延长的，应相应延长其投标保证金的有效期，但不得要求或被允许修改或撤销其投标文件；投标人拒绝延长的，其投标失效，但投标人有权收回其投标保证金。

3. 第 4 问考查的是承包单位分包管理职责。承包单位在履行分包管理职责时应注意：

（1）工程分包应在施工承包合同中约定，或经项目法人书面认可。

（2）承包人应在分包合同签订后 7 个工作日内，送发包人备案。

（3）除项目法人依法指定分包外，承包人对其分包项目的实施以及分包人的行为向发包人负全部责任。

（4）承包人和分包人应当设立项目管理机构，组织管理所承包或分包工程的施工活动。项目管理机构应当具有与所承担工程的规模、技术复杂程度相适应的技术、经济管理人员。其中项目负责人、技术负责人、财务负责人、质量管理人员、安全管理人员必须是本单位人员。

4. 第 5 问考查的是整改通知的规定。解答本题只需要了解整改通知由谁下达，下达给谁，再由谁提交回复单。

【参考答案】

1. 事件 1 中招标人的处理方式：

招标人应当自收到异议之日起 3 日内作出答复；作出答复前，应当暂停招标投标活动。

2. 事件 2 中针对 B 投标人提出修改其投标文件是否妥当的判定及投标的处理规定如下：

投标人 B 要求局部修改其投标文件不妥。

理由：投标人同意延长的，不得要求修改或撤销其投标文件。

如投标人拒绝延长，招标人可认定其投标无效，并退还其投标保证金。

3. 事件 3 中，招标人对 C 投标人撤回投标文件的处理：

（1）同意 C 投标人撤回投标文件；

（2）收取的投标保证金应在规定时间内退还。

4. 事件 4 中不妥之处、理由及项目管理机构的设立。

不妥之处：口头通知发包人。

理由：应在合同签订后 7 个工作日内，报发包人备案。

项目管理机构中，还有技术负责人、财务负责人、安全管理人员必须是本单位人员。

5. 事件 5 中不妥之处及改正如下：

（1）不妥之处：监理工程师向分包人 E 下达书面整改通知。

改正：应向总承包人 D 下达整改通知。

（2）不妥之处：分包人 E 整改后向监理机构提交回复单。

改正：应由总承包人 D 向监理机构提交回复单。

实务操作和案例分析题四［2019 年真题］

【背景资料】

发包人与承包人依据《水利水电工程标准施工招标文件》（2009 年版）签订了河道整治工程施工合同。合同约定：①签约合同价为 860 万元，合同工期为 11 个月，2016 年 12 月 1 日开工；②质量保证金为签约合同价的 3%，质量保证金在合同工程完工验收和缺陷责任期满后分两次退还，每次退还 50%；③缺陷责任期为一年；④逾期完工违约金为签约合同价的 3.5‰/d。

施工过程中发生如下事件：

事件 1：发包人根据合同约定按时向承包人提供了施工场地范围图和施工场地有关资料。

事件 2：项目经理因故要短期离开施工现场，事前履行了相关手续。在项目经理离开期间，施工项目部向监理人提交了单元工程质量报验单。该报验单仅盖有施工项目部印章。

事件 3：2017 年 11 月 20 日签发的合同工程完工证书中注明合同工程完工验收时间（实际完工日期）为 2017 年 11 月 8 日。

事件 4：在缺陷责任期内，为修补工程缺陷，经发包人同意，承包人动用了质量保证金 6 万元整。监理人确认在缺陷责任期满后项目达到质量标准，缺陷责任期按期终止。

【问题】

1. 事件1中发包人提供的施工场地范围图应明确哪些主要内容？施工场地有关资料包括哪些？

2. 针对事件2，说明项目经理离开现场前要履行什么手续？施工项目部报送的单元工程质量报验单还应履行何种签章手续？

3. 针对事件3，计算逾期完工违约金（单位：万元，保留小数点后两位）。

4. 针对事件3和事件4，提出质量保证金退还的时间并计算金额（单位：万元，保留小数点后两位）。

【解题方略】

1. 本题考查的是发包人在履行义务和责任时的注意事项。本题考核的是教材内容中的原文。根据《水利水电工程标准施工招标文件》（2009年版），发包人应向承包人提供施工场地。发包人提供的施工场地范围图应标明场地范围内永久占地与临时占地的范围和界限。除专用合同条款另有约定外，发包人应按技术标准和要求（合同技术条款）的约定，向承包人提供施工场地内的工程地质图纸和报告，以及地下障碍物图纸等施工场地有关资料，并保证资料的真实、准确、完整。

2. 本题考查的是项目经理驻现场的要求及职责。承包人项目经理短期离开施工场地，应事先征得监理人同意，并委派代表代行其职责。承包人为履行合同发出的一切函件均应盖有承包人授权的施工场地管理机构章，并由承包人项目经理或其授权代表签字。

3. 本题考查的是逾期完工违约金的计算。首先应分析逾期完工多少天？根据事件3可知，逾期完工8d（11月1日～11月8日），违约金为签约合同价的3.5‰/d，则逾期完工违约金额＝860×3.5‰×8＝24.08万元。

4. 本题考查的是质量保证金返还及金额。合同工程完工证书颁发后14d内，发包人将质量保证金总额的一半支付给承包人。在工程质量保修期满时，发包人将在30个工作日内核实后将剩余的质量保证金支付给承包人。

本题中，质量保证金＝860×3%＝25.8万元，按一半支付，则退还25.8/2＝12.9万元。

因承包人动用了质量保证金6万元，则应退还12.9－6＝6.9万元。

【参考答案】

1. 事件1中，发包人提供的施工场地范围图应标明场地范围内永久占地和临时占地的范围和界限。

施工场地有关资料包括：施工场地内的工程地质图纸和报告，以及地下障碍物图纸。

2. 事件2中，项目经理离开现场前履行的手续：事先征得监理人同意，委派（授权）代表代行其职责。

施工项目部报送的单元工程质量报验单还应有项目经理或其授权人代表签字。

3. 对事件3中逾期完工违约金的计算如下：

(1) 合同完工日期为2017年10月31日，实际完工日期为2017年11月8日，逾期完工8d；

(2) 逾期完工违约金额：860×3.5‰×8＝24.08万元。

4. 质量保证金退还时间、金额分别为：

2017 年 11 月 20 日后 14d 内（或 2017 年 11 月 21 日～2017 年 12 月 4 日），退还 12.9 万元；

2018 年 11 月 7 日后 30 个工作日内，退还 12.9－6＝6.9 万元。

实务操作和案例分析题五［2018 年真题］

【背景资料】

某堤防工程合同结算价 2000 万元，工期 1 年，招标人依据《水利水电工程标准施工招标文件》（2009 年版）编制招标文件，部分内容摘录如下：

1. 投标人近 5 年至少应具有 2 项合同价 1800 万元以上的类似工程业绩。

2. 临时工程为总价承包项目，总价承包项目应进行子目分解，临时房屋建筑工程中，投标人除考虑自身的生产、生活用房外，还需要考虑发包人、监理人、设计单位办公和生活用房。

3. 劳务作业分包应遵守如下条款：①主要建筑物的主体结构施工不允许有劳务作业分包；②劳务作业分包单位必须持有安全生产许可证；③劳务人员必须实行实名制；④劳务作业单位必须设立劳务人员支付专用账户，可委托施工总承包单位直接支付劳务人员工资；⑤经发包人同意，总承包单位可以将包含劳务、材料、机械的简单土方工程委托劳务作业单位施工；⑥经总承包单位同意，劳务作业单位可以将劳务作业再分包。

4. 合同双方义务条款中，部分内容包括：①组织单元工程质量评定；②组织设计交底；③提出变更建议书；④负责提供施工供电变压器高压端以上供电线路；⑤提交支付保函；⑥测设施工控制网；⑦保持项目经理稳定性。

某投标人按要求填报了“近 5 年完成的类似工程业绩情况表”，提交了相应的业绩证明材料。总价承包项目中临时房屋建筑工程子目分解见表 4-1。

总价承包项目分解表　子目：临时房屋建筑工程　　表 4-1

序号	工程项目或费用名称	单位	数量	单价（元/m^2）	合价（元）	D
	临时房屋建筑工程				164000	
1	A	m^2	100	80	8000	第一个月支付
2	B	m^2	800	150	120000	按第一个月 70%，第二个月 30%支付
3	C	m^2	120	300	36000	第一个月支付

【问题】

1. 背景资料中提到的类似工程业绩，其业绩类似性包括哪几个方面？类似工程的业绩证明资料有哪些？

2. 临时房屋建筑工程子目分解表中，填报的工程数量起何作用？指出 A、B、C、D 所代表的内容。

3. 指出劳务作业分包条款中不妥的条款。

4. 合同双方义务条款中，属于承包人的义务有哪些？

【解题方略】

1. 本题考查的是施工投标条件。投标人业绩一般指类似工程业绩。业绩的类似性包括功能、结构、规模、造价等方面。该考点还有可能考查选择题，应予以关注。

投标人业绩以合同工程完工证书颁发时间为准。投标人应按招标文件要求填报“近5年完成的类似项目情况表”，并附中标通知书和（或）合同协议书、工程接收证书（工程竣工验收证书）、合同工程完工证书的复印件。该考点是一个典型的案例考点，重复考查的概率较大。

2. 本题考查的是工程结算。首先我们应该清楚，总价承包是一次包死，不再调整。承包人实际完成的工程量，是用于结算的最终工程量。A、B、C、D所代表的内容就在背景资料中，通过招标文件第2条：“临时房屋建筑工程中，投标人除考虑自身的生产、生活用房外，还需要考虑发包人、监理人、设计单位办公和生活用房。”可以分析出，包括三类：①施工单位的生产用房；②施工单位的办公、生活用房；③发包、监理、设计单位的办公和生活用房。施工单位的生产用房比较少，单价小；施工单位的人员较多，生活用房面积大；发包、监理、设计单位的办公用房，单价最高。由此可以得出，A为施工库房；B为施工单位办公、生活用房；C为发包、监理、设计单位的办公和生活用房。D属于备注，备注时间和支付金额。

3. 本题考查的是施工分包的要求。解答本题要注意以下几点：

（1）在这一问中，没有要求写出不妥条款的编号，在考试应注意编号也要写出，并将不妥的内容原文抄写。

（2）需要注意的是，问题中只要求写出劳务作业分包条款中不妥的条款，而并没有要求写出改正做法，所以本题不必写出改正做法。这显然降低了考试的难度。

（3）背景资料中，劳务作业分包条款③、④属于施工管理课本的内容。实务中经常会考查到施工管理、法规教材课本中的内容，考生要注意掌握。

下面我们指出劳务作业分包条款中不妥的条款，并给出正确的改正方法，以巩固知识点。

不妥之处一：①主要建筑物的主体结构施工不允许有劳务作业分包。

改正做法：劳务作业可以进行分包。

不妥之处二：②劳务作业分包单位必须持有安全生产许可证。

改正做法：施工单位必须持有安全生产许可证。

不妥之处三：⑤经发包人同意，总承包单位可以将包含劳务、材料、机械的简单土方工程委托劳务作业单位施工。

改正做法：劳务分包单位仅包含施工劳务。

不妥之处四：⑥经总承包单位同意，劳务作业单位可以将劳务作业再分包。

改正做法：劳务作业不可再次分包。

4. 本题考查的是《水利水电工程标准施工招标文件》（2009年版）中发包人和承包人的义务。承包人义务包括：遵守法律；依法纳税；完成各项承包工作；对施工作业和施工方法的完备性负责；保证工程施工和人员的安全；负责施工场地及其周边环境与生态的保护工作；避免施工对公众与他人的利益造成损害；为他人提供方便；工程的维护和照管；专用合同条款约定的其他义务和责任。发包人的义务：遵守法律；发出开工通知；提供施工场地；协助承包人办理证件和批件；组织设计交底；支付合同价款；组织法人验收；专用合同条款约定的其他义务和责任。背景资料合同双方义务条款中，承包人的义务包括：

①组织单元工程质量评定；③提出变更建议书；⑥测设施工控制网；⑦保持项目经理稳定性。

第3、4问为典型的多选型实务操作和案例分析题，在回答这类型题目的时候，宁可少写不可错写。

【参考答案】

1. 业绩的类似性包括功能、结构、规模、造价等方面。

业绩证明资料有：中标通知书和（或）合同协议书、工程接收证书（工程竣工验收证书）、合同工程完工证书的复印件。

2. 临时工程为总价承包项目，工程子目分解表中，填报的工程数量是承包人用于结算的最终工程量。

临时房屋建筑工程子目分解表中A、B、C、D所代表的内容：

A代表施工库房；

B代表施工单位的办公、生活用房；

C代表发包人、监理人、设计单位的办公和生活用房；

D代表备注（支付时间）。

3. 劳务作业分包条款中不妥的条款。

不妥之处一：①主要建筑物的主体结构施工不允许有劳务作业分包。

不妥之处二：②劳务作业分包单位必须持有安全生产许可证。

不妥之处三：⑤经发包人同意，总承包单位可以将包含劳务、材料、机械的简单土方工程委托劳务作业单位施工。

不妥之处四：⑥经总承包单位同意，劳务作业单位可以将劳务作业再分包。

4. 合同双方义务条款中，属于承包人的义务有：

① 组织单元工程质量评定；

③ 提出变更建议书；

⑥ 测设施工控制网；

⑦ 保持项目经理稳定性。

实务操作和案例分析题六［2016年真题］

【背景资料】

某中型水闸工程施工招标文件按《水利水电工程标准施工招标文件》（2009年版）编制。已标价工程量清单由分类分项工程量清单、措施项目清单、其他项目清单、零星工作项目清单组成。其中闸底板C20混凝土是工程量清单的一个子目，其单价（单位：100m^3）根据《水利建筑工程预算定额》（2002年版）编制，并考虑了配料、拌制、运输、浇筑等过程中的损耗和附加费用。

事件1：A单位在投标截止时间提前交了投标文件。评标过程中，A单位发现工程量清单有算术性错误，遂以投标文件澄清方式提出修改，招标代理机构认为不妥。

事件2：招标人收到评标报告后对评标结果进行公示，A单位对评标结果提出异议。

事件3：经过评标，B单位中标。工程实施过程中，B单位认为闸底板C20混凝土强度偏低，建议将C20变更为C25。经协商后，监理人将闸底板混凝土由C20变更为C25。B单位按照变更估计原则，以现行材料价格为基础提交了新单价，监理人认为应按投标文件所附材料预算价格为计算基础提交新单价。

本工程在实施过程中，涉及工程变更的双方往来函件包括（不限于）：①变更意向书；②书面变更建议；③变更指示；④变更报价书；⑤撤销变更意向书；⑥难以实施变更的原因和依据；⑦变更实施方案等。

【问题】

1. 指出事件1中，A单位做法有何不妥？说明理由。

2. 事件2中，A单位对评标结果有异议时，应在什么时间提出？招标人收到异议后，应如何处理？

3. 分别说明闸底板混凝土的单价分析中，配料、拌制、运输、浇筑等过程的损耗和附加费用应包含在哪些用量或单价中？

4. 指出事件3中B单位提交的闸底板C25混凝土单价计算基础是否合理？说明理由。该变更涉及费用应计列在背景资料所述的哪个清单中？相应费用项目名称是什么？

5. 背景资料涉及变更的双方往来函件中，属于承包人发出的文件有哪些？

【解题方略】

1. 本题考查的是投标文件的澄清。要注意投标文件的澄清是主动还是被动。

2. 本题考查的是对评标结果异议的处理。投标人或者其他利害关系人对依法必须进行招标的项目的评标结果有异议的，应当在中标候选人公示期间提出。招标人应当自收到异议之日起3日内作出答复；作出答复前，应当暂停招标投标活动。未在规定时间提出异议的，不得再针对评标提出投诉。

3. 本题考查的是施工成本管理。关于混凝土材料的规定：

（1）材料定额中的“混凝土”一项，是指完成单位产品所需的混凝土半成品量，其中包括：冲（凿）毛、干缩、施工损耗、运输损耗和接缝砂浆等的消耗量在内；

（2）混凝土半成品的单价，只计算配制混凝土所需水泥、砂石骨料、水、掺和料及其外加剂等的用量及价格各项材料的用量，应按试验资料计算；没有试验资料时，可采用定额附录中的混凝土材料配合表列用量；

（3）混凝土的配料和拌制损耗已含在配合比材料用量中。定额中的混凝土用量，包括了运输、浇筑、凿毛、模板变形、干缩等损耗。

4. 本题考查的是变更估价原则及工程量清单。注意问题是计算基础是否合理，本题应按照已标价工程量清单时的预算价格作为编制单价的计算基础，而不是现行价格。

工程量清单包括分类分项工程量清单、措施项目清单、其他项目清单和零星工作项目清单。分类分项工程量清单分为水利建筑工程工程量清单和水利安装工程工程量清单。其他项目清单中的暂列金额和暂估价两项，指招标人为可能发生的合同变更而预留的金额和暂定项目。

5. 本题考查的是工程变更文件的相关内容。变更应履行下列程序：

在合同履行过程中，可能发生变更约定情形的，监理人可向承包人发出变更意向书。故变更意向书由监理人发出，撤销变更意向书也由监理人发出。

承包人收到监理人发出的图纸和文件，经检查认为其中存在变更情形的，可向监理人提出书面变更建议。

发包人同意承包人根据变更意向书要求提交的变更实施方案的，由监理人发出变更指示。故变更指示由监理人发出，变更实施方案由承包人发出。

承包人在收到变更指示或变更意向书后的14d内，向监理人提交变更报价书。

若承包人收到监理人的变更意向书后认为难以实施此项变更，应立即通知监理人，说明原因并附详细依据。

【参考答案】

1. 评标过程中投标单位提出投标文件澄清修改不妥。

理由：评标过程中，评标委员会可以书面形式要求投标人对所提交的投标文件进行书面澄清或说明，投标人不得主动提出澄清、说明或补正。

2. A单位应当在中标候选人公示期间提出。招标人应当自收到异议之日起3日内作出答复，作出答复前，应当暂停招标投标活动。

3. 配料过程中的损耗和附加费用包含在配合比材料用量（或混凝土材料单价）中；

拌制过程中的损耗和附加费用包含在配合比材料用量（或混凝土材料单价）中；

运输过程中的损耗和附加费用包含在定额混凝土用量中；

浇筑过程中的损耗和附加费用包含在定额混凝土用量中。

4. 承包人提交的C25单价计算基础不合理。

理由：中标人已标价工程量清单及其材料预算价格计算表已考虑合同实施期间的价格风险，构成合同组成部分，是变更估价的依据。

变更涉及费用应计列在其他项目清单中，费用项目名称为暂列金额。

5. 属于承包人发出的文件有：书面变更建议，变更报价书，难以实施变更的原因和依据，变更实施方案。

实务操作和案例分析题七［2014年真题］

【背景资料】

某寒冷地区小农水重点县项目涉及3个乡镇、8个行政村，惠及近2万人，主要工程项目包括疏浚大沟2条，中沟5条，小沟10条，新建（加固）桥涵50余座，工程竣工验收后由相应村镇接收管理。项目招标文件依据《水利水电工程标准施工招标文件》（2009年版）编制，招标文件有关内容约定如下：

（1）投标截止时间为2013年11月1日上午10：00；

（2）工期为2013年11月20日—2014年4月20日；

（3）征地拆迁、施工用水、施工用电均由承包人自行解决，费用包括在投标报价中；

（4）针对本项目特点，投标人应在投标文件中分析工程实施的难点，并将相关风险考虑在投标报价中；

（5）“3.4投标保证金”条款规定如下：

3.4.1　投标人应按投标文件须知前附表规定的时间、金额、格式向招标人提交投标保证金和低价风险保证金；

3.4.2　联合体投标时，投标人应以联合体牵头人名义提交投标保证金；

3.4.3　投标人未提交投标保证金的，招标人将不接收其投标文件，以废标处理；

3.4.4　投标人的投标保证金将在招标人与中标人签订合同后5日内无息退还；

3.4.5　若投标人在投标有效期内修改和撤销投标文件，或中标人未在规定时内提交履约保证金，或中标人不与招标人签订合同，其投标保证金将不予退还。

某投标人对“3.4 投标保证金”条款提出异议，招标人认为异议合理，在2013年10月25日向所有投标人发送了招标文件修改通知函，但投标截止时间并未延长。

【问题】

1. 招标文件有关征地拆迁、施工用水、施工用电的约定是否合理？说明理由。

2. 依据背景材料，简要分析本工程实施的难点。

3. 投标人可对“3.4 招标保证金”的哪些条款提出异议？说明理由。指出投标人提出异议的截止时间。

4. 招标人未延长投标截止时间是否合理？说明理由。

【解题方略】

1. 本题考查的是发包人和承包人基本权利和义务。属于较容易考点，考生要掌握发包人与承包人的义务，注意不要混淆。发包人的义务之一是提供施工场地，所以征地拆迁是在施工招标前发包人应完成的工作。

2. 本题考查的是水利工程的施工管理。小农水项目点多面广，涉及村庄多，现场管理难度大，施工环境协调难度大，这些都是小农水项目施工的重点和难点。

3. 本题考查的是投标保证金和招标文件异议的处理。《水利水电工程标准施工招标文件》规定，以现金或者支票形式提交的投标保证金应当从其基本账户转出。投标人不按要求提交投标保证金的，其投标文件按无效标处理。招标人与中标人签订合同后5个工作日内，向未中标的投标人和中标人退还投标保证金及相应利息。投标人在规定的投标有效期内撤销或修改其投标文件，或中标人在收到中标通知书后，无正当理由拒签合同协议书或未按招标文件规定提交履约担保的，投标保证金将不予退还。

4. 本题考查的是招标文件的修改和澄清。需要注意的是，是否延长投标截止时间，要看是否对投标文件造成实质性影响。

【参考答案】

1. 招标文件中有关征地拆迁的约定不合理。

理由：征地拆迁是在施工招标前发包人应完成的工作。

招标文件有关施工用水、施工用电的约定合理。

理由：投标人解决施工用水、用电，符合小农水项目点多面广，地点分散特点，也不违反合同原则。

2. 本工程的施工难点有：①项目点多面广，现场管理难度大；②项目涉及村庄多，施工环境协调难度大；③项目抵触寒冷地区，且处于低温季节，对混凝土工程施工和养护造成不利影响；④项目点多面广，缺少专业化管理单位，已完成工程不能及时接收，验收前已完工程保护难度大；⑤设计文件与现场实际情况可能有较大变化，设计变更概率大。

3. 投标人对3.4条款提出的异议及理由：

（1）可对3.4.1条的“投标文件须知前附表”、“时间”和“低价风险保证金”提出异议。

理由：投标保证金应按投标人须知前附表规定的金额、担保形式和“投标文件格式”规定的投标保证金格式在递交投标文件的同时递交投标保证金。且不需提交低价风险保证金。

(2) 可对3.4.3条“不接受投标文件”提出异议。

理由：投标人不提交保证金，其投标文件应予接收，但由评标委员会在初步评审阶段按无效投标处理。

(3) 可对3.4.4条“签订合同后5日内无息退还”提出异议。

理由：退还投标保证金时，应退还相应利息，且在签订合同后的5个工作日内。

(4) 可对3.4.5条“中标人不与招标人签订合同，其投标保证金将不予退还”提出异议。

理由：无正当理由拒签合同协议书，其投标保证金才不予退还。

投标人提出异议的截止时间应为2013年10月21日上午10：00。

4. 招标人未延长投标截止时间合理。

理由：修改投标保证金条款对投标文件编制未造成实质性影响。

实务操作和案例分析题八［2012年10月真题］

【背景资料】

某泵站加固改造工程施工内容包括：引渠块石护坡拆除重建、泵室混凝土加固、设备更换、管理设施改造等。招标文件按照《水利水电工程标准施工招标文件》编制。某公司参加了投标。为编制投标文件，公司做了以下准备工作。

工作1：搜集整理投标报价所需的主要材料和次要材料价格。其中，主要材料预算价格见表4-2。

主要材料预算价格表　　表4-2

序号	材料名称	单位	预算价格（元）
1	甲	丁	4800
2	乙	t	360
3	碎石	戊	70
4	丙	t	8000
5	汽油	t	9000
6	风	m^3	0.03
7	水	m^3	0.45
8	电	kWh	1.00

工作2：根据招标文件中对项目经理的职称和业绩加分要求，拟定张×为项目经理，准备了张×的身份证、工资关系、人事劳动合同证明材料、社会保险证明材料、相关证书及类似项目业绩。

工作3：根据招标文件对资格审查资料的要求，填写公司基本情况表、资格审查自审表、原件的复印件等相关表格，并准备了相关原件。

【问题】

1. 指出工作1主要材料预算价格表中，甲、乙、丙、丁、戊所代表的材料或单位名称。除表格所列材料外，为满足编制本工程投标报价的要求，该公司还需搜集哪些主要材料价格？

2. 工作2中，该公司应准备张×的相关证书有哪些？为证明张×业绩有效，需提供哪些证明材料？

3. 工作3中，公司基本情况表后附的公司相关证书有哪些？除工作3中所提到的相关表格外，该公司为满足资格审查的要求，还需填写的表格有哪些？

【解题方略】

1. 本题考查的是基础单价中主要材料和地方三材的预算价格。该案例分析中，水泥、柴油、钢筋均属于主材；黄砂（沙）、块石、碎石属于地方三材；板枋（或木材）属于混凝土工程施工必备的材料。对于主要材料和次要材料的概念不要混淆，本题答案所列需要搜集整理价格仅指主要材料。

2. 本题考查的是招投标管理中资格审查的内容。项目经理是施工招标主要资格审查因素，拟担任项目经理的注册建造师应符合《水利水电工程注册建造师执业工程范围和执业工程规模标准》，有一定数量类似工程业绩，具有有效的安全生产考核合格证书，并属于投标人本单位人员。

3. 本题考查的是招投标管理中资格审查的证明材料。

【参考答案】

1. 工作1主要材料预算价格表中，甲、乙、丙、丁、戊所代表的材料或单位名称如下。

甲代表钢筋；乙代表水泥；丙代表柴油；丁代表t或吨；戊代表m^3或立方米。

除表格所列材料外，为满足编制本工程投标报价的要求，该公司还需搜集的主要材料价格包括：黄砂（沙）、块石、板枋（或木材）。

2. 工作2中，该公司应准备张×的相关证书有：职称聘任证书、注册建造师证书、安全生产考核合格证书。

为证明张×业绩有效，需提供的证明材料有：业绩项目的中标通知书、合同协议书、合同工程完工（验收鉴定）证书或竣工（验收鉴定）证书。

3. 工作3中，公司基本情况表后附的公司相关证书有：营业执照、资质证书、安全生产许可证。

除工作3中所提到的相关表格外，该公司为满足资格审查的要求，还需填写的表格有：近5年完成的类似项目情况表、正在施工和新承接的项目情况表、近3年发生的诉讼及仲裁情况、近3年财务状况表。

实务操作和案例分析题九［2011年真题］

【背景资料】

某河道疏浚工程批复投资1500万元，项目法人按照《水利水电工程标准施工招标文件》编制了施工招标文件，招标文件规定不允许联合体投标。某投标人递交的投标文件部分内容如下：

1. 投标文件由投标函及附录、授权委托书（含法定代表人证明文件）、项目管理机构、施工组织设计、资格审查资料、拟分包情况表和其他两项文件组成。

2. 施工组织设计采用 80m³/h 挖泥船施工，排泥区排泥，设退水口门，尾水由排水渠排出。

3. 拟将排水渠清理项目分包，拟分包情况表后附了分包人的资质、业绩及项目负责人、技术负责人、财务负责人、质量管理人员、安全管理人员属于分包单位人员的证明材料。

该投标人中标，并签订合同。施工期第 1 月完成的项目和工程量（或费用）如下：

（1）完成的项目有：

①5km 河道疏浚；②施工期自然回淤清除；③河道疏浚超挖；④排泥管安装拆除；⑤开工展布；⑥施工辅助工程，包括浚前扫床和障碍物清除及其他辅助工程。

（2）完成的工程量（或费用）情况如下：

河道疏浚工程量按如图 4-2 所示计算（假设横断面相同）；排泥管安装拆除费用 5 万元；开工展布费用 2 万元；施工辅助工程费用 60 万元。

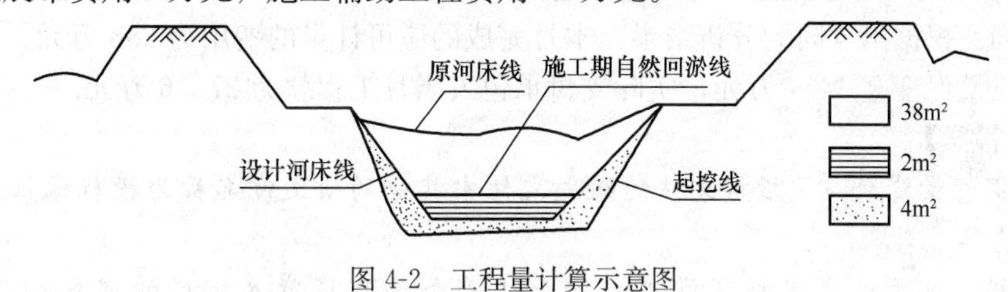

图 4-2　工程量计算示意图

【问题】

1. 根据背景资料，指出该投标文件的组成文件中其他两项文件名称。

2. 根据《关于建立水利建设工程安全生产条件市场准入制度的通知》（水建管［2005］80 号），投标文件中资格审查资料须提供的企业和人员证书有哪些？

3. 排水渠清理分包中，分包人须提供的项目负责人等有关人员属于本单位人员的证明材料有哪些？

4. 根据背景资料，施工期第 1 月可以计量和支付的项目有哪些？施工辅助工程中，其他辅助工程包括哪些内容？

5. 若 80m³/h 挖泥船单价为 12 元/m³，每月工程质量保证金按工程款的 5%扣留，计算施工期第 1 月应支付的工程款和扣留的工程质量保证金。

【解题方略】

1. 本题考查的是施工投标的相关内容，投标文件组成部分应掌握。本题考查的缺少的组成部分，考试经常会出现此类题。投标文件组成部分包括：①投标函及投标函附录；②法定代表人身份证明（或授权委托书）；③联合体协议书；④投标保证金；⑤已标价工程量清单；⑥施工组织设计；⑦项目管理机构表；⑧拟分包项目情况表；⑨资格审查资料；⑩原件的复印件（指投标需要的相关证明材料）；⑪其他材料（指招标文件需要的，或投标人需要补充的其他材料）。

2. 本题考查的是水利工程安全生产条件市场准入制度。水利工程安全生产条件市场准入制度规定：

（1）未取得安全生产许可证的施工企业不得参加水利工程投标。

（2）未取得安全生产考核合格证的施工企业主要负责人、项目负责人和专职安全生产管理人员不得参与水利工程投标并不得担任相关施工管理职务。

（3）水利工程质量监督、勘测设计、监理单位应当积极组织本单位相关人员参加有关水利建设工程安全生产知识培训。

3. 本题考查的是承包人分包管理的职责。考生要掌握工程分包、劳务作业分包的内容，转包及违法分包的行为。

4. 本题考查的是疏浚工程的计量与支付的管理要求。施工过程中疏浚设计断面以外增加的超挖量、施工期自然回淤量、开工展布与收工集合、避险与防干扰措施、排泥管安拆移动及使用辅助船只等发生的费用，应摊入有效工程量的工程单价中，所以本题中的 $2m^3$ 的自然会淤量及 $4m^3$ 的超挖量，开工展布，排泥管安拆移动不能计量，但是几何断面尺寸范围内的河道疏浚工程应按招标设计图示轮廓尺寸计算的水下有效自然方体积计量，施工辅助工程另行计量。

5. 本题考查的是合同进度款支付。这里要着重掌握工程质量保证金的概念，考试经常会考核到。根据第 4 问的分析结果，本月完成的应可计量的费用为 288 万元，可知，应提留工程质量保证金 14.4 万元，实际支付承包人当月工程款为 273.6 万元。

【参考答案】

1. 根据背景资料，该投标文件的组成文件中其他两项文件名称为投标保证金和已标价工程量清单。

2. 根据《关于建立水利建设工程安全生产条件市场准入制度的通知》（水建管[2005] 80 号），投标文件中资格审查资料须提供的企业和人员证书包括：施工企业安全生产许可证和施工企业主要负责人安全生产考核合格证、项目负责人（项目经理）安全生产考核合格证和专职安全生产管理人员安全生产考核合格证。

3. 排水渠清理分包中，分包人须提供的项目负责人等有关人员属于本单位人员的证明材料包括：①聘用合同；②合法工资关系的证明资料；③承包人单位为其办理社会保险关系，或具有其他有效证明其为承包人单位人员身份的文件。

4. 施工期第 1 月可以计量和支付的项目：5km 河道疏浚和施工辅助工程。

施工辅助工程中，其他辅助工程包括排泥区围堰、退水口及排水渠等项目。

5. 河流疏浚工程费用：38×5000×12÷10000＝228 万元；

第 1 个月工程款：228＋60＝288 万元；

应扣留的工程质量保证金：288×5％＝14.4 万元；

应支付的工程款：288－14.4＝273.6 万元。

典　型　习　题

实务操作和案例分析题一

【背景资料】

某泵站工程施工招标文件按照《水利水电工程标准施工招标文件》（2009 年版）和《水利工程工程量清单计价规范》GB 50501—2007 编制。专用合同条款约定：泵站工程的管理用房列为暂估价项目，金额为 1200 万元。增值税税率为 9％。

投标人甲结合本工程特点和企业自身情况分析、讨论了施工投标不平衡报价的策略和利弊。其编制的投标文件部分内容如下：

已标价的工程量清单中，钢筋制作与安装单价分析表（部分）见表4-3。

钢筋制作与安装单价分析表（单位：1t） **表4-3**

编号	名称及规格	单位	数量	单价(元)	合计(元)
1	直接费				4551.91
1.1	基本直接费				D
1.1.1	人工费				125.37
(1)	A	工时	2.32	7.12	16.52
(2)	高级工	工时	6.48	6.58	42.64
(3)	中级工	工时	8.10	5.72	46.33
(4)	初级工	工时	6.25	3.18	19.88
1.1.2	材料费				4245.58
(1)	钢筋	t	1.05	3926.35	4122.67
(2)	B	kg	4.00	6.5	26.00
(3)	焊条	kg	7.22	7.6	54.87
(4)	C				42.04
1.1.3	机械使用费				69.94
1.2	其他直接费				111.02
2	间接费				182.08
3	利润	元			331.38
4	税金	元			E
	合同执行单价	元			F

投标人乙中标承建该项目，合同总价19600万元。合同中约定：工程预付款按签约合同价的10%支付，开工前由发包人一次性付清；工程预付款按照公式 $R=\frac{A}{(F_2-F_1)S}(C-F_1S)$ 扣还，其中 $F_1=20\%$，$F_2=80\%$；承包人缴纳的履约保证金兼具工程质量保证金功能，施工进度付款中不再扣留质量保证金。

工程实施期间发生如下事件：

事件1：施工过程中，发现实际地质情况与发包人提供的地质情况不同，经设计变更，新增了地基处理工程（合同工程量清单中无地基处理相关子目）。各参建方及时办理了变更手续。

事件2：截至工程开工后的第10个月末，承包人累计完成合同金额14818万元，第11个月经项目法人和监理单位审核批准的合同金额为1450万元。

事件3：项目法人主持了泵站首台机组启动验收，工程所在地区电力部门代表参加了验收委员会。泵站机组带额定负荷7d内累计运行了42h，机组无故障停机次数3次。在机组启动试运行完成前，验收主持单位组织了技术预验收。

【问题】

1. 写出表 4-3 中 A、B、C、D、E 和 F 分别代表的名称或数字。（计算结果保留两位小数）

2. 根据背景材料，写出投标人在投标阶段不平衡报价的常用策略及存在的弊端。

3. 根据背景材料，管理用房暂估价项目如属于必须招标项目，其招标工作的组织方式有哪些？

4. 写出事件 1 中变更工作的估价原则。

5. 根据事件 2，计算第 11 个月的工程预付款扣还金额和承包人实得金额。（单位：万元，计算结果保留两位小数）

6. 根据《水利水电建设工程验收规程》SL 223—2008，指出事件 3 中的错误之处，说明理由。

【参考答案】

1. 表 4-3 中 A、B、C、D、E 和 F 分别代表的名称或数字：

A 代表工长；B 代表铁丝；C 代表其他材料费。

D 代表 4440.89；E 代表 455.88；F 代表 5521.25。

2. 投标人在投标阶段不平衡报价的常用策略及存在的弊端如下：

常用策略有：

(1) 能够早日结账收款的项目（如临时工程费、基础工程、土方开挖等）可适当提高单价；

(2) 预计今后工程量会增加的项目，适当提高单价；

(3) 招标图纸不明确，估计修改后工程量要增加的，可以提高单价；

(4) 工程内容解说不清楚的，则可适当降低一些单价，待澄清后再要求提价。

存在的弊端有：

(1) 对报低单价的项目，如工程量执行时增多将造成承包人损失；

(2) 不平衡报价过多和过于明显，可能会导致报价不合理等后果。

3. 管理用房暂估价项目如属于必须招标项目，其招标工作的组织方式有两种：

第一种：若承包人不具备承担暂估价项目的能力或具备承担暂估价项目的能力但明确不参与投标的，由发包人和承包人共同组织招标；

第二种：若承包人具备承担暂估价项目的能力且明确参与投标的，由发包人组织招标。

4. 事件 1 中变更工作的估价原则是：合同已标价的工程量清单中，无适用或类似于子目的单价，可按照成本加利润的原则，由监理人商定或确定变更工作的单价。

5. 第 11 个月的工程预付款扣还金额和承包人实得金额的计算如下：

根据工程预付款公式 $R=\frac{A}{(F_2-F_1)S}(C-F_1S)$ 计算，截至第 10 个月份累计已扣还预付款为：

$$R_{10}=\frac{19600\times10\%}{(80\%-20\%)\times19600}\times(14818-20\%\times19600)=1816.33\text{ 万元。}$$

截至第 11 个月份累计已扣还预付款为：

$$R_{11}=\frac{19600\times10\%}{(80\%-20\%)\times19600}\times(14818+1450-20\%\times19600)=2058\text{ 万元}>19600\times10\%=1960\text{ 万元}$$

所以截至第十一月份预付款已全额扣还。

第 11 个月的工程预付款扣还金额＝1960－1816.33＝143.67 万元。

承包人实得金额＝1450－143.67＝1306.33 万元。

6. 根据《水利水电建设工程验收规程》SL 223—2008，对事件 3 中错误之处的判断及其理由如下：

错误之处一：泵站机组带额定负荷 7d 内累计运行了 42h。

理由：泵站机组带额定负荷 7d 内累计运行了 48h。

错误之处二：在机组启动试运行完成前，验收主持单位组织了技术预验收。

理由：应在机组启动试运行完成后组织技术预验收。

实务操作和案例分析题二

【背景资料】

某大型引调水工程位于 Q 省 X 市，第 5 标段河道长 10km。主要工程内容包括河道开挖、现浇混凝土护坡以及河道沿线生产桥。工程沿线涉及黄庄村等 5 个村庄。根据地质资料，沿线河道开挖深度范围内均有膨胀土分布，地面以下 1～2m 地下水丰富且土层透水性较强。本标段土方 1100 万 m^3，合同价约 4 亿元，计划工期 2 年，招标文件按照《水利水电工程标准施工招标文件》（2009 年版）编制，评标办法采用综合评估法，招标文件中明确了最高投标限价。建设管理过程中发生如下事件：

事件 1：评标办法中部分要求见表 4-4。

评标办法（部分） **表 4-4**

序号	评审因素	分值	评审标准
1	投标报价	30	评标基准价＝投标人有效投标报价去掉一个最高和一个最低后的算术平均值。 投标人有效投标报价等于评标基准价的得满分；在此基础上，偏差率每上升 1%(位于两者之间的线性插值，下同)扣 2 分，每下降 1%扣 1 分，扣完为止，偏差率计算保留小数点后 2 位。 投标人有效报价要求： 1. 应当在最高投标限价 85%～100%之间，不在此区间的其投标视为无效标； 2. 无效标的投标报价不纳入评标基准价计算
2	投标人业绩	15	近 5 年每完成一个大型调水工程业绩得 3 分，最多得 15 分。业绩认定以施工合同为准
3	投标人实力	3	获得“鲁班奖”的得 3 分，获得“詹天佑奖”的得 2 分，获得 Q 省“青山杯”的得 1 分，同一获奖项目只能计算一次
4	对本标段施工的重点和难点认识	5	合理 4～5 分，较合理 2～3，一般 1～2 分，不合理不得分

招标文件约定，评标委员会在对实质性响应招标文件要求的投标进行报价评估时，对

投标报价中算术性错误按现行有关规定确定的原则进行修正。

事件2：投标人甲编制的投标文件中，河道护坡现浇混凝土配合比材料用量（部分）见表4-5。

河道护坡现浇混凝土配合比材料用量（部分） **表4-5**

序号	混凝土强度等级	A	B	C	预算材料量(kg/m³)				
					D	E	石子	泵送剂	F
	泵送混凝土								
1	C20(40)	42.5	二	0.44	292	840	1215	1.46	128
2	C25(40)	42.5	二	0.41	337	825	1185	1.69	138
	砂浆								
3	水泥砂浆M10	42.5		0.7	262	1650			183
4	水泥砂浆M7.5	42.5		0.7	224	1665			157

主要材料预算价格：水泥0.35元/kg，砂0.08元/kg，水0.05元/kg。

事件3：合同条款中，价格调整约定如下：

1. 对水泥、钢筋、油料三个可调因子进行价格调整；

2. 价格调整计算公式为 $\Delta M=[P-(1\pm5\%)P_0]\times W$，式中 ΔM 代表需调整的价格差额，P 代表可调因子的现行价格，P_0 代表可调因子的基本价格，W 代表材料用量。

【问题】

1. 事件1中，对投标报价中算术性错误进行修正的原则是什么？

2. 针对事件1，指出表4-4中评审标准的不合理之处，并说明理由。

3. 根据背景材料，合理分析本标段施工的重点和难点问题。

4. 分别指出事件2表4-5中A、B、C、D、E、F所代表的含义。

5. 计算事件2中每m³水泥砂浆M10的预算单价。

6. 事件3中，为了价格调整的计算，还需约定哪些因素？

【参考答案】

1. 根据《工程建设项目施工招标投标办法》(2013年修正)(七部委30号令)，对投标报价中算术性错误进行修正的原则是：

(1) 用数字表示的数额与用文字表示的数额不一致的，以文字数额为准。

(2) 单价与工程量的乘积与总价之间不一致的，以单价为准修正总价，但单价有明显的小数点错位的，以总价为准，并修改单价。

2. 表4-4中评审标准的不合理之处及理由如下。

(1) 不合理之处：投标人有效投标报价应当在最高投标限价85%～100%之间。

理由：根据《工程建设项目施工招标投标办法》(2013年修正)(七部委30号令)规定，招标人不得规定最低投标限价。

(2) 不合理之处：获得Q省“青山杯”的得1分。

理由：招标文件不得以本区域奖项作为加分项。

(3) 不合理之处：投标人业绩以施工合同为准。

理由：投标人业绩除施工合同外，还包括中标通知书和合同工程完工验收证书（竣工验收证书或竣工验收鉴定书）。

3. 根据背景材料，本标段施工重点和难点问题包括：

（1）施工过程中降排水问题。

（2）膨胀土处理问题。

（3）土方平衡与调配问题。

（4）施工环境协调问题。

（5）河道护坡现浇混凝土施工问题。

（6）进度组织安排问题。

（7）本标段与其他相邻标段协调问题。

4. 表4-5中A、B、C、D、E、F所代表的含义如下。

A代表水泥强度等级；B代表级配；C代表水胶比；D代表水泥；E代表砂（黄砂、中粗砂）；F代表水。

5. 事件2中每m^3水泥砂浆M10预算单价的计算：

每m^3 水泥砂浆M10的预算单价＝262×0.35＋1650×0.08＋183×0.05＝232.85元/m^3。

6. 事件3中，为了价格调整的计算，还需约定：

（1）水泥、钢筋、油料三个可调因子代表性材料选择。

（2）三个可调因子现行价格和基本价格的具体时间。

（3）价格调整时间或频次。

（4）变更、索赔项目的价格调整问题。

（5）价格调整依据的造价信息。

实务操作和案例分析题三

【背景资料】

某河道治理工程，以水下疏浚为主，两岸堤防工程级别为1级。工程建设内容包括河道疏浚、险工处理、护岸加固等。施工招标文件按照《水利水电工程标准施工招标文件》(2009年版）编制，部分条款内容如下：

（1）疏浚工程结算按照招标图纸所示断面尺寸计算工程量，计量单位为立方米；

（2）疏浚工程约定工程质量保修期为一年，期满后，按照合同约定时间退还工程质量保证金；

（3）施工期自然回淤量、超挖超填量均不计量；

（4）施工辅助设施中疏浚前扫床不计量，退水口及排水渠需另行计量支付。投标人认为上述条款不公正，要求招标人修改，招标人修改了招标文件。

某专业承包资质的施工单位按照招标文件的要求准备投标文件，对照资格审查自审表列出了需准备的营业执照、税务登记证、组织机构代码证等证书。经过评标，该施工单位中标。施工过程中，由于当地石料禁采，设计单位将抛石护岸变更为生态护岸。承包人根据发包人推荐，将生态护岸分包给专业生产厂商施工。为满足发包人要求的汛前护砌高程，该分包人在砌块未达到龄期即运至现场施工，导致汛后部分护岸损坏，发包人向承包人提出索赔，承包人认为发包人应直接向分包人提出索赔。

【问题】

1. 说明本工程施工单位资质的专业类别及相应等级。为满足投标人最低资格审查要求，除背景资料所列证书外，投标单位还应准备的单位或人员证书有哪些？

2. 指出原招标文件条款内容的不妥之处，并说明理由。

3. 针对招标文件条款不公正或内容不完善的问题，依据《水利水电工程标准施工招标文件》(2009 年版)，投标人应如何解决或通过哪些途径维护自身权益？

4. 施工单位在分包管理方面应履行哪些主要职责？对于发包人提出的索赔，承包人的意见是否合理？说明理由。

【参考答案】

1. 施工单位资质的专业类别及相应等级为：河湖整治工程专业承包一级资质。

施工单位应准备的资质（资格）证书包括：企业资质证书（或河湖整治工程专业承包一级资质证书）、安全生产许可证、水利水电专业一级注册建造师证书、三类人员（单位负责人、项目负责人、专职安全生产人员）安全生产考核合格证书或 A、B、C 三类安全生产考核合格证书。

2. 计量依据招标图纸不妥，应为施工图纸。

疏浚工程工程质量保修期 1 年不妥，应不设工程质量保修期或工程质量保修期 0 年。

施工辅助设施中疏浚前扫床不计量不妥，疏浚前扫床应另行计量支付。

3. 投标人维护自身权益的途径包括：

(1) 向招标人发出招标文件修改或澄清函；

(2) 向招标人提出招标文件异议；

(3) 向行政监督部门投诉；

(4) 提起诉讼。

4. 施工单位在分包管理方面应履行的主要职责：

(1) 工程分包应经发包人书面认可或应在施工承包合同中约定；

(2) 签订工程分包合同，并送发包人备案；

(3) 对其分包项目的实施以及分包人的行为向发包人负全部责任；

(4) 设立项目管理机构，组织管理所承包或分包工程的施工活动。

对于发包人提出的索赔，承包人的意见不合理。发包人推荐分包人，若承包人接受，则对其分包项目的实施以及分包人的行为向发包人负全部责任。

实务操作和案例分析题四

【背景资料】

某中型水闸工程施工招标中，招标文件规定：开标时间为 2017 年 9 月 21 日上午 9：00；工程预付款为签约合同价的 10%，分 2 次平均支付，第 1 次支付前，承包人需提供同等额度的工程预付款保函，当进场施工设备价值超过第 2 次工程预付款额度时，支付第 2 次工程预付款；保留金按月进度款（不含工程预付款扣回和价格调整）的 3%预留；施工围堰由施工单位负责设计，报监理单位批准。

本次共有甲、乙、丙、丁 4 家投标人参加投标。投标过程中，甲要求招标人提供初步设计文件中的施工围堰设计方案。为此，招标人发出招标文件澄清通知见表 4-6：

招标文件澄清通知 **表 4-6**

招标文件澄清通知

（第 1 号）

甲、乙、丙、丁：

甲单位提出的澄清要求已收悉。经研究，提供初步设计文件中的施工围堰设计方案（见附件），供参考。

招标人：盖（单位公章）

附件：×××水闸工程初步设计文件中的施工围堰设计方案

经评审，乙中标，签约合同价为投标总价，其投标报价汇总表见表 4-7：

投标报价汇总表 **表 4-7**

序号	工程项目或费用名称	金额（元）	备 注
一	建筑工程	2940000	单价承包
二	机电设备及安装工程	160000	单价承包
三	金属结构设备及安装工程	560000	单价承包
四	水土保持及环境保护工程	50000	单价承包
五	A	377916	总价承包
1	施工围堰工程	87360	围堰填筑（含防护）工程量 2800m³，综合单价 20 元/m³。 围堰拆除工程量 2800m³，综合单价 11.2 元/m³
2	施工交通工程	40116	以项为单位
3	临时房屋建筑工程	142600	工程量 200m²（含施工仓、建设、监理、施工单位用房），综合单价 713 元/m²
4	其他临时工程	107840	以项为单位
	一～五合计	4087916	
	B	200000	由发包人掌握
	投标总价		一～五合计加 B

实施过程中，乙直接采用初步设计文件中的施工围堰设计方案，经监理单位批准后施工，围堰运行中出现险情，需加固，乙向项目法人提出索赔。

【问题】

1. 指出招标文件澄清通知中的不妥之处。

2. 指出乙的投标报价汇总表中，A、B 所代表的工程项目或费用名称。乙的投标总价为多少？

3. 本合同乙提交的工程预付款保函额度为多少？开工第1月乙完成A项目中除施工围堰拆除之外的所有内容（其中围堰填筑工程量为3000m^3，临时房屋建筑工程量为180m^2），计算该月应预留的保留金。

4. 乙的索赔要求是否合理？为什么？

【参考答案】

1. 招标文件澄清通知中的不妥之处。

(1) 泄露甲、乙、丙、丁名称不妥；

(2) 泄露问题来源为甲不妥；

(3) 发送的时间不妥（或：应在提交投标文件截止日期至少15日前，发出澄清通知）。

2. 乙的投标报价汇总表中，A、B所代表的工程项目或费用名称如下：

(1) A代表施工临时工程（或临时工程）；

(2) B代表备用金（或暂列金额）。

乙的投标总价为4287916(4087916＋200000)元。

3. 本合同乙提交的工程预付款保函额度为：4287916×10％×50％＝214395.80元；

第1月应预留的保留金：(377916－11.2×2800)×3％＝346556×3％＝10396.68元。

4. 乙的索赔要求不合理。

理由：根据招标文件规定，施工围堰由承包人负责设计，招标人提供的初步设计文件中的施工围堰设计方案仅供参考；监理人的批准不免除承包人的责任。

实务操作和案例分析题五

【背景资料】

某穿堤建筑物施工招标，A、B、C、D四个投标人参加投标。招标投标及合同执行过程中发生了如下事件：

事件1：经资格预审委员会审核，本工程监理单位下属的具有独立法人资格的D投标人没能通过资格审查。A、B、C三个投标人购买了招标文件，并在规定的投标截止时间前递交了投标文件。

事件2：评标委员会评标报告对C投标人的投标报价有如下评估：C投标人的工程量清单“土方开挖（土质级别Ⅱ级，运距50m)”项目中，工程量2万m^{3}与单价500元/m^{3}的乘积与合价10万元不符。工程量无错误。故应进行修正。

事件3：招标人确定B投标人为中标人，按照《堤防和疏浚工程施工合同范本》签订了施工合同。合同约定：合同价500万元，预付款为合同价的10％，保留金按当月工程进度款3％的比例扣留。施工期第1个月，监理单位确认的月进度款为100万元。

事件4：根据地方政府美化城市的要求，设计单位修改了建筑设计。修改后的施工图纸未能按时提交，承包人据此提出了有关索赔要求。

【问题】

1. 事件1中，指出招标人拒绝投标人D参加该项目施工投标是否合理？并简述理由。

2. 事件2中，根据《工程建设项目施工招标投标办法》的规定，简要说明C投标人报价修正的方法并提出修正报价。

3. 事件3中，计算预付款、第1个月的保留金扣留和应得付款（单位：万元，保留两位小数）。

4. 事件4中，指出承包人提出索赔的要求是否合理？并简述理由。

【参考答案】

1. 事件1中，招标人拒绝投标人D参加该项目施工投标合理。

理由：招标项目监理单位的任何附属（或隶属）机构都无资格参加该项目施工投标。

2. 事件2中，C投标人报价修正的方法为：单价有明显小数点错位，以合价为基准，修改单位。修改后的单价为5元/m^3。

3. 预付款：500×10%＝50.00万元。保留金扣留：100×3%＝3.00万元。应得付款：100－3＝97.00万元。

4. 事件4中承包人提出索赔的要求合理。

理由：及时提供由发包人负责提供的图纸是发包人的义务和责任。

实务操作和案例分析题六

【背景资料】

某堤防加固工程，建设单位与施工单位签订了施工承包合同，合同约定：

（1）工程9月1日开工，工期4个月；

（2）开工前，建设单位向施工单位支付的工程预付款按合同价的10%计，并按月在工程进度款中平均扣回；

（3）保留金按3%的比例在月工程进度款中预留；

（4）当实际完成工程量超过合同工程量的15%时，对超过15%以外的部分进行调价，调价系数为0.9。

工程内容、合同工程量、单价及各月实际完成工程量见表4-8。

工程内容、合同工程量、单价及各月实际完成工程量　　表4-8

工程项目	合同工程量	单价	各月实际完成工程量			
	万m^3	元/m^3	9月	10月	11月	12月
堤防清基	1	4	1.1			
土方填筑	12	16	3	5	6	
混凝土预制块护坡	0.5	380			0.2	0.3
碎石垫层	0.5	120			0.2	0.3

施工过程中发生如下事件：

事件1：9月8日，在进行某段堤防清基过程中发现白蚁，施工单位按程序进行了上报。经相关单位研究确定采用灌浆处理方案，增加费用10万元。因不具备灌浆施工能力，施工单位自行确定了分包单位，但未与分包单位签订分包合同。

事件2：10月10日，因料场实际可开采深度小于设计开采深度，需开辟新的料场以满足施工需要，增加费用1万元。

事件3：12月10日，护坡施工中，监理工程师检查发现碎石垫层厚度局部不足，造成返工，损失费用0.5万元。

【问题】

1. 计算合同价和工程预付款。(有小数点的，保留两位小数)

2. 计算11月份的工程进度款、保留金预留和实际付款金额。(有小数点的，保留两位小数)

3. 事件1中，除建设单位、监理单位、施工单位之外，“相关单位”还应包括哪些？对于分包工作，指出施工单位的不妥之处，简要说明正确做法。

4. 指出上述哪些事件中，施工单位可以获得费用补偿？

【参考答案】

1. 合同价：1×4＋12×16＋0.5×380＋0.5×120＝446万元。

工程预付款：446×10％＝44.60万元。

2. 11月份土方填筑工程进度款＝5.8×16＋0.2×16×0.9＋380×0.2＋120×0.2＝195.68万元；

11月份保留金预留＝195.68×3％＝ 5.87万元；

11月份实际付款金额＝（195.68－5.87）－44.60÷4＝178.66万元。

3. “相关单位”还应包括设计单位和白蚁防治研究所。

对于分包工作，施工单位的不妥之处及正确做法：

(1) 不妥之处：施工单位自行确定分包单位。

正确做法：需将拟分包单位报监理单位及建设单位，经项目法人书面认可，同意后方可分包。

(2) 不妥之处：未与分包单位签订分包合同。

正确做法：需与分包单位签订分包合同。

4. 事件1属于勘测问题，责任在业主，施工单位可获得10万元补偿；事件2属于设计问题，责任在业主，施工单位可获得1万元补偿；事件3属于施工问题，责任在施工单位，施工单位不能获得补偿。

实务操作和案例分析题七

【背景资料】

某河道整治工程包括河道开挖、堤防加固、修筑新堤、修复堤顶道路等工作。施工合同约定：

(1) 工程预付款为合同总价的20％，开工前支付完毕，施工期逐月按当月工程款的30％扣回，扣完为止；

(2) 保留金在施工期逐月按当月工程款的3％扣留；

(3) 当实际工程量超出合同工程量20％时，对超出20％的部分进行综合单价调整，调整系数为0.9。

经监理单位审核的施工网络计划如图4-3所示（单位：月），各项工作均以最早开工时间安排，其合同工程量、实际工程量、综合单价见表4-9。

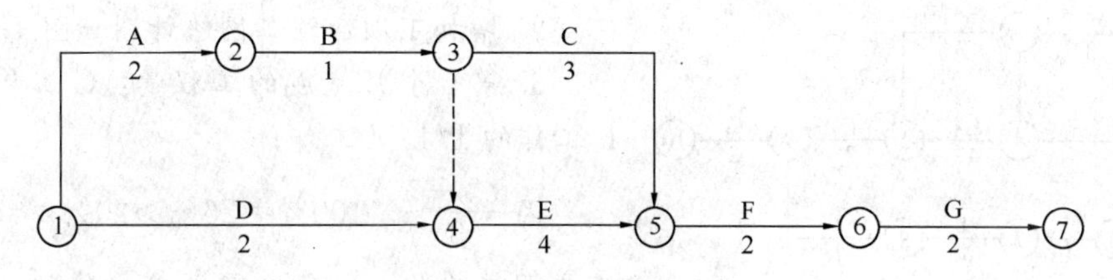

图 4-3　施工网络计划图

各项工作的合同工程量、实际工程量和综合单价　　　　表 4-9

工作代号	工作内容	合同工程量	实际工程量	综合单价
A	河道开挖	20 万 m^3	22 万 m^3	10 元/m^3
B	堤基清理	1 万 m^3	1.2 万 m^3	3 元/m^3
C	堤身加高培厚	5 万 m^3	6.3 万 m^3	8 元/m^3
D	临时交通道路	2km	1.8km	12 万元/km
E	堤身填筑	8 万 m^3	9.2 万 m^3	8 元/m^3
F	干砌石护坡	1.6 万 m^3	1.4 万 m^3	105 元/m^3
G	堤顶道路修复	4km	3.8km	10 万元/km

工程开工后在施工范围内新增一丁坝。丁坝施工工作面独立，其坝基清理、坝身填筑、混凝土护坡等三项工作依次施工，在第 5 个月初开始施工，堤顶道路修复开工前结束；丁坝坝基清理、坝身填筑工作的内容和施工方法与堤防施工相同；双方约定：混凝土护坡单价为 300 元/m^3，丁坝工程量不参与工程量变更。各项工作的工程量、持续时间见表 4-10。

各项工作的工作量表　　　　表 4-10

工作代号	持续时间（月）	工作内容	合同工程量	实际工程量
H	1	丁坝坝基清理	0.1 万 m^3	0.1 万 m^3
I	1	丁坝坝身填筑	0.2 万 m^3	0.2 万 m^3
J	1	丁坝混凝土护坡	300m^3	300m^3

【问题】

1. 计算该项工程的合同总价、工程预付款总额。

2. 绘出增加丁坝后的施工网络计划。

3. 若各项工作每月完成的工程量相等，分别计算第 6、7 两个月的月工程进度款、预付款扣回款额、保留金扣留额、应得付款（保留两位小数）。

【参考答案】

1. 原合同总价＝20×10＋1×3＋5×8 ＋2×12＋8×8＋1.6×105＋4×10＝539 万元。

预付款总额＝539×20％＝107.8 万元。

新增丁坝后，合同总价应包括丁坝的价款，合同总价变为：

539＋0.1×3＋0.2×8＋0.03×300＝549.9 万元。

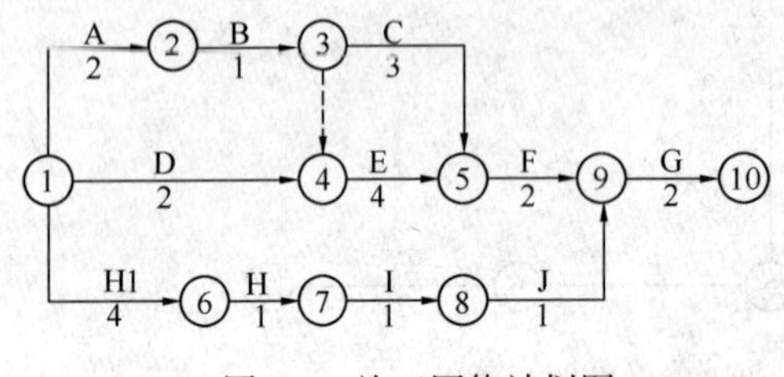

图 4-4 施工网络计划图

2. 增加丁坝后施工网络计划如图 4-4 所示。

3. 第 6 个月完成的工程量：C 工作的 1/3，E 工作的 1/4，I 工作；

因$\frac{6.3-5}{3}\times100\%=26\%>20\%$，故 C 工作需要调整单价，6 月份需调整单价的工程量＝6.3－5×（1＋20%）＝0.3 万 m^3，6 月份不需要调整单价的工程量＝$\frac{6.3}{3}-0.3=1.8$ 万 m^3。

相应工程款：1.8×8＋0.3×8×0.9＋2.3×8＋0.2×8＝36.56 万元。

进度款的 30%：36.56×30%＝10.97 万元。

前 5 个月累计完成工程量：A 工作，B 工作，C 工作的 2/3，D 工作，E 工作的 1/2，H 工作。

前 5 个月累计工程款：22×10＋1.2×3＋4.2×8＋1.8×12＋4.6×8＋0.1×3 ＝315.90 万元。

累计扣回预付款：315.90×30%＝94.77 万元。

至本月预付款余额为：107.80－94.77 ＝13.03 万元＞10.97 万元。

故第 6 个月预付款应扣回 10.97 万元。

质量保证金扣留额：36.56×3%＝1.10 万元。

应得付款：36.56－10.97－1.10 ＝24.49 万元。

第 7 个月完成的工程量：E 工作的 1/4，J 工作。

相应工程款：2.3×8＋0.03×300 ＝27.40 万元。

进度款的 30%：27.40×30%＝8.22 万元＞预付款应扣回余额 2.06 万元（13.03－10.97）。

故第 7 个月预付款应扣回 2.06 万元。

质量保证金扣留额：27.40×3%＝0.82 万元。

应得付款：27.40－2.06－0.82 ＝24.52 万元。

实务操作和案例分析题八

【背景资料】

某水闸施工合同，上游连接段分部工程施工计划及各项工作的合同工程量和单价（钢筋混凝土工程为综合单价）如图 4-5 所示。合同约定：

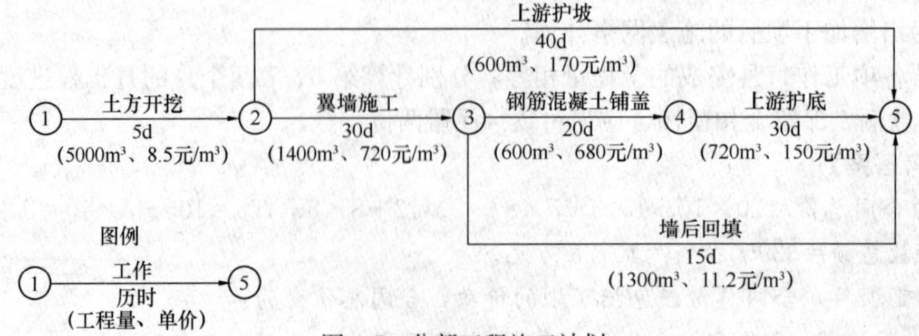

图 4-5 分部工程施工计划

(1) 预付款为合同价款的10%，开工前支付，从第1个月开始每月平均扣回；

(2) 保留金自第1个月起按每月工程进度款的3%扣留。

施工中发生以下事件：

事件1：土方开挖时发现上游护底地基为软弱土层，需进行换土处理。经协商确定，增加的“上游护底换土”是“土方开挖”的紧后、“上游护底”的紧前工作，其工作量为1000m^3，单价为22.5元/m^3（含开挖、回填），时间为10d。

事件2：在翼墙浇筑前，为保证安全，监理单位根据有关规定指示承包人架设安全网一道，承包人为此要求增加临时设施费用。

【问题】

1. 计算工程预付款额及新增“上游护底换土”后合同总价（单位为元，保留两位小数。下同）。

2. 若实际工程量与合同工程量一致，各项工作均以最早时间开工且均匀施工，工程第1天开工后每月以30d计，计算第2个月的工程进度款、预付款扣还、保留金扣留和实际支付款。

3. 施工单位提出的增加临时设施费的要求是否合理？为什么？

4. 指出上游翼墙墙后回填土施工应注意的主要问题有哪些？

【参考答案】

1. 合同价款＝5000×8.5＋1400×720＋600×170＋600×680＋720×150＋1300×11.2＝1683060.00元。

预付款额＝1683060×10%＝168306.00元。

新增“上游护底换土”后合同总价＝1683060＋1000×22.5＝1705560.00元。

2. 第2个月的工作及其工作时间分别为：翼墙施工5d（5＋30－30），钢筋混凝土铺盖20d，上游护底5d，上游护坡15d（5＋40－30），墙后回填15d。

第2个月的工程进度款＝1400×720÷30×5＋600×170÷40×15＋600×680＋720×150÷30×5＋1300×11.2＝646810.00元。

本工程工期＝5＋30＋20＋30＝85d，约为3个月。

第2个月扣还的预付款＝168306.00÷3＝56102.00元。

第2个月扣留的保留金＝646810.00×3%＝19404.30元。

第2个月的实际支付款＝646810.00－56102.00－19404.30＝571303.70元。

3. 施工单位提出的增加临时设施费的要求不合理。

理由：保证安全的临时设施费已包括在合同价款内。

4. 上游翼墙墙后回填土施工应注意的主要问题：采用高塑性土回填，其回填范围、回填土料的物理力学性质、含水率、压实标准应满足设计要求。

实务操作和案例分析题九

【背景资料】

某水利枢纽工程由混凝土重力坝、水电站等建筑物构成。

施工单位与项目法人签订了其中某坝段的施工承包合同，部分合同条款如下：合同总金额壹亿伍仟万元整；开工日期为2016年9月20日，总工期26个月。

开工前项目法人向施工单位支付10%的工程预付款，预付款扣回按公式 $R=\dfrac{A\cdot(C-F_1S)}{(F_2-F_1)\cdot S}$ 计算。式中：F_1 为10%；F_2 为90%。从第1个月起，按进度款3%的比例扣留保留金。

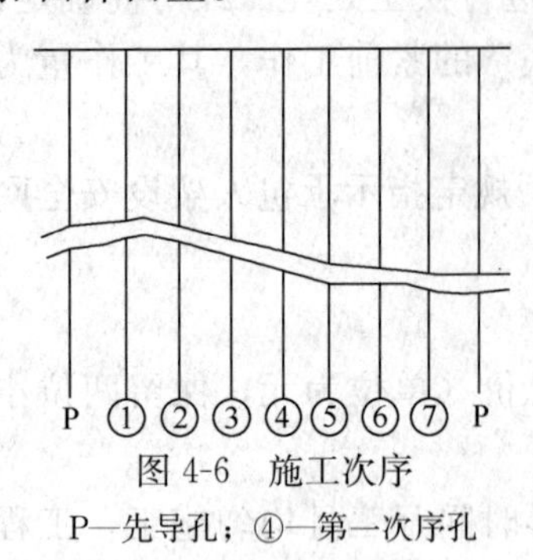

图4-6　施工次序

P—先导孔；④—第一次序孔

施工过程中发生如下事件：

事件1：在倒流设计前，施工单位在围堰工程位置进行了补充地质勘探，支付勘探费2万元。施工单位按程序向监理单位提交了索赔意向书和索赔申请报告。索赔金额为2.2万元（含勘探费2万元，管理费、利润各0.1万元）。

事件2：大坝坝基采用水泥灌浆，灌浆采用单排孔，分三序施工，其施工次序如图4-6所示。根据施工安排在基岩上浇筑一层坝体混凝土后再进行钻孔灌浆。

事件3：至2017年3月，施工累计完成工程量2700万元。4月份的月进度付款申请单见表4-11。

4月份的月进度付款申请单　　　　**表4-11**

款项	序号	项目名称	本月前累计（元）	本月付款（元）	累计
本月应付	1	土方工程	…	45683	
	2	混凝土工程	…	3215417	
	3	灌浆工程	…	1182330	
	4	施工降水	…	36570	
	合计			4480000	
扣留（回）	1	预付款	Ⅰ	Ⅱ	
	2	保留金	Ⅲ	Ⅳ	
实际支付				Ⅴ	

【问题】

1. 事件1中，施工单位可以获得索赔费用是多少？说明理由。

2. 指出事件2中的灌浆按灌浆目的分类属于哪类灌浆？先浇一层坝体混凝土再进行灌浆的目的是什么？

3. 指出事件2中第二次序孔、第三次序孔分别是哪些？

4. 指出预付款扣回公式中A、C、S分别代表的含义。

5. 指出事件3表中Ⅰ、Ⅱ、Ⅲ、Ⅳ、Ⅴ分别代表的金额。

【参考答案】

1. 事件1中，施工单位可以获得索赔的费用是零（或不可以获得）。

理由：施工单位为其临时工程所需进行的补充地质勘探，其费用由施工单位承担。

2. 事件2中的灌浆按灌浆目的分类属于帷幕灌浆（或防渗灌浆）。

先浇一层坝体混凝土再进行灌浆的目的是有利于防止地表漏浆，提高（保证）灌浆压力，保证灌浆质量。

3. 事件2中第二次序孔为②、⑥。第三次序孔为①、③、⑤、⑦。

扫码学习

4. 预付款扣回公式中的 A 为工程预付款总额，C 为合同累计完成金额，S 为签约合同价。

5. 事件 3 表中Ⅰ、Ⅱ、Ⅲ、Ⅳ、Ⅴ分别代表的金额分别计算如下：

（1）Ⅰ＝15000×10％×(2700－10％×15000)/[(90％－10％)×15000]＝150 万元。

（2）Ⅱ＝15000×10％×(2700＋448－10％×15000)/[(90％－10％)×15000]－150＝56 万元。

（3）Ⅲ＝2700×3％＝81 万元。

（4）Ⅳ＝448×3％＝13.44 万元。

（5）Ⅴ＝448－56－13.44＝378.56 万元。

实务操作和案例分析题十

【背景资料】

淮江湖行洪区退水闸为大（1）型工程，批复概算约 3 亿元，某招标代理机构组织了此次招标工作。在招标文件审查会上，专家甲、乙、丙、丁、戊分别提出了如下建议。

甲：为了防止投标人哄抬报价，建议招标文件规定投标报价超过标底 5％的为废标。

乙：投标人资格应与工程规模相称，建议招标文件规定投标报价超过注册资本金 5 倍的为废标。

丙：开标是招标工作的重要环节，建议招标文件规定投标人的法定代表人或委托代理人不参加开标会的，招标人可宣布其弃权。

丁：招标由招标人负责，建议招标文件规定评标委员会主任由招标人代表担任，且评标委员会主任在投标人得分中所占权重为 20％，其他成员合计占 80％。

戊：地方政府实施的征地移民工作进度难以控制，建议招标文件专用合同条款中规定，由于地方政府的原因未能及时提供施工现场的，招标人不承担违约责任。

招标文件完善后进行发售，在规定时间内，投标人递交了投标文件。其中，投标人甲在投标文件中提出将弃渣场清理项目进行分包，并承诺严格管理分包单位，不允许分包单位再次分包，且分包单位项目管理机构人员均由本单位人员担任。经过评标、定标，该投标人中标，与发包人签订了总承包合同，并与分包单位签订了弃渣场清理项目分包合同，约定单价 12.88 元/m^3，相应的单价分析表见表 4-12。

单价分析表 **表 4-12**

序号	费用分析	单位	金额	计算方法
1	直接费	元	B	（1）＋（2）
(1)	A	元	10.00	①＋②＋③
①	人工费	元	2.00	∑定额人工工时数×D
②	材料费	元	5.00	∑E×材料预算价格
③	机械使用费	元	3.00	∑定额机械台时用量×F
(2)	其他直接费	元	0.20	（1）×其他直接费费率（2％）
2	间接费	元	C	1×间接费费率（8％）
3	企业利润	元	0.82	（1＋2）×企业利润率（7％）
4	税金	元	0.40	（1＋2＋3）×税率（9％）
5	工程单价	元	12.88	1＋2＋3＋4

【问题】

1. 专家甲、乙、丙、丁、戊中，哪些专家的建议不可采纳？说明理由。

2. 分包单位项目管理机构设置，哪些人员必须是分包单位本单位人员？本单位人员必须满足的条件有哪些？

3. 指出弃渣场清理单价分析表中 A、B、C、D、E、F 分别代表的含义或数值。

4. 投标人甲与招标人签订的总承包合同应当包括哪些文件？

【参考答案】

1. 专家甲、丁、戊的建议不可采纳。

理由：(1) 标底不能作为废标的直接依据；

(2) 评标委员会主任与评标委员会其他成员权利相同；

(3) 提供施工用地是发包人的义务和责任。

2. 分包单位项目管理机构设置中，项目负责人、技术负责人、财务负责人、质量管理人员、安全管理人员必须是分包单位本单位人员。

本单位人员必须满足以下条件：

(1) 聘用合同必须是由分包单位与之签订；

(2) 其与分包单位有合法的工资关系；

(3) 分包单位为其办理社会保险。

3. 弃渣场清理单价分析表中 A、B、C、D、E、F 分别代表的含义或数值如下：

A 代表基本直接费；

B 代表 10.20 (10.00+0.20)；

C 代表 0.82 (10.20×8%)；

D 代表人工预算单价；

E 代表定额材料用量；

F 代表机械台时费。

4. 投标人甲与招标人签订的总承包合同应当包括的文件：协议书；中标通知书；投标报价书；专用合同条款；通用合同条款；技术条款；图纸；已标价的工程量清单；其他合同文件。

实务操作和案例分析题十一

【背景资料】

富民渠首枢纽工程为大 (1) 型水利工程，枢纽工程土建及设备安装招标文件按《水利水电工程标准施工招标文件》(2009 年版) 编制，其中关于投标人资格要求的部分内容如下：

(1) 投标人须具备水利水电工程施工总承包一级及以上资质，年检合格，并在有效期内；

(2) 投标人项目经理须由持有一级建造师执业资格证书和安全生产考核合格证书的人员担任，并具有类似项目业绩；

(3) 投标人注册资本金应不低于投标报价的 10%；

(4) 水利建设市场主体信用等别为诚信。

招标文件规定，施工临时工程为总价承包项目，由投标人自行编制工程项目或费用名称，并填报报价。A、B、C、D四家投标人参与投标，其中投标人A填报的施工临时工程分组工程量清单见表4-13。

分组工程量清单组号名称：施工临时工程 **表4-13**

序号	工程项目或费用名称	金额（万元）
1	围堰填筑	100
2	围堰拆除	50
3	围堰土工试验费	1
4	施工场内交通	100
5	施工临时房屋	200
6	施工降排水	100
7	施工生产用电费用	80
8	计日工费用	20
9	其他临时工程	100

经过评标，投标人B中标，发包人与投标人B签订了施工承包合同，合同条款中关于双方的义务有如下内容：

（1）负责办理工程开工报告报批手续；

（2）负责提供施工临时用地；

（3）负责编制施工现场安全生产预案；

（4）负责管理暂估价项目承包人；

（5）负责组织竣工验收技术鉴定；

（6）负责提供工程预付款担保；

（7）负责投保第三者责任险。

工程具备竣工验收条件后，竣工验收主持单位组织了工程竣工验收，项目法人随后主持了档案专项正式验收，并将档案专项验收意见提交竣工验收委员会。

【问题】

1. 指出并改正已列出的对投标人资格要求的不妥之处。符合投标人资格要求的水利建设市场主体信用级别有哪些？

2. 投标人A填报的施工临时工程分组工程量清单中，哪些工程项目或费用不妥？说明理由。

3. 背景资料合同条款列举的双方义务中，属于承包人义务的有哪些？

4. 按验收主持单位分类，本工程档案验收属于哪类验收？指出并改正档案专项正式验收组织中的不妥之处。

【参考答案】

1. 对投标人资格要求的不妥之处：项目经理要求一级建造师不够具体，应是水利水电专业一级建造师；注册资本金10%不妥，一级资质等级企业注册资本金应不低于20%。

符合投标人资格要求的信用级别有三个级别：AAA、AA、A。

2. 工程项目或费用不妥之处：投标人A序号为3、7、9的内容项不妥。

理由：3项围堰土工试验费包含在《工程量清单》相应项目的工程单价或总价中，发包人不另行支付。7项施工生产用电费用应包含在分项工程的《工程量清单》相应项目的工程单价中，发包人不另行支付。9项其他临时工程不列入《工程量清单》中，承包人根据合同要求完成这些设施的建设移置、维护管理和拆除工作所需的费用包含在相应永久工程项目的工程单价或总价中，发包人不另行支付。

3. 属于承包人义务的有：负责编制施工现场安全生产预案；负责管理暂估价项目承包人；负责提供工程预付款担保；负责投保第三者责任险。

4. 档案正式验收属于政府验收中的专项验收。竣工验收后才进行正式档案验收不妥，应提前或与竣工验收同步进行。

正式竣工验收由项目法人主持不妥，应由竣工验收主持单位的档案业务主管部门负责。

实务操作和案例分析题十二

【背景资料】

施工单位承包某中型泵站，建筑安装工程内容及工程量见表4-14，签订的施工合同部分内容如下：

签约合同价1230万元；工程预付款按签约合同价的10%一次性支付，从第3个月起，按完成工程量的20%扣回，扣完为止；质量保证金按3%的比例在月进度款中扣留。

泵站建筑安装工程内容及工程量表　　表4-14

工作名称	施工准备	基坑开挖	地基处理	泵室	出水池	进水池	拦污栅	机电设备安装
代号	A	B	C	D	E	F	G	H
工程量（万元）	30	90	120	500	160	180	50	100
持续时间（d）	30	30	30	120	60	120	90	120

注：各项工作均衡施工；每月按30d计，下同。

开工前，项目部提交并经监理工程师审核批准的施工进度计划如图4-7所示。施工过程中，监理工程师把第90d及第120d的工程进度检查情况分别用进度前锋线记录在图4-7中。

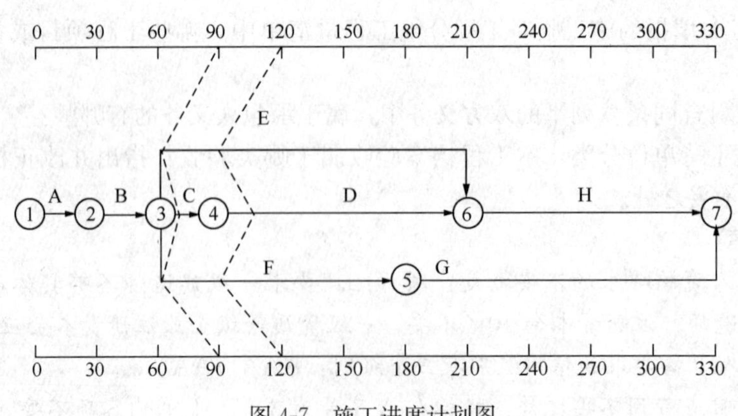

图4-7　施工进度计划图

项目部技术人员对进度前锋线进行了分析，并从第 4 个月起对计划进行了调整，D 工作的工程进度曲线如图 4-8 所示。

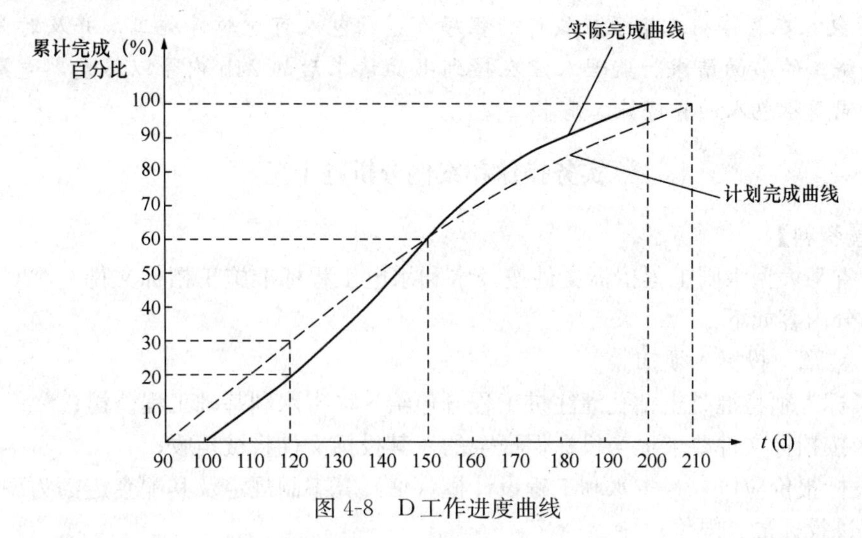

图 4-8　D 工作进度曲线

在机电设备安装期间，当地群众因征地补偿款未及时兑现，聚众到工地阻挠施工，并挖断施工进场道路，导致施工无法进行，监理单位未及时做出暂停施工指示。经当地政府协调，事情得到妥善解决。施工单位在暂停施工 1 个月后根据监理单位通知及时复工。

【问题】

1. 根据“施工进度计划图”，分析 C、E 和 F 工作在第 90d 的进度情况（分别按“X 工作超额或拖欠总工程量的 X%，提前或拖延 X 天”表述）；说明第 90d 的检查结果对总工期的影响。

2. 指出“D 工作进度曲线图”中 D 工作第 120d 的进度偏差和总赶工天数。

3. 计算第 4 个月的已实施工程的价款、预付款扣回、质量保证金扣留和实际工程款支付金额。

4. 针对背景资料中发生的暂停施工情况，根据《水利水电工程标准施工招标文件》(2009 年版)，承包人在暂停施工指示方面应履行哪些程序？

【参考答案】

1. C 工作拖欠总工程量的 50%，拖延 15d；E 工作拖欠总工程量的 50%，拖延 30d；F 工作拖欠总工程量的 25%，拖延 30d。

第 90d 的检查结果对总工期的影响：延误总工期 15d。

2. D 工作第 120d 的进度偏差为拖后 10d；总赶工天数为 0。

3. C 工作的价款＝120×50%＝60 万元。

D 工作的价款＝500×20%＝100 万元。

E 工作的价款＝160×50%＝80 万元。

F 工作的价款＝180×25%＝45 万元。

扫码学习

第 4 个月的已实施工程的价款＝60＋100＋80＋45＝285 万元。

第 3 个月已实施工程的价款＝60 万元，第 3 个月预付款扣回为 60×20%＝12 万元；第 4 个月预付款扣回＝285×20%＝57 万元。

第 4 个月质量保证金扣留＝285×3％＝8.55 万元。

第 4 个月实际工程款支付金额＝285－57－8.55＝219.45 万元。

4. 承包人在暂停施工指示应履行的程序有：承包人可先暂停施工，并及时向监理人提出暂停施工的书面请求。监理人应在接到书面请求后的 24h 内予以答复，逾期未答复的，视为同意承包人的暂停施工请求。

实务操作和案例分析题十三

【背景资料】

××省某大型水闸工程招标文件按《水利水电工程标准施工招标文件》（2009 年版）编制，部分内容如下：

1. 第二章　投标人须知

① 投标人须将混凝土钻孔灌注桩工程分包给××省水利基础工程公司；

② 未按招标文件要求提交投标保证金的，其投标文件将被拒收；

③ 投标报价应以××省水利工程设计概（估）算编制规定及其配套定额为编制依据，并不得超过投标最高限价；

④ 距投标截止时间不足 15 日发出招标文件的澄清和修改通知，但不实质性影响投标文件编制的，投标截止时间可以不延长；

⑤ 投标人可提交备选投标方案，备选投标方案应予开启并评审，优于投标方案的备选投标方案可确定为中标方案；

⑥ 投标人拒绝延长投标有效期的，招标人有权收回其投标保证金。

2. 第四章　合同条款及格式

① 仅对水泥部分进行价格调整，价格调整按公式 $\Delta P=P_0(A+B\times F_t/F_0-1)$ 计算（相关数据依据中标人投标函附录价格指数和权重表，其中 ΔP 代表需调整的价格差额，P_0 指付款证书中承包人应得到的已完成工程量的金额）。

② 工程质量保证金总额为签约合同价的 3％，按 3％的比例从月工程进度款中扣留。

3. 第七章　合同技术条款

混凝土钻孔灌注桩工程计量和支付应遵守以下规定：

① 灌注桩按招标图纸所示尺寸计算的桩体有效长度以延长米为单位计量，由发包人按《工程量清单》相应项目有效工程量的每延长米工程单价支付；

② 灌注桩成孔成桩试验、成桩承载力检验工作所需费用包含在《工程量清单》施工临时工程现场试验费项目中，发包人不另行支付；

③ 校验施工参数和工艺、埋设孔口装置、造孔、清孔、护壁以及混凝土拌合、运输和灌注等工作所需的费用，包含在《工程量清单》相应灌注桩项目有效工程量的工程单价中，发包人不另行支付；

④ 灌注桩钢筋按招标图纸所示的有效重量以 t 为单位计量，由发包人按《工程量清单》相应项目有效工程量的每吨工程单价支付。搭接、套筒连接、加工及损耗等所需费用，发包人另行支付。

经过评标，某投标人中标，与发包人签订了施工合同，投标函附录价格指数和权重见表 4-15。

中标人投标函附录价格指数和权重表　　表 4-15

可调因子	权重		价格指数	
	定值权重	变值权重	基本价格指数	现行价格指数
水泥	90%	10%	100	103

工程实施中，3 月份经监理审核的结算数据如下：已完成原合同工程量清单金额 300 万元，扣回预付款 10 万元，变更金额 6 万元（未按现行计价）。

【问题】

1. 根据《水利水电工程标准施工招标文件》（2009 年版），投标人可对背景材料“第二章　投标人须知”中的哪些条款提出异议（指出条款序号），并说明理由，招标人答复异议的要求有哪些？

2. 若不考虑价格调整，计算 3 月份工程质量保证金扣留额。

3. 指出背景材料价格调整公式中 A、B、F_t、F_0所代表的含义。

4. 分别说明工程质量保证金扣留、预付款扣回及变更费用在价格调整计算式，是否应计入 P_0？计算 3 月份需调整的水泥价格差额 ΔP。

5. 根据《水利水电工程标准施工招标文件》（2009 年版），指出并改正背景材料“第七章合同技术条款”中的不妥之处。

【参考答案】

1. 投标人可对背景材料“第二章　投标人须知”中的条款提出异议及理由：

对第①条款可提出异议。理由：因为招标人不得指定分包商。

对第⑤条款可提出异议。理由：因为只有中标人所递交的备选投标方案方可予以考虑。评标委员会认为中标人的备选投标方案优于其按照招标文件要求编制的投标方案的，招标人可以接受该备选投标方案。

对第⑥条款可提出异议。理由：投标人拒绝延长投标有效期的，投标人有权收回其投标保证金。

招标人答复异议的要求有：潜在投标人或者其他利害关系人对招标文件有异议的，应当在投标截止时间 10 日前提出。招标人应当自收到异议之日起 3 日内作出答复；作出答复前，应当暂停招标投标活动。未在规定时间提出异议的，不得再对招标文件相关内容提出投诉。

2. 3 月份工程质量保证金扣留额＝（300＋6）×3%＝9.18 万元。

3. 背景材料价格调整公式中，A 代表的含义是可调因子的定值权重；B 代表的含义是可调因子的变值权重；F_t代表的含义是可调因子的现行价格指数；F_0代表的含义是可调因子的基本价格指数。

4. 工程质量保证金扣留不应计入 P_0；预付款扣回不应计入 P_0；变更费用应计入 P_0。

3 月份需调整的水泥价格差额 ΔP＝（300＋6）×（0.9＋0.1×1.03/1.00－1）＝0.918 万元。

5. 背景材料“第七章　合同技术条款”中的不妥之处及改正：

（1）不妥之处：灌注桩按招标图纸所示尺寸计算的桩体有效长度以延长米为单位计量，由发包人按《工程量清单》相应项目有效工程量的每延长米工程单价支付。

改正：钻孔灌注桩或者沉管灌注桩按施工图纸所示尺寸计算的桩体有效体积以 m^3 为

单位计量，由发包人按《工程量清单》相应项目有效工程量的每立方米工程单价支付。

（2）不妥之处：灌注桩成孔成桩试验、成桩承载力检验工作所需费用包含在《工程量清单》施工临时工程现场试验费项目中。

改正：灌注桩成孔成桩试验、成桩承载力检验工作所需费用包含在《工程量清单》相应灌注桩项目有效工程量的每立方米工程单价中。

（3）不妥之处：灌注桩钢筋按照图纸所示的有效重量以 t 为单位计量。

改正：灌注桩的钢筋按施工图纸所示钢筋强度等级、直径和长度计算的有效重量以 t 为单位计量。

（4）不妥之处：搭接、套筒连接、加工及损耗等所需费用，发包人另行支付。

改正：搭接、套筒连接、加工及损耗等所需费用包含在《工程量清单》相应项目有效工程量的每吨工程单价支付，发包人不另行支付。

实务操作和案例分析题十四

【背景资料】

某水利工程项目由政府投资建设，招标人委托某招标代理公司代理施工招标。行政监督部门确定该项目采用公开招标方式招标。招标文件规定：投标担保可采用投标保证金或投标保函方式担保。评标方法采用经评审的最低投标价法。投标有效期为 60d。

招标人对招标代理公司提出以下要求：为了避免潜在的投标人过多，项目招标公告只在本市报纸上发布，且采用邀请招标方式招标。

项目施工招标信息发布以后，共有 12 家潜在的投标人报名参加投标。招标人认为报名参加投标的人数太多，为减少评标工作量，要求招标代理公司仅对报名的潜在投标人的资质条件、业绩进行资格审查。

开标、评标后发现：

（1）A 投标人的投标报价为 8000 万元，为最低投标价。

（2）B 投标人在开标后又提交了一份补充说明，提出可以降价 5%。

（3）C 投标人投标文件的投标函盖有企业及企业法定代表人的印章，但没有加盖项目负责人的印章。

（4）D 投标人与其他投标人组成了联合体投标，附有各方资质证书，但没有联合体共同投标协议书。

（5）E 投标人的投标报价最高，故 E 投标人在开标后第 2d 撤回了其投标文件。

经过对投标书的评审，A 投标人被确定为中标候选人。发出中标通知书后，招标人和 A 投标人进行合同谈判，希望 A 投标人能再压缩工期、降低费用。经谈判后双方达成一致：不压缩工期，降价 3%。

【问题】

1. 发包人对招标代理公司提出的要求是否正确？说明理由。

2. A、B、C、D 投标人的投标文件是否有效？说明理由。

3. E 撤回投标文件的行为应如何处理？

4. 该项目施工合同应该如何签订？签约合同价应是多少？

【参考答案】

1. 发包人对招标代理公司提出的要求是否正确的判断及理由如下。

（1）招标人提出招标公告只在本市日报上发布是不正确的。

理由：公开招标项目的招标公告，必须在指定媒介发布，任何单位和个人不得非法限制招标公告的发布地点和发布范围。

（2）招标人要求采用邀请招标是不正确的。

理由：因该工程项目由政府投资建设，相关法规规定："全部使用国有资金投资或者国有资金投资占控股或者主导地位的项目"，应当采用公开招标方式招标。如果采用邀请招标方式招标，应由有关部门批准。

（3）招标人提出的仅对潜在投标人的资质条件、业绩进行资格审查是不正确的。

理由：资质审查的内容还应包括：①信誉；②技术；③拟投入人员；④拟投入机械；⑤财务状况等。

2. A、B、C、D 投标人的投标文件是否有效的判断及理由如下。

（1）A 投标人的投标文件有效。

（2）B 投标人的投标文件（或原投标文件）有效，但补充说明无效，因开标后投标人不能变更（或更改）投标文件的实质性内容（经评审的计算性算术错误除外）。

（3）C 投标人的投标文件有效。

（4）D 投标人的投标文件无效。因为组成联合体投标的，投标文件应附联合体各方共同投标协议。

3. 招标人可以没收其投标保证金，给招标人造成的损失超过投标保证金的，招标人可以要求其赔偿。

4. 该项目应自中标通知书发出后 30 日内按招标文件和 A 投标人的投标文件签订书面合同，双方不得再签订背离合同实质性内容的其他协议。

签约合同价格应为 8000 万元。

实务操作和案例分析题十五

【背景资料】

某水利工程施工项目，项目法人依据《水利水电工程标准施工招标文件》（2009 年版）与施工单位签订了施工合同。招标文件中的工期为 270d，协议书中的工期为 242d。施工中发生了下列事件：

事件 1：施工单位在按监理单位签发设计文件组织施工前发现某部位钢筋混凝土浇筑要求与相关规范规定不一致，向设计单位提示变更建议并附变更方案。设计单位审核后认为施工单位的建议正确、方案合理；向施工单位发出了设计修改文件。

事件 2：在施工过程中根据监理单位的书面指示，施工单位进行了跨河公路桥基础破碎岩石开挖，但公路桥报价清单中无此项内容。主体工程报价清单中有以下单价：

（1）混凝土坝：A. 砂卵石、岩石地基开挖 80 元/m^3；B. 基础处理 90 元/m^3；

（2）土石坝：C. 砂卵石、岩石地基开挖 60 元/m^3；D. 基础处理 70 元/m^3。

事件 3：施工单位经监理单位批准后对基础进行了混凝土覆盖。在下一仓浇筑准备时，监理单位对已覆盖基础质量有疑问，指示施工单位剥离已浇筑混凝土并重新检验，检测结果表明基础质量不合格。施工单位按要求进行返工处理并承担了相应的施工费用，但提出了检验费用支付申请和因此次检验影响进度的工期索赔。

【问题】

1. 该工程合同工期应为多少天？

2. 在事件1的设计文件变更中，施工单位、设计单位的做法有无不妥之处？说明理由。

3. 在事件2中，如果从4个单价中选用的话，你认为哪一项单价为合理？说明理由。

4. 在事件3中，施工单位的检验费支付、申请和工期索赔是否合理？为什么？

【参考答案】

1. 该工程合同工期为242d。

2. 设计单位和施工单位的做法不妥当。

理由：根据有关规定和合同约定，除合同另有约定外，设计单位和施工单位不得有直接来往，必须要经过监理单位，应当向监理单位提出。同样设计单位完成设计变更后，应当交给监理单位，而不应该直接交给施工单位。

3. 应采用混凝土坝A：砂卵石、岩石地基开挖80元/m^3。跨河公路桥基础破碎岩石开挖与该项目的施工方法和工艺最为接近。

4. 施工单位的检验费用支付申请和工期索赔不能成立。

根据《水利水电工程标准施工招标文件》（2009年版）约定：重新检验不合格的，重新检验费用和工期延误均由施工单位承担。如果重新检验合格，重新检验费用和工期延误则由发包人承担。

实务操作和案例分析题十六

【背景资料】

某水利工程施工项目经过招标，建设单位选定A公司为中标单位。双方在施工合同中约定，A公司将设备安装、配套工程和桩基工程的施工分别分包给B、C、D三家专业公司，业主负责采购设备。

该工程在施工招标和合同履行过程中发生了下述事件：

事件1：施工招标过程中共有6家公司竞标。其中F公司的投标文件在招标文件要求提交投标文件的截止时间后半小时送达；G公司的投标文件未密封。

事件2：桩基工程施工完毕，已按国家有关规定和合同约定做了检测验收。监理工程师对5号桩的混凝土质量有怀疑，建议建设单位采用钻孔取样方法进一步检验。D公司不配合，总监理工程师要求A公司给予配合，A公司以桩基为D公司施工为由拒绝。

事件3：若桩钻孔取样检验合格，A公司要求该监理公司承担由此发生的全部费用，赔偿其窝工损失，并顺延所影响的工期。

事件4：建设单位采购的配套工程设备提前进场，A公司派人参加开箱清点，并向监理机构提交因此增加的保管费支付申请。

事件5：C公司在配套工程设备安装过程中发现附属工程设备材料库中部分配件丢失，要求建设单位重新采购供货。

【问题】

1. 事件1中评标委员会是否应该对F、G这两家公司的投标文件进行评审？说明理由。

2. 事件2中A公司的做法是否妥当？说明理由。

3. 事件3中A公司的要求合理吗？说明理由。

4. 事件4中监理机构是否签认A公司的支付申请？说明理由。

5. 事件5中C公司的要求是否合理？说明理由。

【参考答案】

1. (1) 评标委员会对F公司的投标文件不进行评审。

理由：根据《招标投标法》的规定，逾期送达的投标文件，招标人应当拒收。

(2) 评标委员会对G公司的投标文件不进行评审。

理由：对于未密封的投标文件，招标人应当拒收。

2. A公司的做法不妥当。

理由：A公司与D公司是总包与分包关系，A公司对D公司的施工质量问题承担连带责任，A公司有责任配合监理工程师的检验要求。

3. A公司的要求不合理。

理由：由建设单位而非监理单位承担由此发生的全部费用，并顺延所影响的工期。

4. 监理机构应予签认A公司的支付申请。

理由：建设单位供应的材料设备提前进场，导致保管费用增加，属于发包人责任。由建设单位承担因此发生的保管费用。

5. C公司的要求不合理。

理由：C公司不应直接向建设单位提出采购要求，应由A公司提出。建设单位供应的材料设备经清点移交，配件丢失责任在承包方。

实务操作和案例分析题十七

【背景资料】

某水电工程项目，采用工程量清单计价方式进行施工招标，招标控制价为3568万元，其中暂列金额280万元。招标文件中规定：

(1) 投标有效期90d，投标保证金有效期与其一致。

(2) 投标报价不得低于企业平均成本。

(3) 近三年施工完成或在建的合同价超过2000万元的类似工程项目不少于3个。

(4) 合同履行期间，综合单价在任何市场波动和政策变化下均不得调整。

(5) 缺陷责任期为3年，期满后退还预留的质量保证金。

投标过程中，投标人F在开标前1h口头告知招标人，撤回了已提交的投标文件，要求招标人3日内退还其投标保证金。

除F外还有A、B、C、D、E五个投标人参加了投标，其总报价（万元）分别为：3489、3470、3358、3209、3542。评标过程中，评标委员会发现投标人B的暂列金额按260万元计取，且对招标清单中的材料暂估单价均下调5%后计入报价；发现投标人E报价中混凝土梁的综合单价为700元/m^3，招标清单工程量为520m^3，合价为36400元。其他投标人的投标文件均符合要求。

【问题】

1. 请逐一分析招标文件中规定的（1）～（5）项内容是否妥当？并对不妥之处分别说明理由。

2. 请指出投标人F行为的不妥之处，并说明理由。

3. 针对投标人B、投标人E的报价，评标委员会应分别如何处理？并说明理由。

【参考答案】

1. 招标文件中第（1）项规定：妥当。

招标文件中第（2）项规定：不妥。理由：投标报价不得低于企业个别成本。

招标文件中第（3）项规定：妥当。

招标文件中第（4）项规定：不妥。理由：对于主要由市场价格波动导致的价格风险，如工程造价中的建筑材料、燃料等价格风险，发承包双方应当在招标文件中或在合同中对此类风险的范围和幅度予以明确约定，进行合理分摊。因国家法律、法规、规章和政策发生变化影响合同价款的风险，发承包双方应在合同中约定由发包人承担，承包人不应承担此类风险。

标文件中第（5）项规定：不妥。理由：缺陷责任期最长不超过24个月。

2.（1）不妥之处一：投标人F在开标前1h口头告知招标人。

理由：投标人撤回已提交的投标文件，应当在投标截止时间前书面通知招标人。

（2）不妥之处二：要求招标人3日内退还其投标保证金。

理由：投标人已收取投标保证金的，应当自收到投标人书面撤回通知之日起5日内退还。

3.（1）针对投标人B的报价，评委应将其按照废标处理。

理由：投标人应按照招标人提供的暂列金额、材料暂估价进行投标报价，不得变动和更改。而投标人B的投标报价中，暂列金额、材料暂估价没有按照招标文件的要求填写，未在实质上响应招标文件，故投标人B的报价应作为废标处理。

（2）针对投标人E的报价，评委应将其按照废标处理。

理由：投标人E的报价计算有误，评委应将投标人E的投标报价以单价为准修正总价，即混凝土梁按520×700/10000＝36.4万元修正，修正的价格经投标人书面确认后具有约束力；投标人不接受修正价格的，其投标无效。但是，E投标人原报价3542万元，混凝土梁价格修改后为36.4万元，则投标人E经修正后的报价＝3542＋（36.4－36400/10000）＝3574.76万元，超过招标控制价3568万元，故应按照废标处理。

实务操作和案例分析题十八

【背景资料】

某水利水电工程项目，发包人与承包人依据《水利水电工程标准施工招标文件》（2009年版）签订了施工承包合同，签约合同价格4000万元（含临建固定总价承包项目200万元）。合同中规定：

（1）工程预付款的总额为签约合同价格的10％，开工前由发包人一次付清；

工程预付款按公式$R=\frac{A}{(F_2-F_1)S}(C-F_1S)$扣还，其中$F_1=20\%$，$F_2=90\%$。

（2）发包人不扣工程质量保证金，以履约保证金代替。

（3）物价调整采用调价公式法。

（4）材料预付款按发票值的90%支付；材料预付款从付款的下一个月开始扣还，6个月内每月扣回1/6。

（5）利润率为7%。

（6）工程量清单中，对施工设备的进场和撤回、人员遣返费用等，未单独列项报价。

合同执行过程中，由于发包人违约合同解除。合同解除时的情况为：

（1）承包人已完成工程量清单中合同额2200万元。

（2）临时工程项目已全部完成。

（3）合同履行期间价格调整差额系数为0.02。

（4）承包人近期为工程合理订购某种材料300万元（发票值），入库已3个月；合同解除时，该种材料尚有库存50万元。

（5）承包人已为本工程永久设备签订了订货合同，合同价为50万元，并已支付合同定金10万元。

（6）承包人已完成一个合同内新增项目100万元（按当时市场价格计算值）。

（7）承包人按合同价格已完成计日工10万元（按当时市场价格计算值）。

（8）承包人的全部进场费为32万元。

（9）承包人的全部设备撤回承包人基地的费用为20万元；由于部分设备用到承包人承包的其他工程上使用（合同中未规定），增加撤回费用5万元。

（10）承包人人员遣返总费用为10万元。

（11）承包人已完成的各类工程款和计日工等，发包人均已按合同规定支付。

（12）解除合同时，发包人与承包人协商确定：由于解除合同造成的承包人的进场费、设备撤回、人员遣返等费用损失，按未完成合同工程价款占合同价格的比例计算。

【问题】

1. 合同解除时，承包人已经得到多少工程款？

2. 合同解除时，发包人应总共支付承包人多少金额（包括已经支付的和还应支付的）？

3. 合同解除时，承包人应退还发包人多少金额？

（计算结果保留一位小数）

【参考答案】

1. 合同解除时，承包人已经得到的工程款为发包人应支付的款项金额与发包人应扣款项的金额之差。

（1）发包人应支付的款项金额3020.2万元。其中：

① 承包人已完成的合同工程量清单项目金额2200万元（含临时工程费200万元）。

② 新增项目100万元。

③ 计日工10万元。

④ 价格调整差额2000×0.02=40万元。

⑤ 材料预付款 300×90%=270 万元。

⑥ 工程预付款 4000×10=400 万元。

(2) 发包人应扣款项的金额 350.7 万元。其中：

① 工程预付款扣还。

合同解除时，累计完成合同工程金额：$C=2200+100+10=2310$ 万元 $>F_1S=0.2\times4000=800$ 万元。

累计扣回工程预付款：$R=\dfrac{4000\times10\%}{(0.9-0.2)\times4000}\times(2310-0.2\times4000)=215.7$ 万元。

② 材料预付款扣还：$270\times\dfrac{1}{6}\times3=135$ 万元。

故承包人已经得到的工程款=应支付的款项金额－应扣款项的金额=3020.2－350.7=2669.3 万元。

2. 合同解除时，发包人应总共支付承包人金额 2437.9 万元。其中包括：

(1) 承包人已完成的合同金额 2200 万元。

(2) 新增项目 100 万元。

(3) 计日工 10 万元。

(4) 价格调整差额 2000×0.02=40 万元。

(5) 承包人的库存材料 50 万元（一旦支付，材料归发包人所有）。

(6) 承包人订购设备定金 10 万元。

(7) 承包人设备、人员遣返和进场费损失补偿：[(4000－2200)/4000]×(20+10+32)=27.9 万元。

3. 合同解除时，发包人应要求承包人退还的金额=总共应付承包人金额－承包人已经得到的工程款=2669.3－2437.9=231.4 万元。

实务操作和案例分析题十九

【背景资料】

某堤防工程，发包人与承包人依据《水利水电工程标准施工招标文件》(2009 年版)签订了施工承包合同，合同中的项目包括土方填筑和砌石护坡，其中土方填筑 200 万 m^3，单价为 10 元/m^3；砌石 10 万 m^3（不考虑砌石定额系数，所需开采石方 10 万 m^3），单价为 40 元/m^3。

合同中的有关情况为：

(1) 合同开工日期为 9 月 20 日。

(2) 工程量清单中单项工程量的变化超过 20%按变更处理。

(3) 发包人指定的采石场距工程现场 10km，开采条件可满足正常施工强度 500m^3/d 的需要。

(4) 工程施工计划为先填筑，填筑全部完成后再砌石施工。

(5) 合同约定每年 10 月 1 日至 3 日为休息日，承包人不得安排施工。

在合同执行工程中：

(1) 在土方施工中，由于以下原因引起停工：

事件1：合同规定发包人移交施工场地的时间为当年10月3日，由于发包人原因，实际移交时间延误到10月8日晚；

事件2：10月6日至15日因不可抗力事件，工程全部暂停施工；

事件3：10月28日至11月2日，承包人的施工设备发生故障，主体施工发生施工暂停。

承包人设备停产一天的损失为1万元，人工费需8000元。

（2）土方填筑实际完成300万m^3，经合同双方协商，对超过合同规定百分比的工程量，单价增加了3元/m^3；土方填筑工程量的增加未延长填筑作业天数。

（3）工程施工中，承包人在发包人指定的采石场只开采了5万m^3后，该采石场再无石材可采。监理人指示承包人自行寻找采石场。

承包人另寻采石场发生合理费用支出5000元。新采石场距工程现场30km，石料运输运距每增加1km，运费增加1元/m^3。采石场变更后，由于运距增加，运输能力有限，每天只能运输400m^3，监理人同意延长工期。采石场变更后，造成施工设备利用率不足并延长工作天数，合同双方协商从使用新料场开始，按照2000元/d补偿承包人的损失。

（4）工程延期中，承包人管理费、保险费、保函费等损失为5000元/d。

【问题】

1. 承包人应获准的工程延期是多少天?

2. 分析承包人应获批准的由于变更引起的费用赔偿金额。

【参考答案】

1. 承包人应获准的工程延期是37d。

（1）因天气原因、移交场地延误造成从10月4日至10月15日施工暂停，工期延误12d，这属于不可抗力和发包人应承担的停工责任。

（2）由于料场变化，运输能力不足，影响填筑工程延长工期：$\frac{100000-50000}{400}-\frac{100000-50000}{500}=25d$。

故应批准的工期延长＝12＋25＝37d。

【分析】

承包人应获准的工程延期天数是由于业主的原因、业主应承担的风险造成的工期延误。包括：①移交场地延误；②不可抗力停工；③石料场变化后运输能力降低。

2. 承包人应得到的费用补偿：

（1）土方填筑量增加超过规定百分比引起的费用增加＝［300－（1＋20%）×200］×（10＋3）＝780万元。

（2）由于石料运输距离增加而增加的费用＝1×（10－5）×1×（30－10）＝100万元。

（3）由于石料运输能力不足应给承包人的补偿＝2000×（10－5）×1÷400＝25万元。

（4）发包人应负责的停工期间设备停产的损失：

10月4日至10月15日的12d停工期间，10月4日至10月5日（2d）由于发包人移交场地原因造成，应补偿费用。

10月6日至10月8日属于“共同性延误”，以先发生因素确定延误责任（发包人移交场地延误在前）。

10月9日至10月15日，由于异常天气引起的停工，属于不予费用补偿的停工(7d)。

因此，应予补偿费用的停工共计5d，补偿费为：5×（1＋0.8）＝9万元。

（5）工期延长后管理费、保险费、保函费等费用的损失补偿：0.5×（5＋25）＝15万元。

（6）承包人另寻采石场发生的合理费用为0.5万元。

第五章　水利水电工程施工质量管理

2011—2020 年度实务操作和案例分析题考点分布

年份 考点	2011 年	2012 年 6 月	2012 年 10 月	2013 年	2014 年	2015 年	2016 年	2017 年	2018 年	2019 年	2020 年
混凝土的分类和质量要求				●			●		●		
混凝土质量要求及控制措施											
钢筋质量检验的要求									●		
堤防施工堤基处理质量要求	●										
水利工程质量发展纲要					●						
施工质量事故分类		●	●					●			
施工质量事故处理职责划分及处理原则			●					●			
施工质量取缺陷备案表的相关内容				●							
施工质量评定工作的组织要求								●			
施工质量评定的要求								●	●	●	
单元工程质量等级评定标准	●	●			●	●	●		●		
单元工程质量表的填写	●										
水利工程竣工验收的要求及竣工图的编制						●	●	●	●		
分部工程验收			●	●			●				
单位工程验收	●	●									

专家指导：

施工质量管理内容中可考点很多，通常会结合施工技术和法规标准进行考核。在施工过程中关乎质量的问题都有可能考查到，对教材细节的把握在此能得到很好的体验，也是拉开分值的关键。从上述总结来看，单元工程质量等级评定标准属于高频考点，是案例真题中经久不衰的考点。工程验收在历年来考试中，主要集中在竣工验收、单位工程验收、分部工程验收这部分内容，建议考生着重复习。

要 点 归 纳

1. 水利工程质量发展纲要

水利工程建设质量方针是“五个坚持”，即“坚持以人为本、坚持安全为先、坚持诚信守法、坚持夯实基础、坚持创新驱动”。

落实“四个责任制”，即从业单位质量主体责任制；从业单位领导人责任制；从业人员责任制；质量终身责任制（指项目法人、勘察、设计、施工、监理及质量检测等从业单位的工作人员，按各自职责对其经手的工程质量负终身责任）。

2. 水利工程施工质量事故分类（表 5-1）**【重要考点】**

水利工程施工质量事故分类　　表 5-1

损失情况＼事故类别		特大质量事故	重大质量事故	较大质量事故	一般质量事故
事故处理所需的物资、器材和设备、人工等直接损失费(人民币万元)	大体积混凝土，金属制作和机电安装工程	＞3000	＞500 ≤3000	＞100 ≤500	＞20 ≤100
	土石方工程、混凝土薄壁工程	＞1000	＞100 ≤1000	＞30 ≤100	＞10 ≤30
事故处理所需合理工期（月）		＞6	＞3 ≤6	＞1 ≤3	≤1
事故处理后对工程功能和寿命影响		影响工程正常使用，需限制条件使用	不影响工程正常使用，但对工程寿命有较大影响	不影响工程正常使用，但对工程寿命有一定影响	不影响工程正常使用和工程寿命

3. 水利工程质量事故处理主体（表 5-2）

水利工程质量事故处理主体　　表 5-2

质量事故	处理主体
一般质量事故	项目法人负责组织有关单位制订处理方案并实施，报上级主管部门备案
较大质量事故	由项目法人负责组织有关单位制订处理方案，经上级主管部门审定后实施，报省级水行政主管部门或流域备案
重大质量事故	由项目法人负责组织有关单位提出处理方案，征得事故调查组意见后，报省级水行政主管部门或流域机构审定后实施
特大质量事故	由项目法人负责组织有关单位提出处理方案，征得事故调查组意见后，报省级水行政主管部门或流域机构审定后实施，并报水利部备案

4. 质量缺陷的处理

根据水利部《关于贯彻落实“国务院批转国家计委、财政部、水利部、建设部关于加强公益性水利工程建设管理若干意见的通知”的实施意见》，水利工程实行水利工程施工质量缺陷备案及检查处理制度。

质量缺陷备案的内容包括：质量缺陷产生的部位、原因，对质量缺陷是否处理和如何处理以及对建筑物使用的影响等。内容必须真实、全面、完整，参建单位（人员）必须在质量缺陷备案表上签字，有不同意见应明确记载。

质量缺陷备案资料必须按竣工验收的标准制备，作为工程竣工验收备查资料存档。质量缺陷备案表由监理单位组织填写。

5. 质量事故处理原则**【重要考点】**

根据水利部《贯彻质量发展纲要　提升水利工程质量的实施意见》（水建管［2012］581号），坚持“事故原因不查清楚不放过、主要事故责任者和职工未受到教育不放过、补救和防范措施不落实不放过、责任人员未受到处理不放过”的原则。

6. 水利水电工程施工质量等级

《水利水电工程施工质量检验与评定规程》SL 176—2007（以下简称新规程）规定水利水电工程施工质量等级分为“合格”、“优良”两级。合格标准是工程验收标准。优良等级是为工程项目质量创优而设置。

7. 新规程有关施工质量合格标准（表5-3）**【重要考点】**

新规程有关施工质量合格标准　　**表5-3**

工程	施工质量合格标准
单元（工序）工程	（1）单元（工序）工程施工质量评定标准按照《单元工程评定标准》或合同约定的合格标准执行。 （2）单元（工序）工程质量达不到合格标准时，应及时处理。处理后的质量等级按下列规定重新确定： ① 全部返工重做的，可重新评定质量等级。 ② 经加固补强并经设计和监理单位鉴定能达到设计要求时，其质量评为合格。 ③ 处理后的工程部分质量指标仍达不到设计要求时，经设计复核，项目法人及监理单位确认能满足安全和使用功能要求，可不再进行处理；或经加固补强后，改变了外形尺寸或造成工程永久性缺陷的，经项目法人、监理及设计单位确认能基本满足设计要求，其质量可定为合格，但应按规定进行质量缺陷备案
分部工程	（1）所含单元工程的质量全部合格。质量事故及质量缺陷已按要求处理，并经检验合格。 （2）原材料、中间产品及混凝土（砂浆）试件质量全部合格，金属结构及启闭机制造质量合格，机电产品质量合格
单位工程	（1）所含分部工程质量全部合格。 （2）质量事故已按要求进行处理。 （3）工程外观质量得分率达到70%以上。 （4）单位工程施工质量检验与评定资料基本齐全。 （5）工程施工期及试运行期，单位工程观测资料分析结果符合国家和行业技术标准以及合同约定的标准要求
工程项目	（1）单位工程质量全部合格。 （2）工程施工期及试运行期，各单位工程观测资料分析结果均符合国家和行业技术标准以及合同约定的标准要求

8. 新规程有关施工质量优良标准（表5-4）**【高频考点】**

新规程有关施工质量优良标准　　**表5-4**

工程	施工质量优良标准
单元工程	按照《单元工程评定标准》以及合同约定的优良标准执行。全部返工重做的单元工程，经检验达到优良标准时，可评为优良等级
分部工程	（1）所含单元工程质量全部合格，其中70%以上达到优良等级，主要单元工程以及重要隐蔽单元工程（关键部位单元工程）质量优良率达90%以上，且未发生过质量事故。 （2）中间产品质量全部合格，混凝土（砂浆）试件质量达到优良等级（当试件组数小于30时，试件质量合格）。原材料质量、金属结构及启闭机制造质量合格，机电产品质量合格

续表

工程	施工质量优良标准
单位工程	(1) 所含分部工程质量全部合格，其中70%以上达到优良等级，主要分部工程质量全部优良，且施工中未发生过较大质量事故。 (2) 质量事故已按要求进行处理。 (3) 外观质量得分率达到85%以上。 (4) 单位工程施工质量检验与评定资料齐全。 (5) 工程施工期及试运行期，单位工程观测资料分析结果符合国家和行业技术标准以及合同约定的标准要求
工程项目	(1) 单位工程质量全部合格，其中70%以上单位工程质量达到优良等级，且主要单位工程质量全部优良。 (2) 工程施工期及试运行期，各单位工程观测资料分析结果均符合国家和行业技术标准以及合同约定的标准要求

9. 新规程有关施工质量评定工作的组织要求（表5-5）【重要考点】

新规程有关施工质量评定工作的组织要求 **表5-5**

项目	要　求
单元（工序）工程质量	在施工单位自评合格后，报监理单位复核，由监理工程师核定质量等级并签证认可
重要隐蔽单元工程及关键部位单元工程	重要隐蔽单元工程及关键部位单元工程质量经施工单位自评合格、监理单位抽检后，由项目法人（或委托监理）、监理、设计、施工、工程运行管理（施工阶段已经有时）等单位组成联合小组，共同检查核定其质量等级并填写签证表，报工程质量监督机构核备
分部工程质量	在施工单位自评合格后，报监理单位复核，项目法人认定。分部工程验收的质量结论由项目法人报质量监督机构核备。大型枢纽工程主要建筑物的分部工程验收的质量结论由项目法人报工程质量监督机构核定
单位工程质量	在施工单位自评合格后，由监理单位复核，项目法人认定。单位工程验收的质量结论由项目法人报质量监督机构核定

10. 工序施工质量评定（表5-6）【高频考点】

工序施工质量评定标准 **表5-6**

项目	合格等级标准	优良等级标准
主控项目	检验结果应全部符合本《水利水电工程单元工程施工质量验收评定标准》的要求	
一般项目	逐项应有70%及以上的检验点合格，且不合格点不应集中	逐项应有90%及以上的检验点合格，且不合格点不应集中
各项报验资料	应符合《水利水电工程单元工程施工质量验收评定标准》要求	

11. 单元工程施工质量验收评定（表 5-7）【高频考点】

单元工程施工质量验收评定　　表 5-7

项目	合格等级标准	优良等级标准
划分工序单元工程	（1）各工序施工质量验收评定应全部合格。 （2）各项报验资料应符合《水利水电工程单元工程施工质量验收评定标准》要求	（1）各工序施工质量验收评定应全部合格，其中优良工序应达到 50%及以上，且主要工序应达到优良等级。 （2）各项报验资料应符合《水利水电工程单元工程施工质量验收评定标准》要求
不划分工序单元工程	主控项目，检验结果应全部符合《水利水电工程单元工程施工质量验收评定标准》的要求	
	一般项目，逐项应有 70%及以上的检验点合格，且不合格点不应集中；对于河道疏浚工程，逐项应有 90%及以上的检验点合格，且不合格点不应集中	一般项目，逐项应有 90%及以上的检验点合格，且不合格点不应集中；对于河道疏浚工程，逐项应有 95%及以上的检验点合格，且不合格点不应集中
	各项报验资料应符合《水利水电工程单元工程施工质量验收评定标准》要求	

12. 水利水电工程验收分类【重要考点】

法人验收：分部工程验收、单位工程验收、水电站（泵站）中间机组启动验收、合同工程完工验收等。

政府验收：阶段验收、专项验收、竣工验收等。

13. 水利工程项目法人验收的要求（表 5-8）【高频考点】

水利工程项目法人验收的要求　　表 5-8

类型	主持	验收组成员	工作组成员规定
分部工程验收	项目法人（或委托监理单位）	由项目法人、勘测、设计、监理、施工、主要设备制造（供应）商等单位的代表组成，运行单位视情况决定是否参加	大型工程分部工程验收工作组成员应具有中级及其以上技术职称或相应执业资格；其他工程的验收工作组成员应具有相应的专业知识或执业资格。参加分部工程验收的每个单位代表人数不宜超过 2 名
单位工程验收	项目法人	由项目法人、勘测、设计、监理、施工、主要设备制造（供应）商、运行管理等单位的代表组成	单位工程验收工作组成员应具有中级及其以上技术职称或相应执业资格，每个单位代表人数不宜超过 3 名
合同完工验收	项目法人	由项目法人以及与合同工程有关的勘测、设计、监理、施工、主要设备制造（供应）商等单位的代表组成	—

14. 水利工程项目阶段验收的要求（表 5-9）【重要考点】

水利工程项目阶段验收的要求　　表 5-9

项目	内　容
类型	枢纽工程导（截）流验收、水库下闸蓄水验收、引（调）排水工程通水验收、水电站（泵站）首（末）台机组启动验收、部分工程投入使用验收以及竣工验收主持单位根据工程建设需要增加的其他验收

续表

项目	内容
主持	竣工验收主持单位或其委托的单位
验收委员会	验收主持单位、质量和安全监督机构、运行管理单位的代表以及有关专家，必要时，可邀请地方人民政府以及有关部门参加

15. 水利工程竣工验收的要求（表 5-10）**【高频考点】**

水利工程竣工验收的要求 **表 5-10**

项目	内容
运行条件	项目全部完成并满足一定运行条件后 1 年内进行。不能按期进行竣工验收的，经竣工验收主持单位同意，可适当延长期限，但最长不得超过 6 个月
验收组织	项目法人提出申请报告→法人验收监督管理机关审查后报验收主持单位→收到申请报告 20 个工作日内决定是否同意进行验收
验收委员会	设主任委员 1 名，副主任委员以及委员若干名，主任委员应由验收主持单位代表担任。
	竣工验收主持单位、有关地方人民政府和部门、有关水行政主管部门和流域管理机构、质量和安全监督机构、运行管理单位的代表以及有关专家、工程投资方代表

16. 水利工程专项验收的要求

水利工程专项验收主要有建设项目竣工环境保护验收、生产建设项目水土保持设施验收、移民安置验收以及建设项目档案验收。

水利水电建设项目竣工环境保护验收技术工作分为三个阶段：准备阶段、验收调查阶段、现场验收阶段。

档案验收结果分为 3 个等级：总分达到或超过 90 分的，为优良；达到 70～89.9 分的，为合格；达不到 70 分或“应归档文件材料质量与移交归档”项达不到 60 分的，均为不合格。

历 年 真 题

实务操作和案例分析题一［2018 年真题］

【背景资料】

某水利枢纽工程包括节制闸和船闸工程，工程所在地区每年 5～9 月份为汛期。项目于 2014 年 9 月开工，计划 2017 年 1 月底完工。项目划分为节制闸和船闸两个单位工程。根据设计要求，节制闸闸墩、船闸侧墙和底板采用 C25、F100、W4 混凝土。

本枢纽工程施工过程中发生如下事件：

事件 1：根据合同要求，进场钢筋应具有出厂质量证明书或试验报告单，每捆钢筋均应挂上标牌，标牌上应标明厂标等内容。

事件 2：船闸单位工程共有 20 个分部工程，分部工程质量全部合格，其中优良分部工程 16 个；主要分部工程 10 个，工程质量全部优良。施工过程中未发生质量事故。外观质量得分率为86.5%，质量检验评定资料齐全，工程观测分析结果符合国家和行业标准以及合同约定的标准。

事件3：项目如期完工，计划于2017年汛前进行竣工验收。施工单位在竣工图编制中，对由预制改成现浇的交通桥工程，直接在原施工图上注明变更的依据，加盖并签署竣工图章后作为竣工图。

【问题】

1. 背景资料中C25、F100、W4分别表示混凝土的哪些指标？其中数值25、100、4的含义分别是什么？

2. 除厂标外，指出事件1中钢筋标牌上应标注的其他内容。

3. 依据《水利水电工程施工质量检验与评定规程》SL 176—2007，单位工程施工质量优良标准中，对分部工程质量、主要分部工程质量及外观质量方面的要求分别是什么？根据事件2提供的资料，说明船闸单位工程的质量等级。

4. 依据《水利水电建设工程验收规程》SL 223—2008和《水利工程建设项目档案管理规定》（水办［2005］480号）的规定，指出并改正事件3中的不妥之处。

【解题方略】

1. 本题考查的是混凝土的分类和质量要求。该考点与2016年案例二第1问中考查的点一样。属于送分题。

混凝土强度等级按混凝土立方体抗压强度标准值划分为C15、C20、C25、C30、C35、C40、C45、C50、C55、C60、C65、C70、C75、C80等14个等级。强度等级为C25的混凝土，是指25MPa$\leqslant f_{cu,k}<$30MPa的混凝土。预应力混凝土结构的混凝土强度等级不小于C30。

混凝土的抗冻性以抗冻等级（F）表示。抗冻等级按28d龄期的试件用快冻试验方法测定，分为F50、F100、F150、F200、F250、F300、F400等7个等级，相应表示混凝土抗冻性试验能经受50、100、150、200、250、300、400次的冻融循环。

混凝土的抗渗等级可划分为W2、W4、W6、W8、W10、W12等6个等级，相应表示混凝土抗渗试验时一组6个试件中4个试件未出现渗水时的最大水压力分别为0.2MPa、0.4MPa、0.6MPa、0.8MPa、1.0MPa、1.2MPa。本题中W4对应的是0.4MPa。

2. 本题考查的是钢筋质量检验的要求。进入施工现场的钢筋，应具有出厂质量证明书或试验报告单，每捆（盘）钢筋均应挂上标牌，标牌上应注有厂标、钢号、产品批号、规格、尺寸等项目，在运输和储存时不得损坏和遗失这些标牌。该考点属于冷门考点。

3. 本题考查的是施工质量评定的要求。本题属于高频考点，难度不大，属于送分题。关于施工质量评定考生务必要掌握。《水利水电工程施工质量检验与评定规程》SL 176—2007规定，单位工程施工质量优良标准如下：

（1）所含分部工程质量全部合格，其中70%以上达到优良等级，主要分部工程质量全部优良，且施工中未发生过较大质量事故。

（2）质量事故已按要求进行处理。

（3）外观质量得分率达到85%以上。

（4）单位工程施工质量检验与评定资料齐全。

（5）工程施工期及试运行期，单位工程观测资料分析结果符合国家和行业技术标准以及合同约定的标准要求。

单位工程的质量等级评定是历年考试的高频考点。针对本案例事件2，20个分部工程，分部工程质量全部合格，优良等级为16/20＝80%，主要分部工程10个，工程质量全部优良。外观质量得分率为86.5%大于85%。质量检验评定资料齐全，工程观测分析结果符合国家和行业标准以及合同约定的标准。满足标准的规定，所以船闸单位工程质量等级为优良。

4. 本题考查的是水利工程竣工验收的要求及竣工图的编制要求。根据《水利水电建设工程验收规程》SL 223—2008，竣工验收应在工程建设项目全部完成并满足一定运行条件后1年内进行。不能按期进行竣工验收的，经竣工验收主持单位同意，可适当延长期限，但最长不得超过6个月。一定运行条件是指：

（1）泵站工程经过一个排水或抽水期；

（2）河道疏浚工程完成后；

（3）其他工程经过6个月（经过一个汛期）至12个月。

本题中，汛前进行竣工验收显然是错误的，应该经过至少一个洪水期的考验才能进行竣工验收。

根据《水利工程建设项目档案管理规定》（水办［2005］480号），施工单位应按以下要求编制竣工图：

（1）按施工图施工没有变动的，须在施工图上加盖并签署竣工图章。

（2）一般性的图纸变更及符合杠改或划改要求的，可在原施工图上更改，在说明栏内注明变更依据，加盖并签署竣工图章。

（3）凡涉及结构形式、工艺、平面布置等重大改变，或图面变更超过1/3的，应重新绘制竣工图（可不再加盖竣工图章）。重绘图应按原图编号，并在说明栏内注明变更依据，在图标栏内注明竣工阶段和绘制竣工图的时间、单位、责任人。监理单位应在图标上方加盖并签署竣工图确认章。

【参考答案】

1. C25表示混凝土强度等级的指标，25表示混凝土立方体抗压强度标准值为25MPa。

F100表示混凝土抗冻性的指标，100表示混凝土抗冻性试验能经受100次的冻融循环。

W4表示混凝土抗渗性的指标，4表示混凝土抗渗试验时一组6个试件中4个试件未出现渗水时的最大水压力分别为0.4MPa。

2. 钢筋标牌上还应标注钢号、产品批号、规格、尺寸等项目。

3. 单位工程施工质量优良标准中，所含分部工程质量全部合格，其中70%以上达到优良等级，主要分部工程质量全部优良，且施工中未发生过较大质量事故，外观质量得分率达到85%以上。

事件2中，船闸单位工程质量等级为优良。

4. 不妥之处一：计划于2017年汛前进行竣工验收。

理由：竣工验收应在工程建设项目全部完成并满足一定运行条件后1年内进行。

不妥之处二：施工单位在竣工图编制中，对由预制改成现浇的交通桥工程，直接在原施工图上注明变更的依据，加盖并签署竣工图章后作为竣工图。

理由：应重新绘制交通桥竣工图，监理单位应在图标上方加盖并签署竣工图确认章。

实务操作和案例分析题二［2017年真题］

【背景资料】

某堤防加固工程划分为一个单位工程，工程建设内容包括堤防培厚、穿堤涵洞拆除重建等。堤防培厚采用在迎水侧、背水侧均加培的方式，如图5-1所示。根据设计文件，A区的土方填筑量为12万m^3，B区的土方填筑量为13万m^3。

施工过程中发生如下事件：

事件1：建设单位提供的料场共2个。1号料场位于堤防迎水侧的河道滩地，2号料场位于河道背水侧，两料场到堤防运距大致相等。施工单位对料场进行了复核，料场土料情况见表5-11。施工单位拟将1号料场用于A区，2号料场用于B区，监理单位认为不妥。

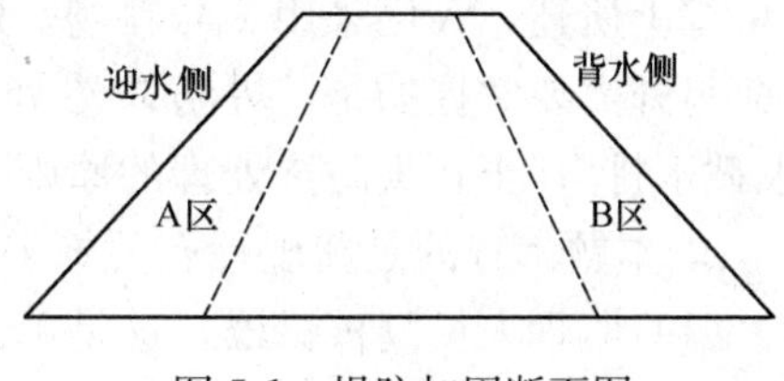

图5-1 堤防加固断面图

料场土料情况 表5-11

料场名称	土料颗粒组成（%）			渗透系数（cm/s）	可利用储量（万m^3）
	砂粒	粉粒	黏粒		
1号料场	28	60	12	4.2×10^{-4}	22
2号料场	15	60	25	3.4×10^{-6}	22

事件2：穿堤涵洞拆除后，基坑开挖到新涵洞的设计建基面高程。施工单位对开挖单元工程质量进行自评合格后，报监理单位复核。监理工程师核定该单元工程施工质量等级并签证认可。质量监督部门认为上述基坑开挖单元工程施工质量评定工作的组织不妥。

事件3：某混凝土分部工程共有50个单元工程，单元工程质量全部经监理单位复核认可。50个单元工程质量全部合格，其中优良单元工程38个；主要单元工程以及重要隐蔽单元工程共20个，优良19个。施工过程中检验水泥共10批、钢筋共20批、砂共15批、石子共15批，质量均合格。混凝土试件：C25共19组、C20共10组、C10共5组，质量全部合格。施工中未发生过质量事故。

事件4：单位工程完工后，施工单位向项目法人申请进行单位工程验收，项目法人拟委托监理单位主持单位工程验收工作。监理单位提出，单位工程质量评定工作待单位工程验收后，将依据单位工程验收的结论进行评定。

【问题】

1. 事件1中施工单位对两个土料场应如何进行安排？说明理由。

2. 说明事件2中基坑开挖单元工程质量评定工作的正确做法。

3. 依据《水利水电工程施工质量检验与评定规程》SL 176—2007，根据事件3提供的资料，评定此分部工程的质量等级，并说明理由。

4. 指出并改正事件 4 中的不妥之处。

【解题方略】

1. 本题考查的是土石坝和堤防工程填筑技术。

1 号料场、2 号料场储量及两个区域的土方需求量均近似。1 号料场土料中，砂粒较多，黏粒较少，渗透系数远大于 2 号料场，利于排水。2 号料场土料中，砂粒少，黏粒多，渗透系数小，有利于阻截渗水。

堤防防渗处理的原则是“上截下排”，即上游迎水面阻截渗水，下游背水面设排水和导渗，使渗水及时排除。

综上所述，A 区采用 2 号料场，B 区采用 1 号料场。

另外需要掌握的是：堤防防渗处理的原则是“上截下排”；漏洞险情的抢护原则是“上截下排”；土石坝防渗处理的原则是“上截下排”。

2. 本题考查的是新规程有关施工质量评定工作的组织要求。事件 2 中有两处错误：

（1）监理人员复核错误，这是单元（工序）工程质量评定的要求，重要隐蔽单元工程及关键部位单元工程质量评定，监理单位应抽检；

（2）监理工程师核定该单元工程施工质量等级并签证认可是错误，由项目法人（或委托监理）、监理、设计、施工、工程运行管理（施工阶段已经有时）等单位组成联合小组，共同检查核定其质量等级并填写签证表，报工程质量监督机构核备。

3. 本题考查的是新规程有关施工质量优良标准。分部工程施工质量优良标准：

（1）所含单元工程质量全部合格，其中 70%以上达到优良等级，主要单元工程以及重要隐蔽单元工程（关键部位单元工程）质量优良率达 90%以上，且未发生过质量事故。

（2）中间产品质量全部合格，混凝土（砂浆）试件质量达到优良等级（当试件组数小于 30 时，试件质量合格）。原材料质量、金属结构及启闭机制造质量合格，机电产品质量合格。

4. 本题考查的是水利工程验收的要求。分部工程验收应由项目法人（或委托监理单位）主持。单位工程、合同完工验收应由项目法人主持，不得委托监理单位主持。

单位工程验收应按以下程序进行：

（1）听取工程参建单位工程建设有关情况的汇报。

（2）现场检查工程完成情况和工程质量。

（3）检查分部工程验收有关文件及相关档案资料。

（4）讨论并通过单位工程验收鉴定书。

单位工程先进行质量评定，在进行工程验收。

【参考答案】

1. 土料场安排：A 区采用 2 号料场，B 区采用 1 号料场。

理由：堤防加固工程的原则是上截下排，1 号料场土料渗透系数大（或渗透性强）用于 B 区（背水侧），2 号料场土料渗透系数小（或渗透性弱），用于 A 区（迎水侧）。

2. 基坑开挖单元工程为重要隐蔽单元工程，应由施工单位自评合格，监理单位抽检，由项目法人、监理单位、设计单位、施工单位组成联合小组，共同检查核定其质量等级并填写签证表，报工程质量监督机构核备。

3. 此分部工程质量等级为优良。

理由：此分部工程所含单元工程质量全部合格；单元工程优良率大于70%；主要单元工程以及重要隐蔽单元工程优良率大于90%；未发生过质量事故；原材料质量合格；混凝土试件质量全部合格，所以此分部工程质量等级为优良。

4. 监理单位主持单位工程验收不妥，应由项目法人主持。

单位工程质量评定待单位工程验收后评定不妥，应先进行单位工程质量评定。

实务操作和案例分析题三［2017年真题］

【背景资料】

某拦河闸工程最大过闸流量为520m³/s，工程施工采用一次拦断河床围堰导流，围堰断面和地基情况如图5-2所示。

施工过程中发生如下事件：

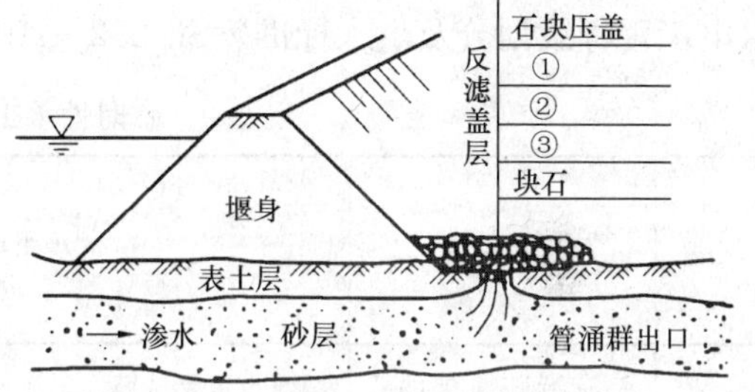

图5-2 围堰断面和地基情况示意图

事件1：依据水利部“关于贯彻落实《国务院关于坚持科学发展安全发展促进安全生产形势持续稳定好转的意见》，进一步加强水利安全生产工作的实施意见”（水安监［2012］57号），项目法人要求各参建单位强化安全生产主体责任，落实主要负责人安全生产第一责任人的责任，做到“一岗双责”和强化岗位、职工安全责任，确保安全生产的“四项措施”落实到位。

事件2：上游围堰背水侧发生管涌，施工单位在管涌出口处采用反滤层压盖进行处理。反滤盖层材料包括：块石、大石子、小石子、粗砂等，如图5-2所示。但由于管涌处理不及时，围堰局部坍塌，造成直接经济损失30万元。事故发生后，项目法人根据水利部《关于贯彻质量发展纲要、提升水利工程质量的实施意见》（水建管［2012］581号）规定的“四不放过”原则，组织有关单位制定处理方案，对本工程事故及时进行了处理，并报上级主管部门备案。事故处理后不影响工程正常使用和工程寿命，处理事故延误工期22d。

【问题】

1. 说明本工程施工围堰的建筑物级别。分别指出图5-2中①、②、③所代表的材料名称。

2. 指出事件1中“一岗双责”和“四项措施”的具体内容。

3. 根据《水利工程质量事故处理暂行规定》（水利部令第9号），水利工程质量事故共分为哪几类？指出事件2的质量事故类别。

4. 事件2中，围堰质量事故由项目法人组织进行处理，是否正确？说明“四不放过”原则的内容。

【解题方略】

1. 本题考查的是水利水电工程等级划分。

拦河水闸工程的等别，应根据其最大过闸流量确定，拦河水闸工程分等指标见表5-12。

拦河水闸工程分等指标 **表 5-12**

工程等别	工程规模	最大过闸流量（m^3/s）
Ⅰ	大（1）型	≥5000
Ⅱ	大（2）型	5000～1000
Ⅲ	中型	1000～100
Ⅳ	小（1）型	100～20
Ⅴ	小（2）型	＜20

本案例中，拦河闸工程最大过闸流量为 520m^3/s，工程等别为Ⅲ等。根据永久性水工建筑物级别表，可知，主要建筑物级别为 3 级。《水利水电工程等级划分及洪水标准》SL 252—2017 已无上表的规定，考生了解解题方法即可。施工围堰为保护主要建筑。《水利水电工程等级划分及洪水标准》SL 252—2017 对临时性水工建筑物级别的规定见表 5-13。

临时性水工建筑物级别 **表 5-13**

级别	保护对象	失事后果	使用年限（年）	导流建筑物规模	
				围堰高度（m）	库容（10^8m^3）
3	有特殊要求的 1 级永久性水工建筑物	淹没重要城镇、工矿企业、交通干线或推迟工程总工期及第一台（批）机组发电，推迟工程发挥效益，造成重大灾害和损失	＞3	＞50	＞1.0
4	1、2 级永久性水工建筑物	淹没一般城镇、工矿企业或影响工程总工期及第一台（批）机组发电，推迟工程发挥效益，造成较大经济损失	1.5～3	15～50	0.1～1.0
5	3、4 级永久性水工建筑物	淹没基坑，但对总工期及第一台（批）机组发电影响不大，对工程发挥效益影响不大，经济损失较小	＜1.5	＜15	＜0.1

由此可知，本工程施工围堰的建筑物级别为 5 级。

反滤层材料粒径沿渗流方向由小到大排列。在下游水流由下向上，粒径③＜②＜①，粗砂粒径最小，所以③为粗砂；大石子粒径最大，所以①为大石子，②为小石子。

2. 本题考查的是项目法人的安全生产责任。

根据水利部“关于贯彻落实《国务院关于坚持科学发展安全发展促进安全生产形势持续稳定好转的意见》，进一步加强水利安全生产工作的实施意见”（水安监［2012］57 号），为进一步加强水利安全生产工作，推进水利科学发展、安全发展，结合水利实际，提出以下新要求：

（1）坚持“安全第一、预防为主、综合治理”方针。

（2）全面落实水利安全生产执法、治理、宣教“三项行动”和法制体制机制、保障能力、监管队伍“三项建设”工作措施，构建安全生产长效机制，为水利又好又快发展提供坚实的安全生产保障。

（3）加大水利工程项目违规建设和违章行为的检查和处罚力度，依法严厉打击和整治水利工程建设中违背安全生产市场准入条件、违反安全设施“三同时”规定和水利技术标准强制性条文等非法违法生产经营建设行为，依法强化停产整顿、关闭取缔、从重处罚和厉行问责的“四个一律”。

（4）强化水利生产经营单位安全生产主体责任，落实主要负责人安全生产第一责任人的责任，做到“一岗双责”（注：对分管的业务工作负责；对分管业务范围内的安全生产负责）和强化岗位、职工安全责任，逐级、逐岗、逐人签订安全生产责任状，把安全生产责任落实到各个环节、岗位和人员。确保安全生产的四项措施落实到位（注：安全投入、安全管理、安全装备、教育培训等措施）。

（5）落实水利工程安全设施“三同时”制度。

（6）推进水利安全生产标准化建设。

（7）加大水利安全生产投入。

（8）健全完善水利安全生产工作格局。

3. 本题考查的是质量事故分类。每年质量事故、安全事故必考一个，考生要熟练掌握。

根据《水利工程质量事故处理暂行规定》，工程质量事故按直接经济损失的大小，检查、处理事故对工期的影响时间长短和对工程正常使用的影响，分类为一般质量事故、较大质量事故、重大质量事故、特大质量事故。

本案例中，造成直接经济损失 30 万元，由此可以判断，属于一般质量事故。

4. 本题考查的是质量事故处理职责划分及处理原则。

本小题需根据上一问的答案来确定，所以说上一问的答案非常关键。且事件 2 属于一般质量事故，所以应由项目法人负责组织处理是正确的。

“四不放过”原则：事故原因不查清楚不放过、主要事故责任者和职工未受到教育不放过、补救和防范措施不落实不放过、责任人员未受到处理不放过。

【参考答案】

1. 施工围堰建筑物级别：5 级。

①为大石子、②为小石子、③为粗砂。

扫码学习

2. “一岗双责”是指对分管的业务工作负责；对分管业务范围内的安全生产负责。

“四项措施”是指安全投入措施、安全管理措施、安全装备措施、教育培训措施。

3. 水利工程质量事故分为一般质量事故、较大质量事故、重大质量事故、特大质量事故。本工程质量事故为一般质量事故。

4. 本工程质量事故由项目法人组织进行处理，正确。

“四不放过”原则的内容：事故原因不查清楚不放过、主要事故责任者和职工未受到教育不放过、补救和防范措施不落实不放过、责任人员未受到处理不放过。

实务操作和案例分析题四［2016 年真题］

【背景资料】

临南段河道疏浚工程，疏浚河道总长约 5km，设计河道底宽 150m，边坡 1∶4，底高程 7.90～8.07m。该河道疏浚工程划分为一个单位工程，包含 7 个分部工程（河道疏浚水下方为 5 个分部工程，排泥场围堰和退水口各 1 个分部工程）。其中排泥场围堰按 3 级堤防标准进行设计和施工。该工程于2012年10月1日开工，2013年12月底完工。工程施工过程中发生以下事件：

事件1：工程具备开工条件后，项目法人向主管部门提交本工程开工申请报告。

事件2：排泥场围堰某部位围堰存在坑塘，施工单位进行了排水、清基、削坡后，再分层填筑施工，如图5-3所示。

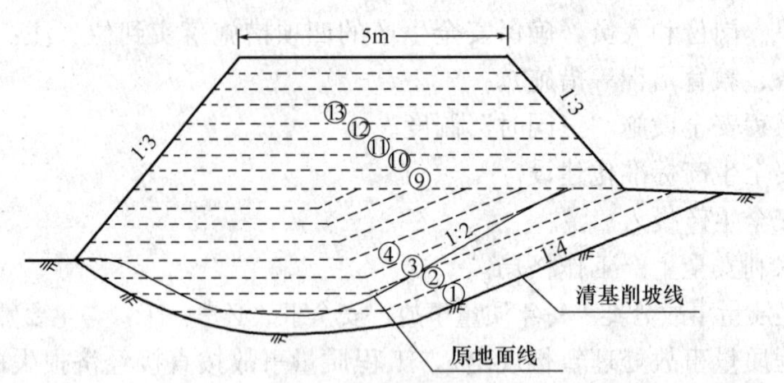

图5-3 围堰横断面分层填筑示意图

事件3：河道疏浚工程施工中，施工单位对某单元工程进行了质量评定，见表5-14。

事件4：排泥场围堰分部工程施工完成后，其质量经施工单位自评，监理单位复核后，施工单位报本工程质量监督机构进行了备案。

事件5：本工程建设项目于2013年12月底按期完工。2015年5月，竣工验收主持单位对本工程进行了竣工验收。竣工验收前，质量监督机构按规定提交了工程质量监督报告，该报告确定本工程项目质量等级为优良。

河道疏浚单元工程施工质量验收评定表 **表5-14**

单位工程名称		临南段河道疏浚工程		单元工程量	—
分部工程名称		河道疏浚（30＋100～31＋100）		施工单位	×××
单元工程名称、编号		（30＋100～31＋100）－012		施工日期	2012年12月3日～2012年12月11日
项次		检验项目	质量标准（允许偏差）		检查记录及结论或检测合格率（检测记录或备查资料名称、编号）
A	1	河道过水断面面积	不小于设计断面面积（1456m²）		检测20个断面，断面面积为1466～1509m²，合格率100%
A	2	宽阔水域平均底高程	不高于设计高程8.05m		检测点数200点，检测点高程7.90～8.03m，合格率100%
B	1	局部欠挖	深度小于0.3m，面积小于5.0m²		无欠挖
B	2	开挖横断面每边最大允许超宽值、最大允许超深值	超宽≤150cm、超深≤60cm 不应危及堤防、护坡及岸边建筑物的安全		检测点数50点，超宽30～55cm，超深25～75cm，合格率94.0%，不合格点不集中分布，且不影响堤防、护坡及岸边建筑物的安全

续表

项次		检验项目	质量标准（允许偏差）	检查记录及结论或检测合格率（检测记录或备查资料名称、编号）
B	3	开挖轴线位置	偏离±100cm	开挖轴线偏离－105～＋110cm，共检验点数 50 点，合格率 92.0%，不合格点不集中分布
	4	弃土位置	弃土排入排泥场	弃土排入排泥场
施工单位自评意见		A 逐项检测点合格率100%，B 逐项检测点的合格率C%，且不合格点不集中分布，单元工程质量等级评定为：D		
监理单位复核意见		—		

【问题】

1. 根据《水利部关于废止和修改部分规章的决定》（水利部令 2014 年第 46 号），指出事件 1 中不妥之处；说明主体工程开工的报告程序和时间要求。

2. 根据《堤防工程施工规范》SL 260—2014，指出并改正事件 2 中图 5-3 中坑塘部位在清基、削坡、分层填筑方面的不妥之处。

3. 根据《水利水电工程单元施工质量验收评定标准——堤防工程》SL 634—2012，指出事件 3 表 5-14 中 A、B、C、D 所代表的名称或数据。

4. 根据《水利水电工程施工质量检验与评定规程》SL 176—2007，改正事件 4 中的不妥之处。

5. 根据《水利水电建设工程验收规程》SL 122—2008，事件 5 中竣工验收时间是否符合规定？说明理由。根据《水利水电工程施工质量检验与评定规程》SL 176—2007，指出并改正事件 5 中质量监督机构工作的不妥之处。

【解题方略】

1. 本题考查的是主体工程开工的报告程序和时间要求。主体工程开工不需要报告。项目法人或者建设单位应当自工程开工之日起 15 个工作日内，将开工情况的书面报告报项目主管单位和上一级主管单位备案。

2. 本题考查的是围堰施工要求。图 5-3 中两处错误：削坡坡度小于 1∶5，而不是 1∶4。顺坡填筑是不正确的，应水平分层填筑。

3. 本题考查的是施工质量验收评定标准。一般项目逐项检验点的合格率取所有一般项目逐项检验点合格率的最小值，故 C 代表 92.0%，并且不合格率不应该集中分布。单元工程质量等级评定，这里所讲的是疏浚工程，逐项应有 95%及以上的检验点合格，且不合格点不应集中。本题中合格率为 92.0%，所以应评定为合格。

4. 本题考查的是分部工程验收的评定工作。该怎么评，由谁复核考生应掌握。

5. 本题考查的是竣工验收。易错点为疏浚工程竣工验收时间。根据《水利水电建设工程验收规程》SL 223—2008，竣工验收应在工程建设项目全部完成并满足一定运行条件后 1 年内进行。

【参考答案】

1. 向主管部门提交开工申请报告不妥。

水利工程具备开工条件后，主体工程方可开工建设。项目法人或者建设单位应当自工程开工之日起15个工作日内，将开工情况的书面报告报项目主管单位和上一级主管单位备案。

2. 清基削坡坡度不正确，填筑顺序不正确。

堤防工程填筑作业应符合的要求：

(1) 地面起伏不平时，应按水平分层由低处开始逐层填筑，不得顺坡铺填，堤防横断面上的地面坡度陡于1∶5时，应特地将面坡度削至缓于1∶5；

(2) 作业面应分层统一铺土，统一碾压，并配备人员或平土机具参与整平作业，严禁出现界沟。

3. A为主控项目，B为一般项目，C为92.0%，D为合格。

4. 施工单位自评，监理单位复核后，施工单位报本工程质量监督结构进行备案不妥。分部工程质量，在施工单位自评合格后，报监理单位复核，项目法人认定。分部工程验收的质量结论由项目法人报质量监督机构核备。大型枢纽工程主要建筑物的分部工程验收的质量结论由项目法人报工程质量监督机构核定。

5. 验收时间不符合规定。

理由：根据《水利水电建设工程验收规程》SL 223—2008，河道疏浚工程竣工验收应在该工程建设项目全部完成后1年内进行，即在2014年12月底前进行。

事件5中质量监督机构工作的不妥之处：质量监督机构提交的工程质量监督报告确定本工程质量等级为优良。

正确做法：工程质量监督机构提交的工程施工质量监督报告确定本工程施工质量等级为合格。

实务操作和案例分析题五［2015年真题］

【背景资料】

某新建排涝泵站设计流量为16m³/s，共安装4台机组，单机配套功率400kW。泵站采用正向进水方式布置于红河堤后，区域涝水由泵站抽排后通过压力水箱和穿堤涵洞排入红河，涵洞出口设防洪闸挡洪。红河流域汛期为每年的6～9月份，堤防级别为1级。本工程施工期为19个月，2011年11月—2013年5月。施工中发生如下事件：

事件1：第一个非汛期施工的主要工程内容有：①堤身土方开挖、回填；②泵室地基处理；③泵室混凝土浇筑；④涵身地基处理；⑤涵身混凝土浇筑；⑥泵房上部施工；⑦防洪闸施工；⑧进水闸施工。

事件2：穿堤涵洞第五节涵身施工过程中，止水片（带）施工工序质量验收评定见表5-15。

事件3：2013年3月6日，该泵站建筑工程通过了合同完工验收。项目法人计划于2013年3月26日前完成与运行管理单位的工程移交手续。

事件4：档案验收前，施工单位负责编制竣工图，其中总平面布置图（图A），图面变更了45%；涵洞出口段挡土墙（图B）由原重力式变更为扶臂式；堤防混凝土预制块护坡（图C）碎石垫层厚度由设计的10cm变更为15cm。

事件5：2013年4月，泵站全部工程完成。2013年5月底，该工程竣工验收委员会对该泵站工程进行竣工验收。

止水片（带）施工工序质量验收评定表 **表 5-15**

单位工程名称				—	工序编号	—	
分部工程名称				涵洞工程	施工单位	—	
单元工程名称、部位				第5单元	施工日期	—	
项次		检验项目		质量标准	检查（测）记录	合格数	合格率
A	1	片（带）外观		表面平整、无乳皮、锈污、油渍、砂眼、钉孔、裂纹等	所有外露的止水片均表面平整、无乳皮、锈污、油渍、砂眼、钉孔、裂纹等	—	—
	2	基座		符合设计要求（按基础面要求验收合格）	6个点均符合设计要求	6	100%
	3	片（带）插入深度		符合设计要求	2个点均符合设计要求	2	100%
	4	沥青井柱		位置准确、牢固、上下层衔接好、电热元件及绝热材料埋设准确，沥青填塞密室	—	—	—
	5	接头		符合工艺要求	15个点均符合工艺要求	15	100%
B	1	片（带）偏差	宽	允许偏差±5cm	4.5、5.0、3.5、3.0、6.0	4	80%
			高	允许偏差±2cm	1.0、2.0、1.5、−3.0、0.5	4	80%
			长	允许偏差±20cm	15、17、10、30	3	75%
	2	搭接长度	金属止水片	≥20mm，双面焊接	15、20、23、25	3	75%
			橡胶、PVC止水带	≥100mm	85、95、100、105、105、110、120、115	6	75%
			金属止水片与PVC止水带接头栓接长度	≥350mm（螺栓栓接法）	—	—	—
	3	片（带）中心线与接缝中心线安装偏差		允许偏差±5cm	3.0、3.5、4.0	3	100%
施工单位自评意见	A检验结果C符合本标准的要求；B逐项检验点合格率D，且不合格点不集中分布。工序质量等级评定为：E。 ××年××月××日						
监理单位复核意见	—						

【问题】

1. 从安全度汛角度考虑，指出事件1中第一个非汛期最重要的四项工程。

2. 根据《水利水电工程单元工程施工质量验收评定标准——混凝土工程》SL 632—2012，指出表5-15中A、B、C、D、E所代表的名称或数据。

3. 根据《水利水电建设工程验收规程》SL 223—2008，指出并改正事件3中项目法人的计划完成内容的不妥之处。

4. 根据《水利水电建设项目档案管理规定》（水办［2005］480号），分别指出事件4中图A、图B、图C三种情况下的竣工图编制要求。

5. 根据《水利水电建设工程验收规程》SL 223—2008，指出事件5中的不妥之处，并简要说明理由。

【解题方略】

1. 本题考查的是施工组织设计的相关内容。在汛期施工之前，应完成与防洪有关的工作，包括涵身地基处理，涵身混凝土浇筑，防洪闸施工，堤身土方开挖、回填。

2. 本题考查的是单元工程施工质量验收评定标准。根据《水利水电工程单元工程施工质量验收评定标准——混凝土工程》SL 632—2012，将质量检验项目统一为主控项目、一般项目。该实务操作和案例分析题中，检验结果应全部符合标准要求是主控项目应满足的要求，所以A代表主控项目，C代表100%；逐项检验是对一般项目的评定要求，检验点率应达到70%及以上，表5-15中给出图B的合格率为75%；所以B代表一般项目，D代表75%；因为一般项目逐项有90%及以上的检验点合格才能评定为优良，所以E代表合格。

3. 本题考查的是工程移交手续。工程移交手续的有关内容如下：

（1）工程通过投入使用验收后，项目法人宜及时将工程移交运行管理单位管理，并与其签订工程提前启用协议。

（2）在竣工验收鉴定书印发后60个工作日内，项目法人与运行管理单位应完成工程移交手续。

（3）工程移交应包括工程实体、其他固定资产和工程档案资料等，应按照初步设计等有关批准文件进行逐项清点，并办理移交手续。办理工程移交，应有完整的文字记录和双方法定代表人签字。

4. 本题考查的是竣工图编制的要求。竣工图的编制应掌握以下几点：

（1）按施工图施工没有变动的，须在施工图上加盖并签署竣工图章；

（2）一般性的图纸变更及符合杠改或划改要求的，可在原施工图上更改，在说明栏内注明变更依据，加盖并签署竣工图章；

（3）凡涉及结构形式、工艺、平面布置等重大改变，或图面变更超过1/3的，应重新绘制竣工图（可不再加盖竣工图章）。重绘图应按原图编号，并在说明栏内注明变更依据，在图标栏内注明竣工阶段和绘制竣工图的时间、单位、责任人。监理单位应在图标上方加盖并签署竣工图确认章。

5. 本题考查的是水利工程竣工验收的要求。这里要注意一定运行条件是指：

（1）泵站工程经过一个排水或抽水期；

（2）河道疏浚工程完成后；

（3）其他工程经过6个月（经过一个汛期）至12个月。

【参考答案】

1. 第一个汛期安全度汛，主要考虑堤防的封闭性，所以非汛期必须完成：④涵身地基处理，⑤涵身混凝土浇筑，⑦防洪闸施工，①堤身土方开挖、回填。

2. A代表主控项目；B代表一般项目；C代表100%；D代表75%；E代表合格。

3. 2013年3月26日前完成与运行管理单位的工程移交不妥。

正确做法："运行管理单位"应为"施工单位"；"工程移交"应为"工程交接"。

4. 图A及图B应重新绘制竣工图，在说明栏内注明变更依据。图C在原施工图上更改，在说明栏内注明变更依据，加盖并签署竣工图章。

5. 验收时间不妥：2013年5月该工程全部完成并满足一定运行条件后1年内进行。

实务操作和案例分析题六［2014年真题］

【背景资料】

某立交地涵工程主要由进口控制段、涵身、出口段等部分组成。涵身共有23节，每节长15m，涵身剖面如图5-4所示。

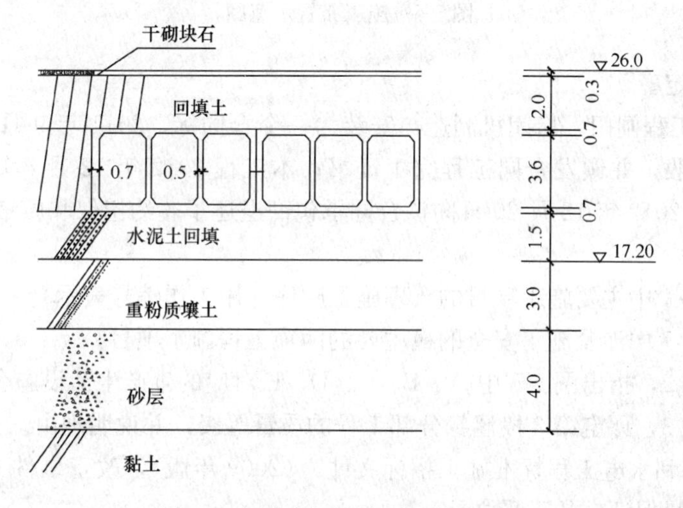

图5-4　涵身剖面示意图（单位：m）

涵身地基采用换填水泥土处理，水泥土的水泥掺量为6%。地基承压含水层承压水位为23.0m，基坑采用深井降水。施工采用一次性拦断河床围堰导流，在河道上下游各填筑一道均质土围堰，并安排在一个非汛期（2010年9月—2011年5月）内完成地涵施工。施工布置示意图如图5-5所示。

施工中发生如下事件：

事件1：根据本工程具体特点，施工单位进场后，对工程施工项目进行了合理安排。工程主要施工项目包括：①涵身施工；②干砌石河底护底；③排水清淤；④土方回填；⑤降水井点；⑥围堰填筑；⑦基坑开挖。

事件2：根据工程施工需要，施工单位在施工现场布置了生活区、钢筋加工厂、混凝土拌和站、油库、木工加工厂、零配件仓库等生产生活设施，如图5-5所示。

事件3：本工程项目划分为一个单位工程，11个分部工程。第3段涵身分部工程共有56个单元工程，其中26个为重要隐蔽单元工程；56个单元工程质量全部合格，其中43个单元工程质量优良（21个为重要隐蔽单元工程）；该分部工程的其他质量评定内容均符

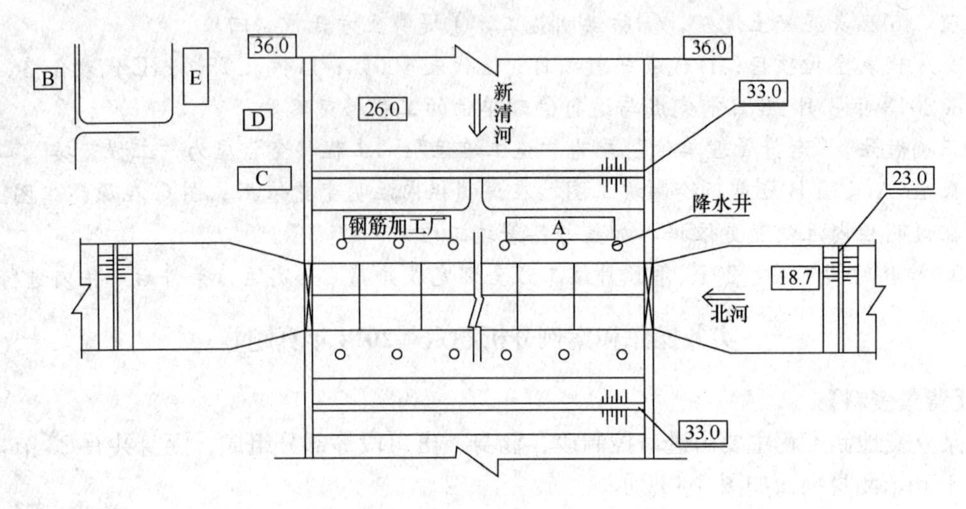

图 5-5　施工布置示意图

合优良标准的规定。

事件 4：本工程闸门、启闭机制造与安装为一个合同标，2011 年 9 月 16 日通过了该合同工程完工验收，并颁发合同工程完工证书；本工程 2012 年 12 月 8 日通过了竣工验收，项目法人于 2012 年 12 月 20 日向该合同承包商退还了履约担保和质量保证金。

【问题】

1. 指出事件 1 中主要施工项目的合理施工顺序（用工作编号表示）。

2. 指出事件 1 中涉及施工安全的最主要的两项工程施工项目。

3. 根据事件 2，指出图 5-5 中 A、B、C、D、E 对应的生产生活设施名称。

4. 根据事件 3，评定第 3 段涵身分部工程的质量等级，并说明理由。

5. 根据《水利水电工程标准施工招标文件》（2009 年版），改正事件 4 中项目法人退还履约担保和质量保证金的不妥之处。

【解题方略】

1. 本题考查的是水利工程现场施工安排的内容。围堰填筑、排水清淤很明显属于前两项基础工作；背景资料中明确指出，地下水位为 23.0m，大于基坑地面高程 17.2m，所以必须先降水后才能开挖基坑；根据图 5-4 可知，先进行涵身施工，在进行土方回填，最后进行干砌石河底护砌。由此可知，施工顺序为：围堰填筑→排水清淤→深井降水→基坑开挖→涵身施工→土方回填→干砌石河底护砌。

2. 本题考查的是水利工程施工期影响安全施工的重大因素。背景资料中指出，地涵工程安排在一个非汛期（2010 年 9 月—2011 年 5 月），由此可以知道，上下游土质围堰的安全与稳定是工程底部工程施工成败的关键。另外，深井降水工作也是最主要的施工项目。

3. 本题考查的是施工总平面图的设计要求。考生应牢记 6 个原则。根据其判断相关设施的布置方位。

施工总平面图的设计要求：

（1）在保证施工顺利进行的前提下，尽量少占耕地。

（2）临时设施最好不占用拟建永久性建筑物和设施的位置，以避免拆迁这些设施所引起的损失和浪费。

（3）在满足施工要求的前提下，最大限度地降低工地运输费。

（4）在满足施工需要的条件下，临时工程的费用应尽量减少。

（5）工地上各项设施应尽量使工人在工地上因往返而损失的时间最少，应合理规划行政管理及文化福利用房的相对位置，并考虑卫生、防火安全等方面的要求。

（6）遵循劳动保护和安全生产等要求。

4. 本题考查的是水利工程质量等级评级。该内容是易考点，考生要注意区分分部工程、单位工程、工程项目施工质量优良标准的规定。分部工程施工质量优良标准：所含单元工程质量全部合格，其中70％以上达到优良等级，主要单元工程以及重要隐蔽单元工程（关键部位单元工程）质量优良率达90％以上，且未发生过质量事故。中间产品质量全部合格，混凝土（砂浆）试件质量达到优良等级（当试件组数小于30时，试件质量合格）。原材料质量、金属结构及启闭机制造质量合格，机电产品质量合格。

5. 本题考查的是履约担保和质量保证金退还的规定。需要注意两个数据：14、30。

【参考答案】

1. 事件1中主要施工的合理施工顺序为：⑥→③→⑤→⑦→①→④→②。

2. 事件1中涉及施工安全最主要的两项工程施工项目是⑤、⑥。

3. A表示木工加工厂；B表示油库；C表示混凝土拌和站；D表示零配件仓库；E表示生活区。

4. 事件3中第3段涵身分部工程质量等级为合格。

理由：第3段涵身分部工程所含单元工程全部合格，其中76.8％达到优良等级，大于70％，但是重要隐蔽单元工程质量优良率为21/26＝80.8％，小于90％，因此该分部工程不能判定为质量优良。

5. 改正退还履约担保的不妥之处：发包人应在合同工程完工证书颁发后28d内（2011年9月17日至10月14日期间）将履约担保退还给承包人。

改正退还质量保证金的不妥之处：合同工程完工证书颁发后14d内（2011年9月17日至9月30日期间），发包人将质量保证金总额的一半支付给承包人；在工程质量保修期满时，发包人将在30个工作日内核实后将剩余的质量保证金支付给承包人。

实务操作和案例分析题七［2012年10月真题］

【背景资料】

某水库溢洪道加固工程，控制段共3孔，每孔净宽8.0m。加固方案为：底板顶面增浇20cm厚混凝土，闸墩外包15cm厚混凝土，拆除重建排架、启闭机房、公路桥及下游消能防冲设施。

溢洪道加固施工时，在铺盖上游填筑土围堰断流施工，围堰断面如图5-6所示。随着汛期临近，堰前水位不断上升，某天突然发现堰后有大面积管涌群，施工单位为防止事故发生，及时就近挖取黏性土进行封堵，随后上游水位继续上涨，封堵失败，围堰决口，导致刚浇筑的溢洪道底板、下游消能防冲设施被冲毁，造成直接经济损失100万元。事故发生后，施工单位按“三不放过原则”，组织有关单位制订处理方案，报监理机构批准后，对事故进行了处理，处理后不影响工程正常使用，对工程使用寿命影响不大。

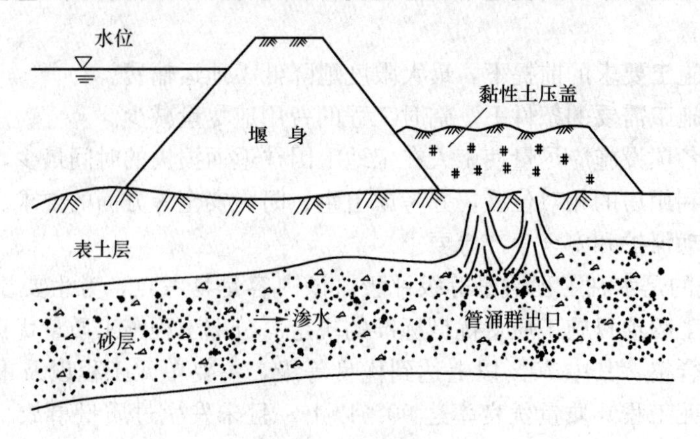

图 5-6 围堰断面

【问题】

1. 本工程事故发生前施工单位对管涌群采取的处理措施有何不妥？并简要说明本工程管涌的抢护原则和正确抢护措施。

2. 根据《水利工程质量事故处理暂行规定》，水利工程质量事故一般分为哪几类？并指出本工程质量事故类别。

3. 根据质量事故类别，指出本工程质量事故处理在方案制订的组织和报批程序方面的不妥之处，并说明正确做法。

4. 根据《水利工程质量事故处理暂行规定》，说明背景材料中“三不放过原则”的具体内容。

【解题方略】

1. 本题考查的是汛期施工险情的抢险技术。考生尤其要掌握管涌处理。抢护管涌险情的原则是制止涌水带砂，但留有渗水出路。这样既可使砂层不再被破坏，又可以降低附近渗水压力，使险情得以控制和稳定。漏洞险情的特征是漏洞贯穿堰身，使水流通过孔洞直接流向围堰背水侧。洪水位超过现有堰顶高程，或风浪翻过堰顶，洪水漫进基坑内即为漫溢。

2. 本题考查的是水利工程质量事故分类。该考点是易考考点，该案例分析中，对事故进行了处理，处理后不影响工程正常使用，对工程使用寿命影响不大。所以属于较大质量事故。

3. 本题考查的是水利工程事故处理主体。根据上一问判断出来的质量事故级别，该工程应由项目法人组织有关单位制订处理方案，经上级主管部门审定后实施，报省级水行政主管部门（或流域机构）备案。注意：四类质量事故，均由项目法人组织有关单位制订处理方案。

4. 本题考查的是水利水电工程质量事故处理“三不放过原则”的内容。“三不放过原则”的内容：事故原因不查清楚不放过、主要事故责任者和职工未受教育不放过、补救和防范措施不落实不放过。此处提到的是质量事故处理的“三不放过原则”。对于生产安全事故，则应遵循“四不放过原则”。

【参考答案】

1. 本工程事故发生前施工单位对管涌群采取的处理措施的不妥之处：施工单位采用黏性土对管涌群进行封堵。

本工程管涌的抢护原则：制止涌水带砂，而留有渗水出路。

本工程的正确抢护措施：用透水性较好的砂、石、土工织物、梢料等反滤材料在管涌群出口处进行压盖。

2. 根据《水利工程质量事故处理暂行规定》，水利工程质量事故一般分为一般质量事故、较大质量事故、重大质量事故、特大质量事故。

本工程质量事故类别为较大质量事故。

3. 根据质量事故类别，本工程质量事故处理在方案制订的组织和报批程序方面的不妥之处：施工单位组织有关单位制订处理方案，报监理机构批准后实施。

正确做法：应由项目法人组织有关单位制订处理方案，经上级主管部门审定后实施，报省级水行政主管部门（或流域机构）备案。

4. 根据《水利工程质量事故处理暂行规定》，"三不放过原则"的具体内容包括：事故原因不查清楚不放过、主要事故责任者和职工未受教育不放过、补救和防范措施不落实不放过。

实务操作和案例分析题八［2012年6月真题］

【背景资料】

某水闸工程由于长期受水流冲刷和冻融的影响，闸墩混凝土碳化深度最大达5.5cm，交通桥损毁严重。工程加固处理内容包括：闸墩采用渗透型结晶材料进行表层加固；拆除原交通桥桥面板，全部更换为现浇"T"形梁板等。

在工程加固工程中，监理单位在质量检查中发现"T"形梁板所使用的Φ32钢筋焊接件不合格，无法保证工程安全，施工单位对已经浇筑完成的"T"形梁板全部报废处理并重新浇筑，造成质量事故，直接经济损失15万元。

质量评定项目划分时，将该水闸加固工程作为一个单位工程，交通桥作为一个分部工程，每孔"T"形梁板作为一个单元工程，每个混凝土闸墩碳化处理作为一个单元工程。在《单元工程评定标准》中未涉及混凝土闸墩碳化处理单元工程质量评定标准。

工程完工后，项目法人主持进行单位工程验收，验收主收工作包括对验收中发现的问题提出处理意见等内容。

【问题】

1. 写出混凝土闸墩碳化处理单元工程质量评定标准的确定程序。

2. "T"形梁板浇筑质量事故等级属于哪一类？请说明理由。

3. 分别指出"T"形质量事故对①"T"形梁板单元工程，②交通桥分部工程，③水闸单位工程的质量等级评定结果（合格与优良）有无影响，并说明理由。

4. 本工程进行单位验收，验收工作除背景材料中给出的内容除外，还应该进行哪些主要工作？

【解题方略】

1. 本题考查的是施工质量评定。考生应掌握如何对没有统一的质量评定标准和表格的施工内容进行质量评定。

2. 本题考查的是工程质量事故分类。根据《水利工程质量事故处理暂行规定》，工程质量事故分为一般质量事故、较大质量事故、重大质量事故、特大质量事故。

对于混凝土薄壁工程，直接经济损失大于10万元，小于等于30万元的属于一般质量事故。

3. 本题考查的是工程质量事故对单元工程、分部工程、单位工程在质量等级评定上的影响。考生要注意区分合格等级标准与优良等级标准应满足的不同要求。

全部返工重做的单元工程，经检验达到优良标准时，可以评为优良等级，所以对"T"形梁板单元工程合格与优良质量等级评定结果均无影响。

分部工程施工质量合格标准要求质量事故及质量缺陷已按要求处理，并经检验合格。分部工程施工质量优良标准要求未发生过质量事故。所以对分部工程合格质量等级评定结果无影响，对优良质量等级评定结果有影响。

单位工程施工质量合格标准要求质量事故已按要求进行处理。单位工程施工质量优良标准要求施工中未发生较大质量事故，质量事故已按要求进行处理。一般质量事故按要求处理合格。所以对单位工程施工质量合格和优良等级评定没有影响。

4. 本题考查的是单位工程验收的内容。单位工程验收工作包括以下主要内容：①检查工程是否按批准的设计内容完成；②评定工程施工质量等级；③检查分部工程验收遗留问题处理情况及相关记录；④对验收中发现的问题提出处理意见；⑤单位工程投入使用验收除完成以上工作内容外，还应对工程是否具备安全运行条件进行检查。注意与分部工程验收的内容区分。

【参考答案】

1. 混凝土闸墩碳化处理单元工程质量评定标准的确定程序：由项目法人组织监理、设计及施工单位按水利部有关规定进行编制，报省级以上水行政主管部门（其委托的水利工程质量监督机构）批准执行。

2. "T"形梁板浇筑质量事故等级属于一般质量事故。

理由：事故造成直接经济损失大于10万元，小于等于30万元的为一般质量事故。

3. 对"T"形梁板单元工程合格与优良质量等级评定结果均无影响。

理由：单元工程质量达不到合格标准时，施工单位及时进行了全部返工，可以重新评定质量等级。

对交通桥分部工程的质量等级评定结果无影响，对优良质量等级评定结果有影响。

理由：质量事故按要求处理的分部工程可评为质量合格等级，分部工程优良要求未发生质量事故。

对水闸单位工程合格与优良质量等级评定结果均无影响。

理由：质量事故按要求处理的单位工程可评为质量合格等级，单位工程优良要求未发生较大质量事故。

4. 本工程进行单位工程验收，验收主要工作除背景资料中给出的内容除外，还应该进行的主要工作：检查工程是否按批准的设计内容完成；评定工程施工质量等级；检查分部工程验收遗留问题处理情况及相关记录。

实务操作和案例分析题九［2011年真题］

【背景资料】

某省曹山湖堤防退建工程为3级，新建堤防填筑土料为黏性土，最大干密度为$1.69g/cm^3$，最优含水率为19.3%，设计压实干密度为$1.56g/cm^3$。该工程项目划分为1个单位工程，5个分部工程。某省水利水电建筑安装工程总公司承建该工程第Ⅱ标段。标段为该工程的1个分部工程，堤防长度2.5km，土方填筑量50万m^3；其中编号为CS—Ⅱ—016的单元工程桩号为CS10＋000～CS10＋100，高程为▽18.5m～▽18.75m，宽度为40m，土方填筑量为$1000m^3$。

施工过程中发生了如下事件：

事件1：施工单位于当年12月进场，当地气温在－5℃左右。土方填筑前，施工单位按照强制性标准的要求对堤基进行了处理。

事件2：施工单位按照《堤防工程施工质量评定与验收规程（试行）》SL 239—1999的规定，对CS—Ⅱ—016单元工程质量进行了检查和检测，相关结果填于表5-16中。

土料碾压筑堤单元工程质量评定表 **表5-16**

<table>
<tr><td colspan="3">单位工程名称</td><td>某省曹山湖堤防退建工程</td><td colspan="4">单元工程量Ⓑ单元长度×宽度：100m×40m</td></tr>
<tr><td colspan="3">分部工程名称</td><td>某省曹山湖堤防退建工程Ⅱ标段</td><td colspan="4">检验日期 2010年3月20日</td></tr>
<tr><td colspan="3">单元工程名称、部位</td><td>ⒶCS—Ⅱ—016</td><td colspan="4">评定日期 年 月 日</td></tr>
<tr><td colspan="2">项次</td><td>项目名称</td><td>质量标准</td><td colspan="3">检验结果</td><td>评定</td></tr>
<tr><td rowspan="4">检查项目</td><td>1</td><td>△上堤土料土质、含水率</td><td>无不合格土，含水率适中</td><td colspan="3">无不合格土料，含水率基本适中</td><td>合格</td></tr>
<tr><td>2</td><td>土块粒径</td><td>根据压实机具，土块尺寸限制10cm以内</td><td colspan="3">基本无大于10cm的土块</td><td>合格</td></tr>
<tr><td>3</td><td>作业段划分、搭接</td><td>机械作业不小于100m，人工作业不小于50cm，搭接无界沟</td><td colspan="3">作业长度600m，搭接无界沟</td><td>合格</td></tr>
<tr><td>4</td><td>碾压作业程序</td><td>碾压机械行走平行于堤轴线，碾迹及搭接碾压符合要求</td><td colspan="3">碾压机械行走平行于堤轴线，碾迹及搭接碾压符合要求</td><td>合格</td></tr>
<tr><td rowspan="5">检测项目</td><td>1</td><td>铺料厚度</td><td>允许偏差0～－5cm（设计铺料厚度30cm）</td><td>总测点数 25</td><td>合格点数 23</td><td>合格率 ①</td><td rowspan="3"></td></tr>
<tr><td>2</td><td>铺填边线</td><td>允许偏差
人工：＋10～＋20cm
机械：＋10～＋30cm</td><td>总测点数 15</td><td>合格点数 14</td><td>合格率 ②</td></tr>
<tr><td>3</td><td>△压实度</td><td>设计干密度不小于$1.56g/cm^3$</td><td>总测点数 14</td><td>合格点数 ③</td><td>合格率 92.8%</td></tr>
<tr><td></td><td>施工单位自评意见</td><td>质量等级</td><td colspan="3">项目法人（监理单位）复核意见</td><td rowspan="2">核定质量等级</td></tr>
<tr><td></td><td>④</td><td>⑤</td><td colspan="3"></td></tr>
<tr><td colspan="2">施工单位名称</td><td colspan="2">某省水利水电建筑安装工程总公司</td><td colspan="3" rowspan="2">项目法人（或监理单位）名称</td><td rowspan="2">×××</td></tr>
<tr><td colspan="2">测量员</td><td>初验负责人</td><td>终验负责人</td></tr>
<tr><td colspan="2">×××</td><td>×××</td><td>×××</td><td colspan="3">核定人</td><td>×××</td></tr>
</table>

注：1. 检验日期为终检日期，由施工单位负责填写。

2. 评定日期由项目法人（监理单位）填写。

3. △者为主要检查或检测项目。

事件3：该分部工程施工结束后，根据《水利水电工程施工质量检验与评定规程》SL 176—2007的规定，对该分部工程质量进行了评定，质量结论如下：该分部工程所含418个单元工程质量全部合格，其中276个单元工程质量等级优良，主要单元工程和重要隐蔽单元工程质量优良率为86.6%，且未发生过质量事故。经施工单位自评，监理单位复核，工程质量和安全监督机构核定，本分部工程质量等级为合格。

事件4：该单位工程完工后，项目法人主持进行了单位工程验收。验收工作组由项目法人、勘测、设计、监理、施工、质量和安全监督机构、运行管理单位、法人验收监督管理机关等单位的代表及上述单位外的3名特邀专家组成。

【问题】

1. 根据事件1，结合本工程施工条件，施工单位在堤基处理方面的质量控制要求有哪些？

2. 改正表5-16中Ⓐ、Ⓑ两项内容填写的不妥之处。

3. 根据事件2，指出表5-16中①～⑤项所代表的数据和内容。

4. 根据事件3，分析指出该分部工程质量结论在哪些方面不符合优良等级标准；指出该分部工程质量评定组织的不妥之处。

5. 根据事件4，指出该单位工程验收工作组组成方面的不妥之处。

【解题方略】

1. 本题考查的是水利工程堤防施工堤基处理质量要求。根据事件1，结合本工程施工条件，施工单位在堤基处理方面的质量控制要求有：

（1）当堤基冻结后有明显冰冻夹层和冻胀现象时，未经处理，不得在其上施工；

（2）堤基表层不合格土、杂物等必须清除，堤基范围内的坑、槽、沟等，应按堤身填筑要求进行回填处理。

2. 本题考查的是土料碾压筑堤单元工程质量表表头填写要求。表头填写规定如下：

（1）单位工程、分部工程名称，按项目划分确定的名称填写。

（2）单元工程名称、部位：填写该单元工程名称（中文名称或编号），部位可用桩号、高程等表示。

（3）施工单位：填写与项目法人（建设单位）签订承包合同的施工单位全称。

（4）单元工程量：填写本单元主要工程量。

（5）检验（评定）日期：年——填写4位数，月——填写实际月份（1～12月），日——填写实际日期（1～31日）。

3. 本题考查的是单元工程质量等级评定。《堤防工程施工质量评定与验收规程（试行）》SL 239—1999已被《水利水电工程单元工程质量验收评定标准—堤防工程》SL 634—2012替代。

4. 本题考查的是分部工程施工质量优良标准及质量评定。

5. 本题考查的是单位工程验收要求。单位工程验收应由项目法人主持。验收工作组应由项目法人、勘测、设计、监理、施工、主要设备制造（供应）商、运行管理等单位的代表组成。法人验收监督管理机关可视情况决定是否列席验收会议，质量和安全和安全监督机构应派员列席验收会议。

【参考答案】

1. 根据事件1，结合本工程施工条件，施工单位在堤基处理方面的质量控制要求：

(1) 当堤基冻结后有明显冰冻夹层和冻胀现象时，未经处理，不得在其上施工。

(2) 堤基表层不合格土、杂物等必须清除。

(3) 堤基范围内的坑、槽、沟等，应按堤身填筑要求进行回填处理。

2. 表5-16中Ⓐ项：增加CS10＋000～CS10＋100，▽18.5m～▽18.75m。

表中Ⓑ项：改为1000m^3。

3. 表5-16中①项所代表的数据是92.0％。

表5-16中②项所代表的数据是93.3％。

表5-16中③项所代表的数据是13。

表5-16中④项所代表的内容是检查项目达到标准，铺料厚度、铺填宽度合格率＞90％，干密度合格率92.8％＞80％＋5％。

表5-16中⑤项所代表的内容是优良。

4. 根据事件3，该分部工程质量结论不符合优良等级标准的方面包括：

(1) 所含单元工程质量的优良等级未达到70％以上；

(2) 主要单元工程和重要隐蔽单元工程质量优良率未达到90％以上。

该分部工程质量评定组织的不妥之处：

(1) 在监理单位复核后，未经项目法人认定；

(2) 不需要工程质量和安全监督机构核定。

5. 该单位工程验收工作组组成方面的不妥之处：

(1) 验收工作组中不应有质量和安全监督机构、法人验收监督管理机关等单位的代表；

(2) 验收工作组中还应有主要设备制造（供应）商的代表。

典 型 习 题

实务操作和案例分析题一

【背景资料】

某大（2）型水库枢纽工程由混凝土面板堆石坝、泄洪洞、电站等建筑物组成。工程在实施过程中发生如下事件：

事件1：根据合同约定，本工程的所有原材料由承包人负责提供。在施工过程中，承包人严格按合同要求完成原材料的采购与验收工作。

事件2：大坝基础工程完工后，验收主持单位组织制定了分部工程验收工作方案，部分内容如下：

(1) 由监理单位向项目法人提交验收申请报告。

(2) 验收工作由质量监督机构主持。

(3) 验收工作组由项目法人、设计、监理、施工单位代表组成。

(4) 分部工程验收通过后，由项目法人将验收质量结论和相关资料报质量监督机构核定。

事件3：堆石坝施工前，施工单位编制了施工方案，部分内容如下：

(1) 堆石坝主堆石区堆石料最大粒径控制在350mm以下。根据碾压试验结果确定的有关碾压施工参数有：15t振动平碾，行车速率控制在3km/h以内，铺料厚度0.8m等。

(2) 坝料压实质量检查采用干密度和碾压参数控制。其中干密度检测采用环刀法，试坑深度为0.6m。

事件4：在混凝土面板施工过程中，面板出现裂缝。现场认定该裂缝属表面裂缝，按质量缺陷处理。裂缝处理工作程序如下：

(1) 承包人拟定处理方案并自行组织实施。

(2) 裂缝处理完毕，经现场检查验收合格后，由承包人填写《施工质量缺陷备案表》，备案表由监理人签字确认。

(3)《施工质量缺陷备案表》报项目法人备案。

【问题】

1. 事件1中，承包人在原材料采购与验收工作上应履行哪些职责和程序？

2. 指出并改正事件2中分部工程验收工作方案的不妥之处。

3. 事件3中，堆石料碾压施工参数还有哪些？改正坝料压实质量检查工作的错误之处。

4. 改正事件4中裂缝处理工作程序上的不妥之处。

【参考答案】

1. 承包人在原材料采购与验收工作上应履行职责和程序如下。

(1) 承包人首先应按专用合同条款的约定，将各项材料的供货人及品种、规格、数量和供货时间等报送监理审批。同时，承包人向监理提交材料的质量证明文件，并满足合同约定的质量标准。

(2) 承包人应按合同约定和监理的指示，进行材料的抽样检验，检验结果提交监理。

(3) 承包人会同监理共同进行交货验收，并做好记录，经鉴定合格的材料方能验收入库。

2. 事件2中分部工程验收工作方案的不妥之处及改正如下。

(1) 由监理单位向项目法人提交验收申请报告不妥；应由施工单位提交验收申请报告；

(2) 验收由质量监督机构主持不妥；验收应由项目法人（或委托监理单位）主持。

(3) 验收工作组代表组成不妥；验收工作组成员应由项目法人、勘测、设计、监理、施工等单位代表组成。

3. 事件3中堆石料碾压参数还有：加水量和碾压遍数。

对坝料压实质量检查工作错误之处的改正：干密度检测采用灌水（砂）法，试坑深度为碾压层厚（或0.8m）。

4. 事件4中裂缝处理工作程序上的不妥之处：

(1) 承包人拟定处理方案报送监理单位审批；

(2) 现场检查验收合格后，由监理单位填写《施工质量缺陷备案表》，设计、监理及施工等参建单位签字确认；

(3)《施工质量缺陷备案表》报工程质量监督机构备案。

实务操作和案例分析题二

【背景资料】

某中型水库主坝为黏土心墙砂壳坝，心墙最小厚度为1.2m，其除险加固的主要工作内容有：①上游坝面石渣料帮坡；②完善观测设施；③坝基、坝肩水泥帷幕灌浆；④新坝顶混凝土防浪墙；⑤增设混凝土截渗墙；⑥下游坝面混凝土预制块护坡；⑦新建坝顶凝土道路。

河床段坝基上部为厚6m的松散、中密状态的中粗砂层，下部为弱风化岩石，裂隙发育中等；两侧坝肩均为强风化岩石地基，裂隙发育中等。混凝土截渗墙厚度为0.4m，采用冲挖工艺成槽，截渗墙在强、弱风化岩石入岩深度分别为1.5m、1.0m，混凝土截渗墙示意图如图5-7所示。

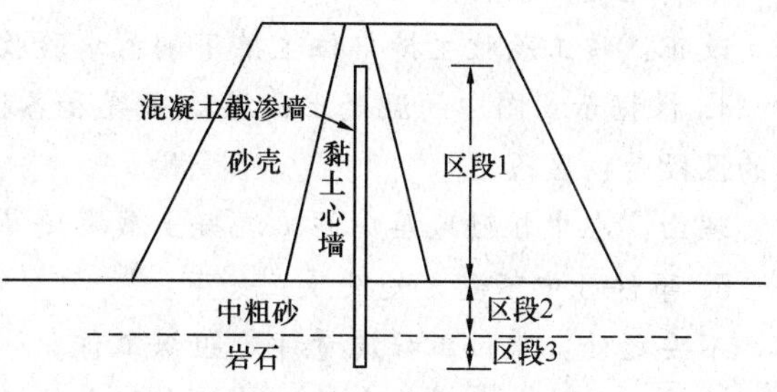

图5-7　混凝土截渗墙示意图

设计要求混凝土截渗墙应在上游坝面石渣料帮坡施工结束后才能开工，并在截渗墙施工过程中预埋帷幕灌浆管。

本工程施工过程中发生如下事件：

事件1：工程开工前进行了项目划分，该水库主坝除险加固工程划分为一个单位工程，7个分部工程，其中混凝土截渗墙按工程量划分为两个分部工程。

事件2：2014年2月底，春灌在即，该水库下闸蓄水验收条件亦已具备，施工单位及时向项目法人提出了验收申请，项目法人主持了下闸蓄水验收。

事件3：2014年12月底，项目法人对该水库进行了单位工程投入使用验收，单位工程质量在施工单位自评合格后，由监理单位复核并报经该工程质量监督机构核定为优良。2015年12月底，本工程通过了竣工验收，竣工验收的质量结论意见为优良。

【问题】

1. 根据事件1，请指出除混凝土截渗墙外的其余5个分部工程名称。

2. 请指出①、③、⑤、⑦四项工程内容之间合理的施工顺序。

3. 指出事件2中的不妥之处并改正。

4. 根据示意图中的混凝土截渗墙布置和各区段地质情况，指出截渗墙施工中质量较难控制的是哪一个区段？并简要说明理由。

5. 指出事件3中不妥之处并改正。

【参考答案】

1. 根据事件1，除混凝土截渗墙外的其余5个分部工程名称为：上游坝面石碴料帮坡、坝基及坝肩水泥帷幕灌浆、下游坝面混凝土预制块护坡、观测设施完善、坝顶（包括道路、防浪墙）工程。

2. ①、③、⑤、⑦四项工程内容之间合理的施工顺序为：①→⑤→③→⑦。

【分析】

该工程截渗加固主要有混凝土截渗墙加固坝体黏土心墙、水泥帷幕灌浆加固坝基和坝肩，在背景资料中给出“设计要求混凝土截渗墙应在上游坝面石渣料帮坡施工结束后才能开工，并在截渗墙施工过程中预埋帷幕灌浆管”，据此可以得出①→⑤→③的施工顺序，第⑦项“新建坝顶混凝土道路”肯定需要在①、⑤、③完成后才能施工。

3. 事件 2 中的不妥之处及改正如下：

不妥之处：施工单位向项目法人提出验收申请。

改正：项目法人向竣工验收主持单位提出验收申请。

不妥之处：项目法人主持下闸蓄水验收。

改正：竣工验收主持单位主持下闸蓄水验收或其委托的单位主持下闸蓄水验收。

4. 根据示意图中的混凝土截渗墙布置和各区段地质情况，截渗墙施工中质量较难控制的区段是：区段 2。

理由：在中粗砂地层中施工混凝土截渗墙易塌孔、漏浆。

5. 事件 3 中不妥之处及改正如下：

不妥之处：单位工程质量评定组织工作。

改正：单位工程质量在施工单位自评合格后，由监理单位复核、项目法人认定、经该工程的质量监督机构核定为优良。

不妥之处：竣工验收的质量结论意见为优良。

改正：竣工验收的质量结论意见为合格。

实务操作和案例分析题三

【背景资料】

某引调水枢纽工程，工程规模为中型，建设内容主要有泵站、节制闸、新筑堤防、上下游河道疏浚等，泵站地基设高压旋喷桩防渗墙，工程布置如图 5-8 所示。

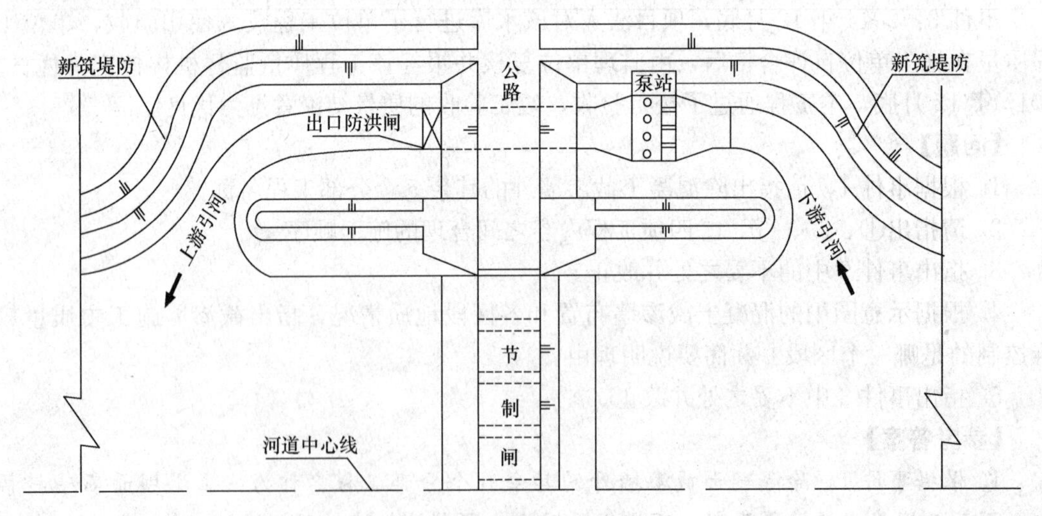

图 5-8 工程布置示意图

施工中发生如下事件：

事件 1：为做好泵站和节制闸基坑土方开挖工程量计量工作，施工单位编制了土方开挖工程测量方案，明确了开挖工程测量的内容和开挖工程量计算中面积计算的方法。

事件2：高压旋喷桩防渗墙施工方案中，高压旋喷桩的主要施工内容包括：①钻孔；②试喷；③喷射提升；④下喷射管；⑤成桩。为检验防渗墙的防渗效果，旋喷桩桩体水泥土凝固28d后，在防渗墙体中部选取一点进行钻孔注水试验。

事件3：关于施工质量评定工作的组织要求如下：分部工程质量由施工单位自评，监理单位复核，项目法人认定。分部工程验收质量结论由项目法人报工程质量监督机构核备，其中主要建筑物节制闸和泵站的分部工程验收质量结论由项目法人报工程质量监督机构核定。单位工程质量在施工单位自评合格后，由监理单位抽检，项目法人核定。单位工程验收质量结论报工程质量监督机构核备。

事件4：监理单位对部分单元（工序）工程质量复核情况见表5-17。

部分单元（工序）工程质量复核情况 **表5-17**

单元工程代码	单元工程类别	单元（工序）工程质量复核情况
A	堤防填筑	土料摊铺工序符合优良质量标准。土料压实工序中主控项目检验点100%合格，一般项目逐项合格率为87%～89%，且不合格点不集中
B	河道疏浚	主控项目检验点100%合格，一般项目逐项合格率为70%～80%，且不合格点不集中

事件5：闸门制造过程中，监理工程师对闸门制造使用的钢材、防腐涂料、止水等材料的质量保证书进行了查验。启闭机出厂前，监理工程师组织有关单位进行启闭机整体组装检查和厂内有关试验。当闸门和启闭机现场安装完成后，进行联合试运行和相关试验。

【问题】

1. 事件1中，基坑土方开挖工程测量包括哪些工作内容？开挖工程量计算中面积计算的方法有哪些？

2. 指出事件2中高压旋喷桩施工程序（以编号和箭头表示）；指出并改正该事件中防渗墙注水试验做法的不妥之处。

3. 指出事件3中分部工程质量评定的不妥之处，并说明理由。改正单位工程质量评定错误之处。

4. 根据事件4，指出单元工程A中土料压实工序的质量等级，并说明理由；分别指出单元工程A、B的质量等级，并说明理由。

5. 事件5中，闸门制造使用的材料中还有哪些需要提供质量保证书？启闭机出厂前应进行什么试验？闸门和启闭机联合试运行应进行哪些试验？

【参考答案】

1. 基坑土方开挖工程测量的工作内容包括：

（1）开挖区原始地形图和原始断面图测量；

（2）开挖轮廓点放样；

（3）开挖过程中，测量收方断面图或地形图；

（4）开挖竣工地形、断面测量和工程量测量。

开挖工程量计算中面积计算的方法可采用解析法或图解法（求积仪）。

2. 高压旋喷桩施工程序：①→④→②→③→⑤（或：①→④、④→②、②→③、

③→⑤）。

在防渗墙体中部选取一点钻孔进行注水试验不妥。应在旋喷桩防渗墙水泥凝固前，在指定位置贴接加厚单元墙，待凝固28d后，在防渗墙和加厚单元墙中间钻孔进行注水试验，试验点数不少于3点。

3. 主要建筑物节制闸和泵站的分部工程验收质量结论由项目法人报工程质量监督机构核定不妥。本枢纽工程为中型枢纽工程（或应报工程质量监督机构核备）。大型枢纽工程主要建筑物的分部工程验收质量结论由项目法人报工程质量监督机构核定。

单位工程质量，在施工单位自评合格后，由监理单位复核，项目法人认定。单位工程验收的质量结论由工程质量监督机构核定。

4. 土料压实工序质量等级为合格，因为一般项目合格率＜90%。

A单元工程质量等级为合格，因为该单元工程一般项目逐项合格率为87%～89%（大于70%，而小于90%）、主要工序（或土料压实工序）合格。

B单元工程质量等级为不合格，因为该单元工程为河道疏浚工程，逐项应有90%及以上的检验点合格。

5. 闸门制造使用的焊材、标准件和非标准件需要质量保证书。

启闭机出厂前应进行空载模拟试验（或额定荷载试验）。

闸门和启闭机联合试运行应进行电气设备试验、无载荷试验（或无水启闭试验）和载荷试验（或动水启闭试验）。

实务操作和案例分析题四

【背景资料】

某新建排涝泵站装机容量为8×250kW，采用堤后式布置于某干河堤防背水侧，主要工程内容有：①泵室（电机层以下）；②穿堤出水涵洞（含出口防洪闸）；③进水前池；④泵房（电机层以上）；⑤压力水箱（布置在堤脚外）；⑥引水渠；⑦机组设备安装等。施工期为当年9月～次年12月，共16个月，汛期为6～8月，主体工程安排在一个非汛期内完成。施工过程中发生如下事件：

事件1：泵室段地面高程19.6m，建基面高程15.6m。勘探揭示19.6～16.0m为中粉质壤土；16.0～13.5m为轻粉质壤土；13.5～7.0m为粉细砂，富含地下水；7.0m以下为重粉质壤土（未钻穿）。粉细砂层地下水具承压性，施工期水位为20.5m，渗透系数为3.5m/d。施工时采取了人工降水措施。

事件2：泵室基坑开挖完成后，泵室天然地基由项目法人组织有关单位进行了联合验收，并共同核定了质量等级。

事件3：在某批（1个验收批）钢筋进场后，施工、监理单位共同检查了其出厂质量证明书和外观质量，并测量了钢筋的直径，合格后随机抽取了一根钢筋在其端部先截去了300mm后再截取了一个抗拉试件和一个冷弯试件进行检验。

事件4：该排涝泵站为一个单位工程，共分10个分部工程，所有分部工程质量均合格，其中6个分部工程质量优良（含2个主要分部工程），施工中未发生过较大质量事故，外观质量得分率为81.6%，单位工程施工质量与检验资料齐全，施工期及试运行期的单位工程观测资料分析结果符合相关规定和要求。

【问题】

1. 按照施工顺序安排的一般原则，请分别指出第③、⑤项工程宜安排在哪几项工程内容完成后施工？

2. 请指出事件1中适宜的降水方式并简要说明理由。

3. 事件2中，项目法人组织的“有关单位”有哪些？

4. 请指出事件3中的不妥之处并改正。

5. 请按事件4评定该泵站单位工程质量等级，并简要说明理由。

【参考答案】

1. 第③项工程宜安排在第①（或第①、第④或第①、第④、第⑦）项工程完成后施工。

第⑤项工程宜安排在第②项、第①项工程完成后施工。

2. 事件1中适宜的降水方式：宜采用管井降水。

理由：含水层厚度较大，将近5m，渗透系数达到3.5m/d，远超过1m/d。

3. 事件2中，项目法人组织的“有关单位”包括：勘测单位、设计单位、监理单位、施工单位、工程运行管理（施工阶段已经有的）等单位。

4. 事件3中的不妥之处及改正如下。

（1）不妥之处：合格后随机抽取了一根钢筋进行检验。

正确做法：应该随机抽取了两根合格的钢筋进行检验。

（2）不妥之处：在钢筋端部先截去了300mm后再截取了一个抗拉试件和一个冷弯试件。

正确做法：钢筋端部要先截去500mm再取试样。

5. 该泵站单位工程质量评定等级为合格。

理由：单位工程质量评定等级为优良标准包括：①所含分部工程质量均合格，其中70%以上达到优良等级，本例只有60%（6/10）优良；②外观质量得分率为85%以上，本例外观质量得分率为81.6%。以上两方面达不到优良标准，应为合格。

实务操作和案例分析题五

【背景资料】

某水库枢纽工程由大坝、溢洪道、电站等组成。大坝为均质土坝，最大坝高35m，土方填筑设计工程量为200万m^3，设计压实度为97%。建设过程中发生如下事件：

事件1：溢洪道消力池结构如图5-9所示，反滤层由小石（5～20mm）、中粗砂和中石（20～40mm）构成。施工单位依据《水闸施工规范》SL 27—2014的有关规定，制订了反滤层施工方案和质量检查要点。

事件2：大坝工程施工前，施工单位对大坝料场进行复查，复查结果为：土料的天然密度为1.86g/cm^3，含水率为24%，最大干密度为1.67g/cm^3，最优含水率为21.2%。

事件3：溢洪道施工前，施工单位对进场的钢筋、水泥和止水橡皮等原材料进行了复检。

事件4：根据《水利水电工程施工质量检验与评定规程》SL 176—2007中关于施工质量评定工作的组织要求，相关单位对重要隐蔽单元工程进行了质量评定。

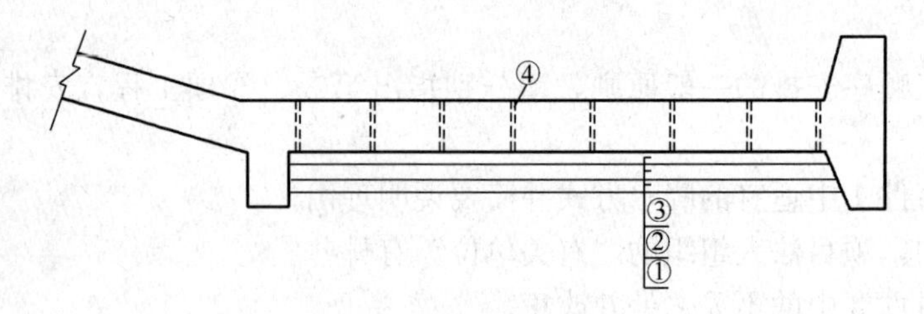

图 5-9　消力池结构示意图

事件 5：建设过程中，项目法人按照《水利水电建设工程验收规程》SL 223—2008 的规定，组织了水电站工程单位工程验收，施工单位、监理单位和设计单位作为被验单位参加了验收会议。

【问题】

1. 根据事件 1，指出消力池结构示意图中①、②、③、④代表的填筑材料（或构造）名称；说明反滤层施工质量检查的要点。

2. 根据事件 2，计算土坝填筑需要的自然土方量是多少万 m^3（不考虑富余、损耗及沉降预留，计算结果保留一位小数）。

3. 根据《碾压式土石坝施工规范》DL/T 5129—2013，除事件 2 中给出的内容外，料场复查还应包括哪些主要内容？

4. 根据《水闸施工规范》SL 27—2014 及相关规定，指出事件 3 中钢筋复检的内容。

5. 指出事件 4 中关于重要隐蔽单元工程质量评定工作的组织要求。

6. 指出事件 5 中的不妥之处，并说明理由。

【参考答案】

1. 事件 1，消力池结构示意图中的①为中粗砂，②为小石，③为中石，④为排水孔（或冒水孔）。

反滤层施工质量检查的要点包括：反滤料的厚度、粒径、级配、含泥量；相邻层面铺筑时避免混杂。

2. 料场土的干密度：$\rho_d = 1.86/(1+24\%) = 1.50g/cm^3$；

填筑控制干密度：$1.67 \times 97\% = 1.62g/cm^3$；

设料场需要备的方量为 V（万 m^3），根据干土质量相等：$1.50 \times V = 1.62 \times 200$，解得，$V = 216.0$ 万 m^3。

3. 料场复查还应包括覆盖层或剥离层厚度；料场的分布、开采及运输条件；料场的水文地质条件；料场的可用料层厚度、分布情况和有效储量。

4. 事件 3 中钢筋复检的内容包括强度、延伸率、冷弯、重量偏差、直径偏差。

5. 重要隐蔽单元工程及关键部位单元工程质量经施工单位自评合格，监理单位抽检后，由项目法人（或委托监理）、监理、设计、施工、工程运行管理（施工阶段已有时）等单位，组成联合小组，共同检查核定其质量等级并填写签证表，报工程质量监督机构核备。

6. 施工、监理和设计单位作为被验单位不妥。

理由：应是验收工作组成员单位。

实务操作和案例分析题六

【背景资料】

某堤防除险加固工程，堤防级别为1级。该工程为地方项目，项目法人由某省某市水行政主管部门组建，质量监督机构为该市水利工程质量监督站。该项目中一段堤防退建工程为一个施工合同段，全长2.0km，为黏性土料均质堤，由某施工单位承建。该合同签约合同价为1460万元，主要工程内容、工程量及工程价款见表5-18。

主要工程内容、工程量及工程价款　　表5-18

序号	工程内容	工程量	工程价款（万元）	备　注
1	土方填筑	44.8万m^3	672.0	
2	混凝土护坡	5600m^3	260.0	
3	堤顶道路	16000m^2	178.0	
4	草皮护坡（满铺马尼拉草皮）	36000m^2	108.0	

施工过程中发生如下事件：

事件1：施工单位根据现场具体情况，将土方填筑、混凝土护坡、堤顶道路、草皮护坡工程施工分别划分为4个、2个、2个、2个作业组，具体情况见表5-19。

堤防退建合同段作业组划分　　表5-19

序号	作业组编号		桩号（内容）	工程量	工程价款（万元）	备注
1	土方填筑	T—A	36+000～36+560	12.6（m^3）	189.0	
2		T—B	36+560～36+980	10.2（m^3）	153.0	
3		T—C	36+980～37+540	12.2（m^3）	183.0	
4		T—D	37+540～38+000	9.8（m^3）	147.0	
5	混凝土护坡	H—A	36+000～36+950	2900（m^2）	134.6	
6		H—B	36+950～38+000	2700（m^2）	125.4	
7	堤顶道路	L—A	基层、底基层组	16000（m^2）	58.0	
8		L—B	路面组	16000（m^2）	120.0	
9	草皮护坡	P—A	36+000～37+000	18500（m^2）	55.5	
10		P—B	37+000～38+000	17500（m^2）	52.5	

主体工程开工前，项目法人组织监理、设计、施工等单位对本合同段工程进行了项目划分。分部工程项目划分时，要求同种类分部工程的工程量差值不超过50%，不同种类分部工程的投资差额不超过1倍。

事件2：因现有水利水电工程单元工程质量评定标准中无草皮护坡质量标准，施工单位在开工前组织编制了草皮护坡工程质量标准，由本工程质量监督机构批准后实施。

事件3：工程开工后，施工单位按规范规定对土质堤基进行了清理。

事件4：土方填筑开工前，对料场土样进行了击实试验，得出土料最大干密度为1.60g/cm^3，设计压实度为95%。某土方填筑单元工程的土方填筑碾压工序干密度检测结果见表5-20，表中不合格点分布不集中；该工序一般项目检测点合格率为92%，且不合格点不集中；各项报验资料均符合要求。

某土方填筑单元工程碾压工序干密度检测记录　　表 5-20

序号	1	2	3	4	5	6	7	8	9	10
ρ_d (g/cm³)	1.60	1.59	1.55	1.53	1.51	1.57	1.60	1.58	1.49	1.52
序号	11	12	13	14	15	16	17	18	19	20
ρ_d (g/cm³)	1.56	1.57	1.54	1.59	1.58	1.48	1.59	1.56	1.55	1.53

事件 5：施工至 2013 年 5 月底，本合同段范围内容的工程项目已全部完成，所包括的分部工程已通过了验收，设计要求的变形观测点已测得初始值并在施工期进行了观测，施工中未发生质量缺陷。据此，施工单位向项目法人申请合同工程完工验收。

【问题】

1. 根据背景资料，请指出本合同段单位工程、分部工程项目划分的具体结果，并简要说明堤防工程中单位工程、分部工程项目划分原则。

2. 根据《水利水电工程单元工程施工质量评定表填表说明与示例（试行）》（办建管［2002］182 号文），指出并改正事件 2 的不妥之处。

3. 根据《堤防工程施工规范》SL 260—2014，说明事件 3 堤防清基的主要技术要求。

4. 根据《水利水电工程单元工程施工质量验收评定标准——堤防工程》SL 634—2012，评定事件 4 中碾压工序的质量等级并说明理由。

5. 根据《水利水电建设工程验收规程》SL 223—2008，除事件 5 所述内容外，合同工程完工验收还应具备哪些条件？

【参考答案】

1. 本合同段单位工程、分部工程项目划分的具体结果及堤防工程中单位工程、分部工程项目划分原则如下。

(1) 本工程项目划分为 1 个单位工程，8 个分部工程，分部工程分别为：

土方填筑、混凝土护坡按作业组、桩号分别划分为 4 个、2 个分部工程，堤顶道路、草皮护坡分别划分为 1 个、1 个分部工程。

(2) 堤防工程中单位工程按招标标段或工程结构进行项目划分；堤防工程中分部工程按长度或功能进行项目划分；每个单位工程中的分部工程数目不宜少于 5 个。

2. 事件 2 的不妥之处及改正。

(1) 不妥之处：施工单位组织编制本工程草皮护坡的质量标准。

改正：应由项目法人组织监理、设计和施工单位编制本工程草皮护坡的质量标准。

(2) 不妥之处：本工程质量监督机构批准该工程草皮护坡的质量标准。

改正：应经省级水行政主管部门或其委托的质量监督机构批准。

3. 事件 3 中堤防清基的主要技术要求：

(1) 堤基基面清理范围边界应在设计基面边线外 30～50cm。

(2) 堤基表层不合格土、杂物等必须清除。

(3) 堤基范围内的坑、槽、沟等应按堤身填筑要求进行回填处理。

(4) 堤基开挖、清除的弃土、杂物、废渣等均应运到指定的场地堆放。

(5) 堤基清理后应及时报验。

(6) 基面验收后应及时施工。

4. 事件 4 中碾压工序的质量等级为：合格。

理由：设计干密度为 $1.60 \times 95\% = 1.52g/cm^3$。

碾压工序主控项目即为压实度（干密度），该工序的干密度合格率为17/20＝85%，不合格的3个（$1.48g/cm^3$、$1.49g/cm^3$、$1.51g/cm^3$）均大于设计干密度（$1.52g/cm^3$）的96%，且不集中，故符合《水利水电工程单元工程施工质量验收评定标准——堤防工程》SL 634—2012表5.0.7合格标准的规定（黏性土料、1级堤防压实度合格率大于等于85%且小于90%为合格）。

一般检测项目检测合格率虽然为92%＞90%，但因主控项目仅符合合格标准要求，故该工序质量等级为合格。

5. 合同工程完工验收还应具备条件有：

（1）工程完工结算已完成。

（2）施工场地已经进行清理。

（3）需移交项目法人的档案资料已按要求整理完毕。

实务操作和案例分析题七

【背景资料】

某水库除险加固工程加固内容主要包括：均质土坝坝体灌浆、护坡修整、溢洪道拆除重建等。工程建设过程中发生下列事件：

事件1：在施工质量检验中，钢筋、护坡单元工程以及溢洪道底板混凝土试件三个项目抽样检验均有不合格的情况。针对上述情况，监理单位要求施工单位按照《水利水电工程施工质量检验与评定规程》SL 176—2007分别进行处理并责成其进行整改。

事件2：溢洪道单位工程完工后，项目法人主持单位工程验收，并成立了由项目法人、设计、施工、监理等单位组成的验收工作组。经评定，该单位工程施工质量等级为合格，其中工程外观质量得分率为75%。

事件3：2015年汛前，该合同工程基本完工。由于当年汛期水库防汛形势严峻，为确保水库安全度汛，根据度汛方案，建设单位组织参建单位对土坝和溢洪道进行险情巡查，并制订了土坝和溢洪道工程险情巡查及应对措施预案，部分内容见表5-21。

事件4：合同工程完工验收后，施工单位及时向项目法人递交了工程质量保修书，保修书中明确了合同工程完工验收情况等有关内容。

土坝和溢洪道工程险情巡查及应对措施预案 表5-21

序号	巡查部位	可能发生的险情种类	应对措施预案
1	上游坝坡	A	前截后导，临重于背
2	下游坝坡	B	反滤导渗，控制涌水
3	坝顶	C	转移人员、设备，加高抢护
4	坝体	D	快速转移居民，堵口抢筑
5	溢洪道闸门	E	保障电源，抢修启闭设备
6	溢洪道上下游翼墙	墙体前倾或滑移	墙后减载，加强观测

【问题】

1. 根据《碾压式土石坝施工规范》DL/T 5129—2013，简要说明土坝坝体与溢洪道岸翼墙混凝土面结合部位填筑的技术要求。

2. 针对事件 1 中提到的钢筋、护坡单元工程以及混凝土试件抽样检验不合格的情况，分别说明具体处理措施。

3. 根据事件 2 溢洪道单位工程施工质量评定结果，请写出验收鉴定书中验收结论的主要内容。

4. 溢洪道单位工程验收工作组中，除事件 2 所列单位外，还应包括哪些单位的代表？单位工程验收时，有哪些单位可以列席验收会议？

5. 根据本工程具体情况，指出表 5-21 中 A、B、C、D、E 分别代表的险情种类。

6. 除合同工程完工验收情况外，工程质量保修书还应包括哪些方面的内容？

【参考答案】

1. 土坝坝体与溢洪道岸翼墙混凝土面结合部位填筑的技术要求：

(1) 填土前，混凝土表面乳皮、粉尘及其上附着杂物必须清除干净。

(2) 填土与混凝土表面脱开时必须予以清除。

2. 对钢筋、护坡单元工程及混凝土试件抽样检验不合格的处理措施：

(1) 钢筋一次抽样检验不合格时，应及时对同一取样批次另取两倍数量进行检验，如仍不合格，则该批次钢筋应当定为不合格，不得使用。

(2) 单元工程质量不合格时，应按合同要求进行处理或返工重做，并经重新检验且合格后方可进行后续工程施工。

(3) 混凝土试件抽样检验不合格时，应委托具有相应资质等级的质量检测机构对溢洪道底板混凝土进行检验，如仍不合格，由项目法人组织有关单位进行研究，并提出处理意见。

3. 验收鉴定书中验收结论的主要内容有：

(1) 所含分部工程质量全部合格。

(2) 质量事故已按要求进行处理。

(3) 工程外观质量得分率为 75%。

(4) 单位工程施工质量检验与评定资料基本齐全。

(5) 工程施工期及试运行期，单位工程观测资料分析结果符合国家和行业技术标准以及合同约定的标准要求。

4. 单位工程验收工作组还应包括勘测、主要设备制造商和运行管理单位的代表。质量和安全监督机构应派员列席验收会议。法人验收监督管理机关可视情况决定是否列席验收会议。

5. A—漏洞；B—管涌；C—漫溢；D—坝体决口；E—启闭失灵。

6. 除合同工程完工验收情况外，保修书的内容还应包括：质量保修的范围；质量保修的内容；质量保修期；质量保修责任；质量保修费用；其他。

实务操作和案例分析题八

扫码学习

【背景资料】

某水闸工程建于土基上，共 10 孔，每孔净宽 10m；上游钢筋混凝土铺盖顺水流方向长 15m，垂直水流方向共分成 10 块；铺盖部位的两侧翼墙亦为钢筋混凝土结构，挡土高度为 12m，其平面布置示意图如图 5-10

所示：

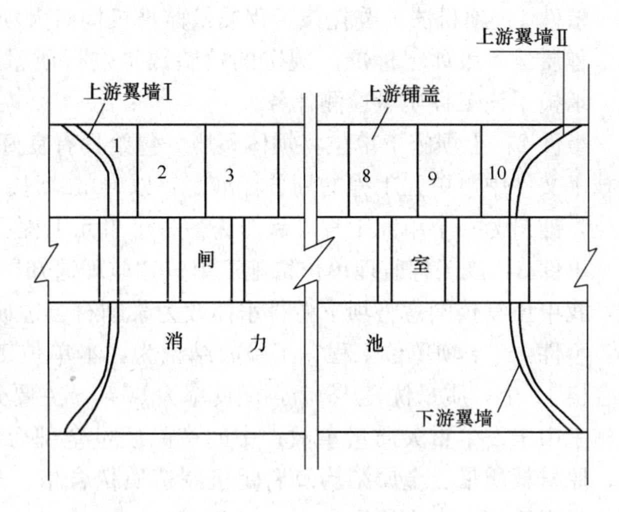

图 5-10 工程平面示意图

上游翼墙及铺盖施工时，为加快施工进度，施工单位安排两个班组，按照上游翼墙Ⅱ→10→9→8→7→6 和上游翼墙Ⅰ→1→2→3→4→5 的顺序同步施工。

在闸墩混凝土施工中，为方便立模和浇筑混凝土，施工单位拟将闸墩分层浇筑至设计高程，再对牛腿与闸墩结合面按施工缝进行处理后浇筑闸墩牛腿混凝土。

在翼墙混凝土施工过程中，出现了胀模事故，施工单位采取了拆模、凿除混凝土、重新立模、浇筑混凝土等返工处理措施。返工处理耗费工期 20d，费用 15 万元。

在闸室分部工程施工完成后，根据《水利水电工程施工质量检验与评定规程》SL 176—2007 进行了分部工程质量评定，评定内容包括原材料质量、中间产品质量等。

【问题】

1. 指出施工单位在上游翼墙及铺盖施工方案中的不妥之处，并说明理由。

2. 指出施工单位在闸墩与牛腿施工方案中的不妥之处，并说明理由。

3. 根据《水利工程质量事故处理暂行规定》，本工程中的质量事故属于哪一类？确定水利工程质量事故等级主要考虑哪些因素？

4. 闸室分部工程质量评定的主要内容，除原材料质量、中间产品质量外，还包括哪些方面？

【参考答案】

1. 上游翼墙及铺盖的浇筑次序不满足规范要求。

理由：铺盖应分块间隔浇筑；与翼墙毗邻部位的 1 号和 10 号铺盖应等翼墙沉降基本稳定后再浇筑。

2. 施工单位在闸墩与牛腿结合面设置施工缝的做法不妥。

理由：因该部位所受剪力较大，不宜设置施工缝。

3. 本工程中的质量事故属于一般质量事故。确定水利工程质量事故等级应主要考虑直接经济损失的大小，检查、处理事故对工期的影响时间长短和对工程正常使用和寿命的影响。

4. 闸室分部工程质量评定的主要内容还包括：单元工程质量；质量事故；混凝土拌合物质量；金属结构及启闭机制造；机电产品等。

实务操作和案例分析题九

【背景资料】

某水利枢纽工程由电站、溢洪道和土坝组成。主坝为均质土坝，上游设干砌石护坡，下游设草皮护坡和堆石排水体，坝顶设碎石路，工程实施过程中发生下述事件：

事件1：项目法人委托该工程质量监督机构对大坝填筑按《水利水电基本建设工程单元工程质量等级评定标准》规定的检验数量进行质量检查。质量监督机构受项目法人委托，承担了该工程质量检测任务。

事件2：土坝施工单位将坝体碾压分包给具有良好碾压设备和经验的乙公司承担。合同技术文件中，单元工程的划分标准是：以40m坝长、20cm铺料厚度为单元工程的计算单位，铺料为一个单元工程，碾压为另一个单元工程。

事件3：该工程监理单位给施工单位"监理通知"如下：经你单位申请并提出设计变更，我单位复核同意将坝下游排水体改为浆砌石，边坡由1：2.5改为1：2。

事件4：土坝单位工程完工验收结论为：本单位工程划分为30个分部工程，其中质量合格12个，质量优良18个，优良率为60%，主要分部工程（坝顶碎石路）质量优良，且施工中未发生重大质量事故；中间产品质量全部合格，其中混凝土拌合物质量达到优良；原材料质量、金属结构及启闭机制造质量合格；外观质量得分率为84%。所以，本单位工程质量评定为优良。

事件5：该工程项目单元工程质量评定表由监理单位填写，土坝单位工程完工验收由施工单位主持。工程截流验收及移民安置验收由项目法人主持。

【问题】

1. 分析事件1中存在的问题，并说明理由。

2. 分析事件2中存在的问题，并说明理由。

3. 分析事件3中"监理通知"存在的问题，并说明理由。

4. 土坝单位工程质量等级实际为优良。根据水利工程验收和质量评定的有关规定，分析事件4中验收结论存在的问题。

5. 根据水利工程验收和质量评定的有关规定，指出事件5中的不妥之处并改正。

【参考答案】

1. 事件1中存在的问题及其理由。

（1）问题：项目法人要求该工程质量监督机构对于大坝填筑按《水利水电基本建设工程单元工程质量评定标准》规定的检验数量进行质量检查不合理。

理由：项目法人不应委托质量监督机构对大坝填筑进行质量检查，应通过施工合同由监理单位要求施工单位按《水利水电基本建设工程单元工程质量评定标准》规定的检验数量进行质量检查。

（2）问题：质量监督机构受项目法人委托，承担了该工程质量检测任务不合理。

理由：质量监督机构与项目法人是监督与被监督的关系，质量监督机构不应接受项目法人委托承担工程质量检测任务。

2. 事件2中存在的问题及理由。

（1）问题：土坝施工单位将坝体碾压分包给乙公司承担。

理由：坝体碾压是主体工程，不能分包。

（2）问题：铺料为一个单元工程，碾压为另一个单元工程。

理由：铺料和整平工作是一个单元工程的两个工序。

3. 事件3中"监理通知"存在的问题及理由。

（1）问题：监理单位同意施工单位提出的设计变更。

理由：设计变更应该由设计单位提出，监理单位不能同意由施工单位提出的设计变更。

（2）问题：监理单位同意将坝下游排水体改为浆砌石。

理由：浆砌石不利于坝基排水，不能将排水体改为浆砌石。

4. 事件 4 中验收结论存在的问题有：①分部工程应为全部合格；②坝顶碎石路不是主体工程；③土坝无金属结构及启闭机；④外观质量得分率 83%不得评定为优良，要达到优良，外观质量得分率不应低于 85%；⑤验收结论中还应包括质量检查资料齐全。

5. 根据水利工程验收和质量评定的有关规定，指出事件 5 中的不妥之处并改正。

（1）不妥之处：工程项目单元工程质量评定表由监理单位填写。

正确做法：单元质量评定表应该由施工单位填写。

（2）不妥之处：土坝单位工程完工验收由施工单位主持。

正确做法：单位工程完工验收应该由项目法人主持。

（3）不妥之处：工程截流验收及移民安置验收由项目法人主持。

正确做法：移民安置验收应该由上级主管部门会同县级以上地方政府参加。

实务操作和案例分析题十

【背景资料】

某小（1）型水库除险加固工程，由灌溉涵拆除重建、坝基帷幕灌浆、坝体加高培厚、溢洪道拆除重建、坝顶道路拆除重建等组成。该工程项目划分为一个单位工程，包括灌溉涵、溢洪道等 9 个分部工程，工程所在流域主汛期为 6～9 月份。

工程施工过程中发生以下事件：

事件 1：坝基帷幕灌浆为一个分部工程，每 10 个孔划分为 1 个单元工程，其中第 6 个单元工程的灌浆工序验收评定表见表 5-22。

岩石地基帷幕灌浆工序验收评定表　　表 5-22

单位工程名称		×××	工序编号	×××	
分部工程名称		坝基帷幕灌浆	施工单位	×××	
单元工程名称、部位		第 6 单元	施工日期	×××	
项次	检验项目	质量标准	检查（测）记录	合格数	合格率
A 1	压力	0.2～0.3MPa	0.22、0.25、0.23、0.24、0.23、0.21、0.29、0.28、0.25、0.21	10	100%
A 2	浆液及变换	符合设计	10 孔中每孔浆液浓度及变换均符合设计要求	10	100%
A 3	结束标准	≤0.4L/min	0.3、0.2、0.3、0.1、0.1、0.2、0.3、0.3、0.2、0.1	10	100%
A 4	施工记录	齐全、准确、清晰	10 孔中每孔资料均齐全、准确、清晰	10	100%

续表

项次		检验项目	质量标准	检查（测）记录	合格数	合格率
B	1	灌浆段位置及段长	≤5m	4.5、6.0、5.0、3.5、5.5、6.0、4.5、3.5、4.0、3.0	7	70%
	2	灌浆管口距灌浆段底距离	≤0.5m	—	—	—
	3	特殊情况处理	处理后不影响质量	—	—	—
	4	抬动观测值	<1mm	0.1、0.2、0.1、0.1、0.2、0、0.2、0.2、0.1、0.1	10	100%
	5	封孔	符合设计要求	10孔中每孔封孔均合格	10	100%
施工单位自评意见		_A_检验点_C_合格，_B_逐项检验点合格率_D_，且不合格点不集中分布，工序质量等级评定为_E_。 ××年××月××日				
监理单位复核意见		—				

事件2：溢洪道翼墙混凝土拆模后，项目法人组织外观质量检查，检查其是否存在混凝土裂缝等质量问题。

事件3：主体工程所有分部工程验收合格后，项目法人申请蓄水验收。验收主持单位随即成立了由验收主持单位、地方人民政府和相关部门、质量和安全监督机构的代表和相关专业的专家组成的验收委员会，并进行了蓄水验收。

事件4：蓄水验收合格后，灌溉涵工程随之投入使用。2019年5月31日，该工程通过了单位工程（合同工程完工）验收，验收前溢洪道未投入使用，2019年汛期，该水库经受了运用考验。工程建设过程中相关的时间节点见表5-23。

施工节点时间表 **表5-23**

节点名称	开工时间	蓄水验收时间	单位工程（合同工程完工）验收时间	竣工验收时间
节点日期	2018年9月1日	2019年3月31日	2019年5月31日	2020年2月16日

【问题】

1. 根据《水利水电工程单元工程施工质量验收评定标准——地基处理与基础工程》SL 633—2012，指出表5-22中A、B、C、D、E所代表的名称或数据。

2. 事件2中，除混凝土裂缝外，还应检查混凝土外观质量哪些方面的问题？

3. 根据水利部《关于加强小型病险水库除险加固项目验收管理的指导意见》（水建管[2013] 178号），指出事件3中的不妥之处并改正。

4. 根据《水利水电工程标准施工招标文件》（2009年版），根据事件3、事件4，分别指出溢洪道工程和灌溉涵工程的缺陷责任期的起算日期，并说明理由。

5. 根据水利部《关于加强小型病险水库除险加固项目验收管理的指导意见》（水建管［2013］178号），指出事件4中竣工验收时间是否符合规定，并说明理由。

【参考答案】

1. 根据《水利水电工程单元工程施工质量验收评定标准——地基处理与基础工程》SL 633—2012，A、B、C、D、E所代表的名称或数据如下：

A代表主控项目；B代表一般项目，C表示全部（100.0%），D表示70.0%，E表示合格。

2. 事件2中，除混凝土裂缝外，还应检查混凝土外观质量问题包括：外部尺寸，轮廓线顺直，曲面与平面联结平顺，表面平整度，立面垂直度，混凝土表面有无缺陷，表面钢筋割除，变开形缝，表面清洁、无附着物等。

3. 根据水利部《关于加强小型病险水库除险加固项目验收管理的指导意见》（水建管［2013］178号），事件3中的不妥之处及其改正如下：

（1）不妥之处：主体工程所有分部工程验收合格后，项目法人申请蓄水验收。

改正：主体工程所有单位工程验收合格，满足蓄水要求，具备投入正常运行条件，并满足蓄水验收其他条件后，项目法人申请蓄水验收。

（2）不妥之处：验收主持单位随即成立了由验收主持单位、地方人民政府和相关部门、质量和安全监督机构的代表和相关专业的专家组成的验收委员会，并进行了蓄水验收不妥。

改正：应该是验收委员会由验收主持单位、有关地方人民政府和相关部门、水库主管部门、质量和安全监督机构、运行管理等单位的代表以及相关专业的专家组成，蓄水验收前，验收主持单位应组织专家组进行技术预验收。

4. 根据《水利水电工程标准施工招标文件》（2009年版），根据事件3、事件4，溢洪道工程和灌溉涵工程的缺陷责任期的起算日期为2019年5月31日。

理由：工程质量缺陷责任期应从工程通过合同工程完工验收后开始计算。

5. 根据水利部《关于加强小型病险水库除险加固项目验收管理的指导意见》（水建管［2013］178号），事件4中竣工验收时间符合规定。

理由：竣工验收应在小型除险加固项目全部完成并经过一个汛期运用考验后的6个月内进行，即在2019年9月30日～2020年3月31日之间进行竣工验收都符合规定。

实务操作和案例分析题十一

【背景资料】

川河分洪闸为大（2）型工程，项目划分为一个单位工程。单位工程完工后，项目法人组织监理单位、施工单位成立了工程外观质量评定组。评定组由4人组成，其中高级工程师2名，工程师1名，助理工程师1名。竣工验收主持单位发现评定组织工作存在不妥之处并予以纠正。

评定组对工程外观质量进行了评定，部分评定结果见水工建筑物外观质量评定表（见表5-24）。单位工程质量评定的其他有关资料如下：

（1）工程划分为1个单位工程，9个分部工程；

（2）分部工程质量全部合格，优良率为77.8%；

（3）主要分部工程为闸室段分部工程、地基防渗和排水分部工程，其中，闸室段分部工程质量为优良；

（4）施工中未发生质量事故；

（5）单位工程施工质量检验与评定资料齐全；

（6）工程施工期及试运行期，单位工程观测资料分析结果符合国家和行业技术标准以及合同约定的标准要求。

水工建筑物外观质量评定表 **表5-24**

单位工程名称		川河分洪闸工程	施工单位				第二水利建筑安装公司
主要工程量		混凝土 52100m³	评定日期				2010年4月1日
项次	项 目	标准分（分）	评定得分（分）				备注
			一级100%	二级90%	三级70%	四级0	
1	建筑外部尺寸	12		9			
2	轮廓线顺直	10		9			
3	表面平整度	10			7		
4	立面垂直度	10		9			
5	大角方正	5			4		
6	曲面与平面联结平顺	9	—				
7	扭面与平面联结平顺	9	—				
8	马道及排水沟	3 (4)		2.7			
9	梯步	2 (3)	2				
10	栏杆	2 (3)	2				
11	扶梯	2	—				
12	闸坝灯饰	2	—				
13	混凝土表面缺陷情况	10			7		
14	表面钢筋割除	2 (4)		1.8			
15	砌体 宽度均匀、平整	4	—				
16	勾缝 竖、横缝平直	4	—				
17	浆砌卵石露头均匀、整齐	8	—				
18	变形缝	3 (4)		2.7			
19	启闭机平台梁、桩、排架	5		4			
20	建筑物表面清洁、无附着物	10			7		
21	升压变电工程围墙（栏栅）、杆、架、塔、柱	5	—				

续表

项次	项　目	标准分（分）	评定得分（分）				备注
			一级 100%	二级 90%	三级 70%	四级 0	
22	水工金属结构外表面	6(7)			4.2		
23	电站盘柜	7	—				
24	电缆线路敷设	4(5)	—				
25	电站油、气、水管路	3(4)	—				
26	厂区道路及排水沟	4	—				
27	厂区绿化	8	—				
合计		应得　分，实得　分，得分率　%					
外观质量评定组成员	单位	职称			签名		
	项目法人						
工程质量监督机构		核定意见：			核定人：		

【问题】

1. 根据《水利水电工程施工质量检验与评定规程》SL 176—2007 有关规定，指出工程外观质量评定组织工作的不妥之处，并提出正确做法。

2. 在背景资料的水工建筑物外观质量评定表中，数据上的“_”（如“(4)”）和空格中的“—”各表示什么含义？

3. 根据《水利水电工程施工质量检验与评定规程》SL 176—2007 有关规定，指出水工建筑物外观质量评定表中各项次“评定得分”的错误之处，并写出正确得分（有小数点的，保留小数点后 1 位，下同）。

4. 根据背景资料中的水工建筑物外观质量评定表，指出参加评分的项次，计算表中“合计”栏内的有关数据。

5. 根据背景资料评定本单位工程的质量等级，并说明理由。

【参考答案】

1. 项目法人组织监理单位、施工单位成立了工程外观质量评定组不妥。

项目法人组织监理、设计、施工及工程运行管理等单位组成工程外观质量评定组，进行工程外观质量检验评定并将评定结论报工程质量监督机构核定。

评定组由 4 人组成不妥。

理由：大型工程评定组成员应不少于 7 人。

助理工程师 1 名不妥。

理由：成员应具有工程师以上职称或相应执业资格。

2. 背景资料中的水工建筑物，“_”表示改正此数。“—”表示实际工程无该项内容。

3. 建筑外部尺寸得分 9 分错误，应为 10.8 分。

大角方正得分 4 分错误，应为 3.5 分。

启闭机平台梁、桩、排架得分 4 分错误，应为 4.5 分。

4. 参加评分的项次：1、2、3、4、5、8、9、10、13、14、18、19、20、22。合计栏内应得 90 分，实得 73.2 分，得分率为 81.39%。

5. 本工程质量等级为合格。

理由：中间产品质量全部合格；金属结构及启闭机制造质量合格；机电产品质量合格；外观质量得分率 81.3%，大于合格标准 70%，小于优良标准 85%；三个主要分部工程全部合格，只有一个低于优良标准率 90%的要求。

实务操作和案例分析题十二

【背景资料】

某大型泵站枢纽工程，泵型为立式轴流泵，装机功率 6×1850kW，设计流量 150m³/s。枢纽工程包括进水闸（含拦污栅）、前池、进水池、主泵房、出水池、出水闸、变电站、管理设施等。主泵房采用混凝土灌注桩基础。施工过程中发生了如下事件：

事件 1：承包人在开工前进行的有关施工准备工作如下：①土料场清表；②测量基准点接收；③水泥、砂、石、钢筋等原材料检验；④土料场规划；⑤混凝土配合比设计；⑥土围堰填筑；⑦基坑排水；⑧施工措施计划编报；⑨生活营地建设；⑩木工加工厂搭建；⑪混凝土拌和系统建设。

事件 2：枢纽工程施工过程中完成了如下工作：①前池施工；②基础灌注桩施工；③出水池施工；④进水流道层施工；⑤联轴层施工；⑥进水闸施工；⑦出水闸施工；⑧水泵层施工；⑨拦污栅安装；⑩进水池施工；⑪厂房施工；⑫电机层施工。

事件 3：主泵房基础灌注桩共 72 根，项目划分为一个分部工程且为主要分部工程，该分部工程划分为 12 个单元工程，每个单元工程灌注桩根数为 6 根。质量监督机构批准了该项目划分，并提出该灌注桩为重要隐蔽单元工程，要求质量评定和验收时按每根灌注桩填写重要隐蔽单元工程质量等级签证表。

事件 4：进水池左侧混凝土翼墙为前池及进水池分部工程中的一个单元工程。施工完成后，经检验，该翼墙混凝土强度未达到设计要求，经设计单位复核，不能满足安全和使用功能要求，决定返工重做，导致直接经济损失 35 万元，所需时间 40d。返工重做后，该单元工程质量经检验符合优良等级标准，被评定为优良，前池及进水池分部工程质量经检验符合优良等级标准，被评定为优良。

事件 5：该工程竣工验收前进行了档案专项验收。档案专项验收的初步验收和正式验收分别由监理单位和项目法人主持。

【问题】

1. 指出事件 1 中直接为混凝土工程所做的施工准备工作（用工作编号表示，如①、②）。

2. 指出事件 2 中主泵房部分相关工作适宜的施工顺序（用工作编号和箭头表示，如①→②）。

3. 根据《水利水电工程施工质量检验与评定规程》SL 176—2007，指出事件 3 中的不妥之处，并改正。

4. 根据《水利水电工程施工质量检验与评定规程》SL 176—2007，分别指出事件 4 中单元工程、分部工程质量等级评定结果是否正确？并简要说明事由。

5. 根据《水利工程质量事故处理暂行规定》（水利部令第 9 号），确定事件 4 中质量事故的类别，并简要说明事由。

6. 根据《水利工程建设项目档案验收管理办法》（水办［2008］366号），指出事件5中的不妥之处，并改正。

【参考答案】

1. 事件1中直接为混凝土工程所做的施工准备工作为：③、⑤、⑧、⑩、⑪。

2. 事件2中主泵房部分相关工作适宜的施工顺序为：②→④→⑧→⑤→⑫→⑪（②→④、④→⑧、⑧→⑤、⑤→⑫、⑫→⑪）。

3. 不妥之处：混凝土灌注桩质量评定和验收按每根填写重要隐蔽单元工程质量等级签证。

改正：应按事件3中的每个单元工程填写。

4. 该单元工程质量等级评定为优良是正确的，因为返工重做的可重新评定质量等级。

该分部工程质量等级评定为优良是不正确的，因为发生过质量事故的分部工程质量等级不能评定为优良。

5. 事件4中的质量事故为较大质量事故。

理由：直接经济损失费用35万元大于30万元，且小于100万元；事故处理工期40d大于1个月，且小于3个月。

6. 档案专项验收的初步验收和正式验收分别由监理单位和项目法人主持进行不妥。

初步验收应由工程竣工验收主持单位委托相关单位主持，正式验收应由工程竣工验收主持单位的档案业务主管部门主持。

实务操作和案例分析题十三

【背景资料】

某河道治理工程主要建设内容包括河道裁弯取直（含两侧新筑堤防）、加高培厚堤防、新建穿堤建筑物及跨河桥梁。堤防级别为1级。堤身采用黏性土填筑，设计压实度为0.94，料场土料的最大干密度为1.68g/cm³。堤后压重平台采用砂性土填筑。工程实施过程发生下列事件：

事件1：根据《堤防工程施工规范》SL 260—2014，施工单位对筑堤料场的土料储量和土料特性进行了复核。

事件2：施工组织设计对相邻施工堤段垂直堤轴线的接缝和加高培厚堤防堤坡新老土层结合面均提出了具体施工技术要求。

事件3：在堤防填筑过程中，施工单位对已经压实的土方进行了质量检测，检测结果见表5-25。

土方填筑压实质量检测结果表 **表5-25**

土样编号	1	2	3	4	5	6	7	备注
湿密度（g/cm³）	1.96	2.01	1.99	1.96	2.00	1.92	1.98	
含水量（%）	22.3	21.5	22.0	23.6	20.9	25.8	24.5	
干密度（g/cm³）	1.60	1.65	1.63	1.59	1.65	1.53	1.59	
压实度	*A*	0.98	*B*	0.95	0.98	0.91	0.95	

事件4：工程完工后，竣工验收主持单位组织了竣工验收，成立了竣工验收委员会。验收委员会由竣工验收主持单位、有关地方人民政府和部门、有关水行政主管部门和流域管理机构、质量和安全监督机构、项目法人、设计单位、运行管理单位等的代表及有关专家组成。竣工验收委员会同意质量监督机构的质量核定意见，工程质量等级为优良。

【问题】

1. 指出事件1中料场土料特性复核的内容。

2. 根据《堤防工程施工规范》SL 260—2014，事件2中提出的施工技术要求应包括哪些主要内容？

3. 计算表5-25中A、B的值（计算结果保留两位小数）；根据《水利水电工程单元工程质量验收评定标准——堤防工程》SL 634—2012，判断此层填土压实质量是否合格？并说明原因（不考虑检验的频度）。

4. 指出事件4中的不妥之处，并改正。

【参考答案】

1. 对土料应经常检查所取土料的土质情况、土块大小、杂质含量和含水量等。

2. 对新填土与老堤坡结合处，应将结合处挖成台阶状并刨毛，以利新、老层间密实结合；应按水平分层由低处开始逐层填筑，不得顺坡铺填；作业面应分层统一铺土、统一碾压，严禁出现界沟，上、下层的分段接缝应错开；相邻施工段的作业面宜均衡上升，段间出现高差，应以斜坡面相接。

3. $A=1.60/1.68=0.95$，$B=1.63/1.68=0.97$。

此层填土压实质量合格。

原因：因为共检测7点，合格6点，合格率85.7%，根据《水利水电工程单元工程质量验收评定标准——堤防工程》SL 634—2012的规定，一级堤防少黏性土老堤加高培厚的压实度合格率大于85%，同时，不合格样品的干密度值（$1.65g/cm^3$）不低于设计干密度值（$1.68g/cm^3$）的96%。所以判定合格。

4. 事件4中的不妥之处及改正：

（1）不妥之处：工程完工后，竣工验收主持单位组织了竣工验收。

改正：根据《水利水电建设工程验收规程》，竣工验收应在工程建设项目全部完成并满足一定运行条件后1年内进行。

（2）不妥之处：竣工验收委员会组成。

改正：项目法人和设计单位不应参加委员会，而应作为被验收单位参加验收会议。

（3）不妥之处：验收委员会同意质量为优良。

改正：因为竣工验收会议只对竣工工程提出质量是否合格或不合格的意见。工程项目质量达到合格以上等级的，竣工验收的质量结论意见应判定为合格。

实务操作和案例分析题十四

【背景资料】

某综合利用水利枢纽工程位于我国西北某省，枯水期流量很少。坝型为土石坝，黏土心墙防渗；坝址处河道狭窄，岸坡平缓。

工程中的某分部工程包括坝基开挖、坝基防渗及坝体填筑，该分部工程验收结论为“本分部工程划为 80 个单元工程，其中合格 30 个，优良 50 个，主要单元工程、重要隐蔽工程及关键部位的单元工程质量优良，且未发生质量事故；中间产品质量全部合格，其中混凝土拌合物质量达到优良”。

【问题】

1. 根据该项目的工程条件，请选择合理的施工导流方式及其泄水建筑物类型。

2. 大坝拟采用碾压式填筑，其压实机械主要有哪几种类型？坝面作业分哪几项主要工序？

3. 大坝施工前碾压实验主要确定哪些压实参数？施工中坝体与混凝土泄洪闸连接部位的填筑，应采取哪些措施保证填筑质量？

4. 根据水利水电工程有关质量评定规程，质量评定时项目划为哪几级？

5. 根据水利水电工程有关质量评定规程，上述结论应如何修改？

【参考答案】

1. 由于该河流枯水期流量很少，坝址处河道较窄，宜选择全段围堰法导流。因岸坡平缓，泄水建筑物宜选择明渠。

2. 大坝拟采用碾压式填筑，黏土心墙可选用羊脚碾、气胎碾或夯板压实，坝壳可选用振动碾、气胎碾或夯板压实。

坝面作业可以分为辅料、平整和压实三个主要工序。

3. 大坝施工前碾压实验主要确定的压实参数包括碾压机具的重量、含水量、碾压遍数及铺土厚度等，对于振动碾还应包括振动频率及行走速率等。施工中坝体与混凝土泄洪闸连续部位的填筑，混凝土面在填筑前，必须用钢丝刷等工具清除其表面的乳皮、粉尘、油毡等，并用风枪吹扫干净；在混凝土面上填土时，应洒水湿润，并边涂刷浓泥浆、边铺土、边夯实。

4. 根据水利水电工程有关质量评定规程，质量评定时项目划分为单元工程、分部工程、单位工程等三级。

5. 根据水利水电工程有关质量评定规程，上述验收结论应修改为：“本分部工程划分为 80 个单元工程，单元工程质量全部合格，其中单元工程优良率为 62.5%，主要单元工程、重要隐蔽工程及关键部位的单元工程质量优良，且未发生过质量事故；中间产品质量全部合格，其中混凝土拌和物质量达到优良，故本分部工程合格。”

实务操作和案例分析题十五

【背景资料】

某水电站枢纽工程由碾压式混凝土重力坝、坝后式电站、溢洪道等建筑物组成；其中重力坝最大坝高 46m，坝顶全长 290m；电站装机容量 20 万 kW，采用地下升压变电站。某施工单位承担该枢纽工程施工，工程施工过程中发生如下事件：

事件 1：地下升压变电站项目划分为一个单位工程，其中包含开关站（土建）、其他电气设备安装、操作控制室等分部工程。

事件 2：施工单位根据本工程特点进行了施工总布置，确定施工分区规划布置应遵守的部分原则如下：

（1）金属结构、机电设备安装场地宜靠近主要安装地点；

（2）施工管理及生活营区的布置应考虑风向、日照等因素，与生产设施有明显界限；

（3）主要物资仓库、站场等储运系统宜布置在场内外交通衔接处。

事件3：开工前，施工单位在现场设置了混凝土制冷（热）系统等主要施工工厂设施。

事件4：施工单位根据《水利水电工程施工组织设计规范》SL 303—2017计算本工程混凝土生产系统小时生产能力P，相关参数为：混凝土高峰月浇筑强度为15万m^3，每月工作日数取25d，每日工作时数取20h，小时不均匀系数取1.5。

事件5：本枢纽工程导（截）流验收前，经检查，验收条件全部具备，其中包括：

（1）截流后壅高水位以下的移民搬迁及库底清理已完成并通过验收；

（2）碍航问题已得到解决；

（3）满足截流要求的水下隐蔽工程已完成等。

项目法人主持进行了该枢纽工程导（截）流验收，验收委员会由竣工验收主持单位、设计单位、监理单位、质量和安全监督机构、地方人民政府有关部门、运行管理单位的代表及相关专家等组成。

【问题】

1. 根据《水利水电工程施工质量检验与评定规程》SL 176—2007，指出事件1中该单位工程应包括的其他分部工程名称；该单位工程的主要分部工程是什么？

2. 指出事件2中施工分区规划布置还应遵守的其他原则。

3. 结合本工程具体情况，事件3中主要施工工厂设施还应包括哪些？

4. 计算事件4中混凝土生产系统单位小时生产能力P。

5. 根据《水利水电建设工程验收规程》SL 223—2008，补充说明事件5中导（截）流验收具备的其他条件。

6. 根据《水利水电建设工程验收规程》SL 223—2008，指出并改正事件5中导（截）流验收组织的不妥之处。

【参考答案】

1. 其他分部工程：变电站（土建）、主变压器安装、交通洞。

主要分部工程：主变压器安装。

2. 施工分区规划布置还应遵守以下原则：

（1）因本工程是以混凝土建筑物为主的枢纽工程，故施工分区布置应以砂石料加工和混凝土生产系统为主。

（2）还应考虑施工对周围环境的影响，避免噪声、粉尘等污染对敏感区的危害。

3. 主要施工工厂设施还有：

（1）混凝土生产系统；

（2）砂石料加工系统；

（3）风、水、电供应系统；

（4）综合加工厂（钢筋加工厂、木材加工厂、混凝土预制构件厂）；

（5）机械修配厂。

4. 混凝土生产系统单位小时生产能力 $P=\frac{1.5\times150000}{25\times20}=450\text{m}^3/\text{h}$。

5. 导（截）流验收还应具备的条件有：

(1) 导流工程已基本完成并具备过流条件。

(2) 截流设计已获批准，截流方案已编制完成。

(3) 度汛方案已经有管辖权的防汛指挥部门批准。

(4) 验收文件、资料已齐全、完整。

6. 项目法人主持不妥，应由竣工验收主持单位或其委托的单位主持。

设计、监理单位为验收委员会成员不妥，应是被验收单位。

实务操作和案例分析题十六

【背景资料】

某水闸建筑在砂质壤土地基上，水闸每孔净宽 8m，共 3 孔，采用平板闸门，闸门采用一台门式启闭机启闭，闸墩厚度为 2m，因闸室的总宽度较小，故不分缝。闸底板的总宽度为 30m，净宽为 24m，底板顺水流方向长度为 20m。施工中发现由于平板闸门主轨、侧轨安装出现严重偏差，发生了质量事故。

【问题】

1. 根据《水利工程质量事故处理暂行规定》，进行质量事故处理的基本要求是什么？

2. 根据《水利工程质量事故处理暂行规定》，工程质量事故如何分类？分类的依据是什么？

3. 工程采用的是门式启闭机，安装时应注意哪些方面？

4. 指出平板闸门的安装顺序。

【参考答案】

1. 进行质量事故处理的基本要求如下：

(1) 发生质量事故，必须坚持“事故原因不查清楚不放过、主要事故责任者和职工未受教育不放过、补救和防范措施不落实不放过”的原则，认真调查事故原因，研究处理措施，查明事故责任，做好事故处理工作。

(2) 发生质量事故后，必须针对事故原因提出工程处理方案，经有关单位审定后实施。

(3) 事故处理需要进行设计变更的，须原设计单位或有资质的单位提出设计变更方案。需要进行重大设计变更的，必须经原设计审批部门审定后实施。

(4) 事故部位处理完毕后，必须按照管理权限经过质量评定与验收后，方可投入使用或进入下一阶段施工。

(5) 水利工程应当实行质量缺陷备案制度。

2. 按直接经济损失的大小，检查、处理事故对工期的影响时间长短和对工程正常使用的影响进行分类。分为一般质量事故、较大质量事故、重大质量事故、特大质量事故四类。

3. 门式启闭机安装时应注意以下方面：①门式启闭机安装应争取将门机各组成部件予以扩大预组装，然后进行扩大部件吊装，以减少高空作业工作量并加快安装速度。②门腿安装应利用各种固定点予以加固牛腿或在坝体上游坝面处增设临时牛腿予以加固，将来门机安装后再用混凝土把牛腿预留孔处回填抹平。③门式启闭机门腿与主梁的连接，可采用门腿法兰与主梁端翼板直接焊接的施工方法。

4. 平板闸门安装的顺序是：闸门放到门底坎；按照预埋件调配止水和支承导向部件；安装闸门拉杆；在门槽内试验闸门的提升和关闭；将闸门处于试验水头并投入运行。

安装行走部件时，应使其所有滚轮（或滑块）都同时紧贴主轨；闸门压向主轨时，止水与预埋件之间应保持 3～5mm 的富余度。

实务操作和案例分析题十七

【背景资料】

某大（2）型水库枢纽工程由混凝土面板堆石坝、电站、溢流坝和节制闸等建筑物组成。节制闸共 2 孔，采用平板直升钢闸门，闸门尺寸为净宽 15m，净高 12m，闸门结构如图 5-11 所示。

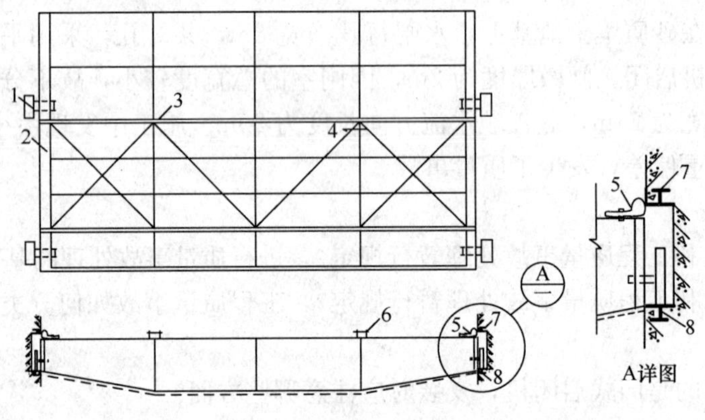

图 5-11　平板钢闸门结构图

某水利施工单位承担工程土建施工及金属结构、机电设备安装任务。闸门门槽采用留槽后浇二期混凝土的方法施工；闸门安装完毕后，施工单位及时进行了检查、验收和质量评定工作，其中平板钢闸门单元工程安装质量验收评定表见表 5-26。

平板钢闸门单元工程安装质量验收评定表　　　　**表 5-26**

<table>
<tr><td colspan="2">单位工程名称</td><td>×××</td><td colspan="2">单元工程量</td><td colspan="2">×××</td></tr>
<tr><td colspan="2">A</td><td>×××</td><td colspan="2">安装单位</td><td colspan="2">×××</td></tr>
<tr><td colspan="2">单元工程名称、部位</td><td>×××</td><td colspan="2">评定日期</td><td colspan="2">×年×月×日</td></tr>
<tr><td rowspan="2">项次</td><td colspan="2" rowspan="2">项目</td><td colspan="2">主控项目（个）</td><td colspan="2">一般项目（个）</td></tr>
<tr><td>合格数</td><td>其中优良数</td><td>合格数</td><td>其中优良数</td></tr>
<tr><td>1</td><td colspan="2">反向滑块</td><td>12</td><td>9</td><td>—</td><td>—</td></tr>
<tr><td>2</td><td colspan="2">焊缝对口错边</td><td>17</td><td>14</td><td>—</td><td>—</td></tr>
<tr><td>3</td><td colspan="2">表面清除和凹坑焊补</td><td>—</td><td>—</td><td>24</td><td>18</td></tr>
<tr><td>4</td><td colspan="2">橡胶止水</td><td>20</td><td>16</td><td>28</td><td>22</td></tr>
<tr><td colspan="3">B</td><td colspan="4">质量标准合格</td></tr>
<tr><td>安装单位自评意见</td><td colspan="6">各项试验和单元工程试运行符合要求，各项报验资料符合规定。检验项目全部合格。检验项目优良率为 C ，其中主控项目优良率为79.6%，单元工程安装质量验收评定等级为 合格 。</td></tr>
</table>

【问题】

1. 分别写出图 5-11 中代表主轨、橡胶止水和主轮的数字序号。

2. 结合背景材料说明门槽二期混凝土应采用具有什么性能特点的混凝土；指出门槽二期混凝土在入仓、振捣时的注意事项。

3. 根据《水闸施工规范》SL 27—2014 规定，闸门安装完毕后水库蓄水前需作什么启闭试验？指出该试验目的和注意事项。

4. 根据《水利水电工程单元工程施工质量验收评定标准——水工金属结构安装工程》SL 635—2012 要求，写出表 5-26 中所示 A、B、C 字母所代表的内容（计算结果以百分数表示，并保留 1 位小数）。

5. 根据《水利水电建设工程验收规程》SL 223—2008 规定，该水库在蓄水前应进行哪项阶段验收？该验收应由哪个单位主持？施工单位应以何种身份参与该验收？

扫码学习

【参考答案】

1. 图 5-11 中代表主轨、橡胶止水和主轮的数字序号：

主轨—8、止水—5、主轮—1。

2. 门槽二期混凝土应采用补偿收缩细石混凝土。

本工程门槽较高，不得直接从高处下料，应分段安装模板和浇筑混凝土。振捣时不得振动已安装好的金属构件，可在模板中部开孔振捣。

3. 根据《水闸施工规范》SL 27—2014 规定，闸门安装完毕后，需作无水状态下的全行程启闭试验。试验目的：检验门叶启闭是否灵活无卡阻现象，闸门关闭是否严密。注意事项：试验过程中需对橡胶止水浇水润滑。

4. 表 5-26 中所示 A、B、C 字母所代表的内容：

A：分部工程名称；B：试运行效果；C：78.2%。

【分析】通过表 5-26，我们可以分析出，A 代表分部工程；对于金属结构机电设备安装后要进行试运行，所以 B 代表试运行效果；检验项目优良率在计算时应将主控项目和一般项目的优良数相加再除以总的合格数，即(9＋14＋16＋18＋22)/(12＋17＋20＋24＋28)×100%＝78.2%，所以 C 代表 78.2%。

5. 根据《水利水电建设工程验收规程》SL 223—2008，该水库在蓄水前应进行下闸蓄水验收。

主持单位：竣工验收主持单位或其委托的单位。

施工单位应派代表参加阶段验收，并作为被验单位在验收鉴定书上签字。

实务操作和案例分析题十八

【背景资料】

某调水枢纽工程主要由泵站和节制闸组成，其中泵站设计流量 $120m^3/s$，安装 7 台机组（含备机 1 台），总装机容量 11900kW，年调水量 $7.6\times10^8m^3$；节制闸共 5 孔，单孔净宽 8.0m，非汛期（含调水期）节制闸关闭挡水，汛期节制闸开敞泄洪，最大泄洪流量 $750m^3/s$。该枢纽工程在施工过程中发生如下事件：

事件 1：为加强枢纽工程施工安全生产管理，施工单位在现场设立安全生产管理机构，配备了专职安全生产管理人员，专职安全生产管理人员对该项目的安全生产管理工作全面负责。

事件2：基坑开挖前，施工单位编制了施工组织设计，部分内容如下：

（1）施工用电从附近系统电源接入，现场设临时变压器一台；

（2）基坑开挖采用管井降水，开挖边坡坡比1∶2，最大开挖深度9.5m；

（3）泵站墩墙及上部厂房采用现浇混凝土施工，混凝土模板支撑最大搭设高度15m，落地式钢管脚手架搭设高度50m；

（4）闸门、启闭机及机电设备采用常规起重机械进行安装，最大单件吊装重量150kN。

事件3：泵站下部结构施工时正值汛期，某天围堰下游发生管涌，由于抢险不及时，导致围堰决口基坑进水，部分钢筋和钢构件受水浸泡后锈蚀。该事故后经处理虽然不影响工程正常使用，但对工程使用寿命有一定影响。事故处理费用70万元（人民币），延误工期40d。

【问题】

1. 根据《水利水电工程等级划分及洪水标准》SL 252—2017，说明枢纽工程等别、工程规模和主要建筑物级别。

2. 指出并改正事件1中的不妥之处。专职安全生产管理人员的主要职责有哪些？

3. 根据《水利水电工程施工安全管理导则》SL 721—2015，说明事件2施工组织设计中，哪些单项工程需要组织专家对专项施工方案进行审查论证。

4. 根据《水利工程质量事故处理暂行规定》（水利部令第9号），说明水利工程质量事故分为哪几类，事件3中的质量事故属于哪一类？该事故应由哪些单位或部门组织调查组进行调查？调查结果报哪个单位或部门核备？

【参考答案】

1. 枢纽工程等别为Ⅱ等，工程规模为大（2）型，主要建筑物级别为2级。

2. 不妥之处：专职安全生产管理人员全面负责该项目的安全生产管理工作。

正确做法：施工单位主要负责人对本单位的安全生产工作全面负责；项目负责人（项目经理）对本项目安全生产管理全面负责。

专职安全生产管理人员的主要职责：负责对安全生产进行现场监督检查。发现安全事故隐患，应及时向项目负责人和安全生产管理机构报告；对违章指挥，违章操作的，应当立即制止。

3. 需组织专家审查论证专项施工方案的单项工程有：深基坑工程（或基坑开挖、降水工程）、混凝土模板支撑工程、钢管脚手架工程。

4. 水利工程质量事故分为一般质量事故、较大质量事故、重大质量事故和特大质量事故四类。

事件3中的质量事故属于较大质量事故；该事故应由项目主管部门组织调查组进行调查，调查结果报上级主管部门批准并报省级水行政主管部门核备。

第六章　水利水电工程建设安全生产管理

2011—2020 年度实务操作和案例分析题考点分布

考点 \ 年份	2011 年	2012 年 6 月	2012 年 10 月	2013 年	2014 年	2015 年	2016 年	2017 年	2018 年	2019 年	2020 年
水利水电工程施工通用安全技术要求									●		
水利工程安全生产条件市场准入制度	●										
项目法人的安全责任								●			
影响施工安全的因素					●						
水电工程建设风险管理							●				
水利工程建设质量与安全事故分类	●	●		●	●		●				
水利工程建设质量与安全事故报告程序		●									
生产安全事故报告	●								●		
生产与安全事故分类											●
质量与安全事故现场应急处置指挥机构的组成		●									
施工单位安全管理的内容						●					
施工现场安全管理				●		●					
监理单位的安全生产责任						●					

专家指导：

施工安全管理的考查主要集中在生产与安全事故的分类，相关的生产安全事故报告、处理程序。水利工程建设生产与安全事故分类比施工质量事故分类的考查频率要高，在复习时应总结对比记忆。关于工程建设标准强制性条文，考生要多加关注，这类题目的考查就是送分题。

要　点　归　纳

1. 施工单位的安全生产责任**【重要考点】**

施工单位应当在施工组织设计中编制安全技术措施和施工现场临时用电方案，对下列达到一定规模的危险性较大的工程应当编制专项施工方案，并附安全验算结果，经施工单位技术负责人签字以及总监理工程师核签后实施，由专职安全生产管理人员进行现场监督：①基坑支护与降水工程；②土方和石方开挖工程；③模板工程；④起重吊装工程；⑤脚手架工程；⑥拆除、爆破工程；⑦围堰工程；⑧其他危险性较大的工程。

对前款所列工程中涉及高边坡、深基坑、地下暗挖工程、高大模板工程的专项施工方案，施工单位还应当组织专家进行论证、审查。

施工单位的主要负责人、项目负责人、专职安全生产管理人员应当经水行政主管部门安全生产考核合格后方可任职。

施工单位三级安全教育：公司教育、项目部教育、班组教育。

2. 风险处置方法及采用原则（表 6-1）**【重要考点】**

风险处置方法及采用原则 **表 6-1**

风险处置方法	处置方法的采用原则
风险规避	损失大、概率大灾难性风险
风险缓解	损失小、概率大的风险
风险转移	损失大、概率小的风险
风险自留	损失小、概率小的风险
风险利用	有利于工程项目目标的风险

3. 水利工程生产安全事故分类（表 6-2）**【高频考点】**

水利工程生产安全事故分类 **表 6-2**

事故等级	造成死亡人数	造成重伤人数	造成直接经济损失
特别重大事故	30 人以上	100 人以上 （包括急性工业中毒，下同）	1 亿元以上
重大事故	10 人以上，30 人以下	50 人以上，100 人以下	5000 万元以上，1 亿元以下
较大事故	3 人以上，10 人以下	10 人以上，50 人以下	1000 万元以上，5000 万元以下
一般事故	3 人以下	10 人以下	1000 万元以下

4. 生产安全事故报告程序和时限**【重要考点】**

水利部直属单位（工程）或地方水利工程发生重特大事故，各单位应力争 20min 内快报、40min 内书面报告水利部；水利部在接到事故报告后 30min 内快报、1h 内书面报告国务院总值班室。

水利部直属单位（工程）发生较大生产安全事故和有人员死亡的一般生产安全事故、地方水利工程发生较大生产安全事故，应在事故发生 1h 内快报、2h 内书面报告至安全监督司。

接到国务院总值班室要求核报的信息，电话反馈时间不得超过 30min，要求报送书面信息的，反馈时间不得超过 1h。各单位接到水利部要求核报的信息，应通过各种渠道迅速核实，按照时限要求反馈相关情况。原则上电话反馈时间不得超过 20min，要求报送书面信息的，反馈时间不得超过 40min。

事故报告后出现新情况的，应按有关规定及时补报相关信息。

除上报水行政主管部门外，各单位还应按照相关法律法规将事故信息报告地方政府及其有关部门。

5．“三”“四”“五”字知识点总结：

（1）“三项”制度：项目法人责任制、招标投标制和建设监理制。

（2）三类人员——施工企业主要负责人、项目负责人和专职安全生产管理人员。

（3）三级安全教育——公司教育、项目部教育、班组教育。

（4）三同时——同时设计、同时施工、同时投入使用。

（5）三宝——安全帽、安全带、安全网。

（6）四口——楼梯口、电梯井口、预留口、通道口。

（7）四个责任制——从业单位质量主体责任制；从业单位领导人责任制；从业人员责任制；质量终身责任制。

（8）四不放过——事故原因不查清楚不放过、主要事故责任者和职工未受到教育不放过、补救和防范措施不落实不放过、责任人员未受到处理不放过。

（9）五个坚持——坚持以人为本、坚持安全为先、坚持诚信守法、坚持夯实基础、坚持创新驱动。

历 年 真 题

实务操作和案例分析题一［2016年真题］

【背景资料】

某分洪闸位于河道堤防上，该闸最大分洪流量为300m^3/s，河道堤防级别为2级。该闸在施工过程中发生如下事件：

事件1：闸室底板及墩墙设计采用C25W4F100混凝土。施工单位在混凝土拌合过程中掺入高效减水剂，并按照混凝土试验有关标准制作了混凝土试块，对混凝土各项指标进行试验。

事件2：为有效控制风险，依据《大中型水电工程建设风险管理规范》GB/T 50927—2013，施工单位对施工过程中可能存在的主要风险进行了分析，把风险分为四大类：第一类为损失大，概率大的风险，第二类为损失小、概率大的风险，第三类为损失大、概率小的风险，第四类为损失小、概率小的风险，针对各类风险提出了风险规避等处置方法。

事件3：在启闭机工作桥夜间施工过程中，2名施工人员不慎从作业高度为12.0m的高处坠落。事故造成了1人死亡，1人重伤。

【问题】

1．根据背景资料，说明分洪闸闸室等主要建筑物的级别，本工程项目经理应由几级注册建造师担任？C25W4F100中，“C、W、F”分别代表什么含义？F100中的100又代表什么？

2．根据事件1，在混凝土拌合料中掺入高效减水剂后，如保持混凝土流动性及水泥用量不变，混凝土拌合用水量，水胶比和强度将发生什么变化？

3．按事件2的风险分类，事件3中发生的事故应属于风险类型中的哪一类。对于此类风险，事前宜采用何种处置方法进行控制？

4. 根据《水利工程建设重大质量与安全事故应急预案》，说明水利工程建设质量与安全事故共分为哪几级？事件3中的事故等级属于哪一级？根据2名工人的作业高度和施工环境说明其高处作业的级别和种类。

【解题方略】

1. 本题考查的是水闸工程建筑物级别、项目经理担任的级别及混凝土标号的表示。该题总体来说比较简单，考生容易得分。要注意分洪闸闸室等主要建筑物的级别应为堤防和水闸级别就高的级别。

2. 本题考查的是混凝土拌和的相关内容。需要考生稍作分析，拌和用水减少，水泥用量不变，水胶比减少，强度提高了。

3. 本题考查的是水电工程建设风险管理。事件3中，高处作业，事故造成了1人死亡，1人重伤。发生概率小，损失大，所以属于第三类。风险处置方法分为：风险规避、风险缓解（损失小，概率大）、风险转移（概率小，损失大）、风险自留、风险利用。

4. 本题考查的是水利工程建设质量与安全事故。解答本题需要掌握的知识点有以下几点：

（1）安全事故的分级，这是经常考核的，应熟练掌握。

（2）高处作业的级别：高度在2～5m时，称为一级高处作业；高度在5～15m时，称为二级高处作业；高度在15～30m时，称为三级高处作业；高度在30m以上时，称为特级高处作业。

（3）特殊高处作业：强风高处作业、异温高处作业、雪天高处作业、雨天高处作业、夜间高处作业、带电高处作业、悬空高处作业、抢救高处作业。

【参考答案】

1. 闸室等主要建筑的级别为2级。本工程项目经理应由一级建造师担任。

C代表混凝土强度等级，W代表混凝土抗渗等级，F表示混凝土抗冻等级，100表示混凝土抗冻性能试验能经受100次的冻融循环。

2. 在保持流动性和水泥用量不变的情况下，可以减少用水量、降低水胶比、提高混凝土的强度。

3. 该事故属于损失大、概率小的风险。对此类风险宜采用的处置方法是风险转移。

4. 水利工程建设质量与安全事故按事故的严重程度和影响范围，将水利工程建设质量与安全事故分为Ⅰ、Ⅱ、Ⅲ、Ⅳ四级。

事件3中的事故属于Ⅳ级较大质量与安全事故；该高处作业级别属于二级高处作业，种类属于特殊高处作业。

实务操作和案例分析题二［2015年真题］

【背景资料】

某新建排灌结合的泵站工程，共安装6台机组（5用1备）设计流量为36m^3/s，总装机功率2700kW，泵站采用射型进水流道，平直管出水流道，下部为块基型蹲墙式结构，上部为排架式结构，某施工企业承担该项目施工，签约合同价为2900万元，施工过程中有如下事件：

事件1：为加强施工安全管理，项目部成立了安全领导小组，确定了施工安全管理目标和要求，部分内容如下：

（1）扬尘、噪声、职业危害作业点合格率95%；

（2）新员工上岗三级安全教育率98%；

（3）特种作业人员持证上岗率100%；

（4）配备3名专职安全生产管理员。

事件2：项目部编制了施工组织设计，其部分内容如下：

（1）施工用电由系统电网接入，现场安装变压器1台；

（2）泵室基坑深7.5m，坡比1∶2，土方采用明挖施工；

（3）泵室墩墙、电机层施工采用钢管脚手架支撑，中间设施工通道；

（4）混凝土浇筑垂直运输采用塔式起重机。

事件3：项目监理部编制了监理规划，其中涉及本单位安全责任的部分内容如下：

（1）严格按照国家的法律法规和技术标准进行工程监理；

（2）工程施工前认真履行有关文件的审查义务；

（3）施工过程中履行代表项目法人对安全生产情况进行监督检查的义务。

【问题】

1. 根据《泵站设计规范》GB 50265—2010指出本泵站工程等别，规模及主要建筑物级别。

2. 事件1中，新员工上岗前的"三级安全教育"是指哪三级？指出施工安全管理目标和要求中的不妥之处，并改正。

3. 指出事件2中可能发生生产安全事故的危险部位（或设备）。

4. 事件3中，监理单位代表项目法人对安全生产情况进行监督检查的义务包括哪些方面？

【解题方略】

1. 本题考查的是泵站工程等别、规模以及主要建筑物的级别划分。根据《泵站设计规范》GB 50265—2010，灌溉、排水泵站应根据装机流量与装机功率分等，其等别按表6-3确定。

灌溉、排水泵站分等指标 **表6-3**

工程等别	工程规模	分等指标	
		装机流量（m^3/s）	装机功率（10^4kW）
Ⅰ	大（1）型	≥200	≥3
Ⅱ	大（2）型	200～50	3～1
Ⅲ	中型	50～10	1～0.1
Ⅳ	小（1）型	10～2	0.1～0.01
Ⅴ	小（2）型	<2	<0.01

《水利水电工程等级划分及洪水标准》SL 252—2017已无表6-3的规定。

水利水电工程的永久性水工建筑物级别应根据建筑物所在工程的等别，以及建筑物的重要性确定为五级。其级别按表6-4确定。

永久性水工建筑物级别表 **表6-4**

工程等别	主要建筑物	次要建筑物	工程等别	主要建筑物	次要建筑物
Ⅰ	1	3	Ⅳ	4	5
Ⅱ	2	3	Ⅴ	5	5
Ⅲ	3	4			

背景资料中的泵站工程主要建筑物等级为3级。

2. 本题考查的是施工单位安全管理的内容。主要掌握“三级安全教育”的内容和施工安全管理的目标及要求。根据建筑工程施工安全管理有关规定，操作人员三级安全教育指公司、项目部、作业班组三级。扬尘、噪声、职业危害作业点合格率、操作人员三级安全教育率及特种作业人员持证上岗率均为100%。

3. 本题考查的是施工现场安全管理。考生应对安全隐患排查和具体工程条件下安全警示标志设置重点掌握。

根据建筑工程施工安全管理有关规定，工程施工的临时用电设施、施工起重机械、脚手架、施工通道口、基坑边沿、炸药库、油库等部位应设置安全警示标志。

因此，结合本工程具体条件，事件2涉及的部位中，可能发生生产安全事故的危险部位（或设备）包括：变压器、起重机、脚手架、施工通道口、基坑边沿等。

4. 本题考查的是监理单位代表项目法人对施工过程中的安全生产情况进行监督检查的义务。

对工程建设监理单位安全责任的规定中包括技术标准、施工前审查和施工过程中监督检查等三个方面。第一个方面是监理人员应当严格按照国家的法律法规和技术标准进行工程的监理。第二个方面是监理单位施工前应当履行有关文件的审查义务。第三个方面是监理单位应当履行代表项目法人对施工过程中的安全生产情况进行监督检查的义务。

【参考答案】

1. 泵站等别为Ⅲ等，规模为中型；主要建筑物等级为3级。

2. 三级教育分别是“公司教育”、“项目部教育”、“班组级教育”：

(1) 扬尘、噪声、职业危害作业点合格率95%不妥，应为100%；

(2) 新员工上岗三级安全教育率98%不妥，应为100%；

3. 可能发生生产安全事故的危险部位（或设备）有：变压器、脚手架、塔式起重机、施工通道口、基坑边沿等。

4. 监理单位代表项目法人对安全生产情况进行监督检查的义务：发现施工过程中存在安全事故隐患时，应当要求施工单位整改；对情况严重的，应当要求施工单位暂停施工，并及时报告；施工单位拒不整改或者不停止施工时，应当履行及时报告义务。

实务操作和案例分析题三［2014年真题］

【背景资料】

某水库枢纽工程总库容1500万m^3，工程内容包括大坝、溢洪道、放水洞等，大坝为黏土心墙土石坝，最大坝高为 35m，坝顶构造如图 6-1 所示。

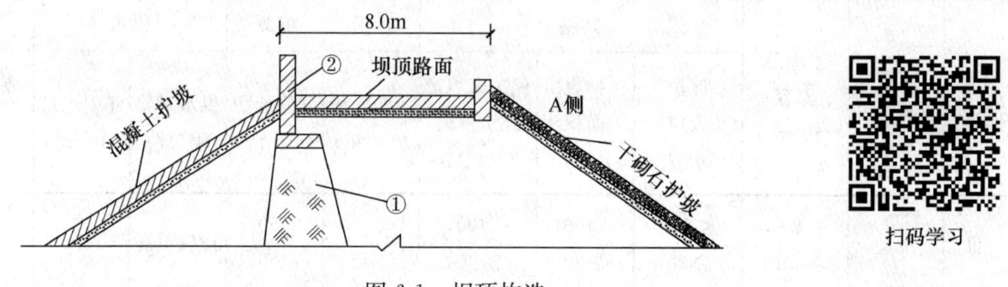

图 6-1　坝顶构造

施工过程中发生如下事件：

事件 1：为加强工程质量管理、落实质量责任，依据《关于贯彻质量发展纲要、提升水利工程质量的实施意见》（水建管〔2012〕581 号），项目法人要求各参建单位落实从业单位质量主体责任制等“四个责任制”。

事件 2：施工单位选用振动碾作为大坝土料主要压实机具，并在土料填筑前进行了碾压试验，确定了主要压实参数。

事件 3：施工单位在进行溢洪道闸墩脚手架搭设过程中，一钢管扣件从 5m 高的空中落下，砸中一工人头部，造成安全帽破裂致工人重伤，经抢救无效死亡。事故调查组认为安全帽存在质量问题，要求施工单位提供安全帽出厂的证明材料。

【问题】

1. 说明该水库枢纽工程的规模、等级及大坝的级别；指出图中①和②所代表的部位名称；A 侧为大坝上游还是下游？

2. 事件 1 中的“四个责任制”，除从业单位质量主体责任制外，还包括哪些内容？

3. 事件 2 中施工单位应确定的主要压实参数包括哪些？

4. 根据《水利工程建设重大质量与安全事故应急预案》（水建管〔2006〕202 号），水利工程建设质量与安全事故共分为几级？说明事件 3 的事故等级；指出安全帽出厂的证明材料包括哪些？

【解题方略】

1. 本题考查的是水库工程规模、等别、建筑物级别。从历年考试情况来看，经常会考查该内容。我国水利水电工程等别根据其工程规模、效益及在经济社会中的重要性，划分为Ⅰ、Ⅱ、Ⅲ、Ⅳ、Ⅴ五等，见表 6-5。

水利水电工程分等指标　　**表 6-5**

工程等别	工程规模	水库总库容（10^8m^3）	防洪			治涝	灌溉	供水		发电
			保护人口（10^4 人）	保护农田面积（10^4 亩）	保护区当量经济规模（10^4 人）	治涝面积（10^4 亩）	灌溉面积（10^4 亩）	供水对象重要性	年引水量（10^8m^3）	发电装机容量（MW）
Ⅰ	大(1)型	≥10	≥150	≥500	≥300	≥200	≥150	特别重要	≥10	≥1200
Ⅱ	大(2)型	<10，≥1.0	<150，≥50	<500，≥100	<300，≥100	<200，≥60	<150，≥50	重要	<10，≥3	<1200，≥300

续表

工程等别	工程规模	水库总库容（$10^8 m^3$）	防洪			治涝	灌溉	供水		发电
			保护人口（10^4 人）	保护农田面积（10^4 亩）	保护区当量经济规模（10^4 人）	治涝面积（10^4 亩）	灌溉面积（10^4 亩）	供水对象重要性	年引水量（$10^8 m^3$）	发电装机容量（MW）
Ⅲ	中型	<1.0，≥0.10	<50，≥20	<100，≥30	<100，≥40	<60，≥15	<50，≥5	比较重要	<3，≥1	<300，≥50
Ⅳ	小(1)型	<0.1，≥0.01	<20，≥5	<30，≥5	<40，≥10	<15，≥3	<5，≥0.5	一般	<1，≥0.3	<50，≥10
Ⅴ	小(2)型	<0.01，≥0.001	<5	<5	<10	<3	<0.5		<0.3	<10

注：1. 水库总库容指水库最高水位以下的静库容；治涝面积指设计治涝面积；灌溉面积指设计灌溉面积；年引水量指供水工程渠首设计年均引（取）水量。

2. 保护区当量经济规模指标仅限于城市保护区；防洪、供水中的多项指标满足 1 项即可。

3. 按供水对象的重要性确定工程等别时，该工程应为供水对象的主要水源。

本枢纽工程水库容为 1500 万 m^3，工程规模属中型，工程等别为Ⅲ等，大坝是主要建筑物，级别为 3 级。

2. 本题考查的是水利工程质量发展纲要。“四个责任制”，即从业单位质量主体责任制；从业单位领导人责任制；从业人员责任制；质量终身责任制。

3. 本题考查的是土料填筑压实参数的确定。土料填筑压实参数主要包括碾压机具的重量、含水量、碾压遍数及铺土厚度等，振动碾还应包括振动频率及行走速率等。

4. 本题考查的是水利工程建设质量与安全事故的相关内容。该内容在历年考试中经常考查到，考生应熟练掌握，注意重伤（中毒）、死亡（失踪）、直接经济损失的界定。按事故的严重程度和影响范围，将水利工程建设质量与安全事故分为Ⅰ、Ⅱ、Ⅲ、Ⅳ四级。对应相应事故等级，采取Ⅰ级、Ⅱ级、Ⅲ级、Ⅳ级应急响应行动。

事件 3 中，造成 1 人死亡，属于Ⅳ级事故。

【参考答案】

1. 水库枢纽工程的规模为中型，等别为Ⅲ级。大坝的级别为 3 级。

①为黏土心墙，②为防浪墙。

A 侧为大坝下游，因为黏土心墙靠近上游侧。

2. 事件 1 中除从业单位质量主体责任制外，“四个责任制”还包括从业单位领导人责任制、从业人员责任制、质量终身责任制。

3. 事件 2 中施工单位应确定的主要压实参数包括碾压机具的重量、含水量、碾压遍数、铺土厚度、振动频率及行走速率等。

4. 根据《水利工程建设重大质量与安全事故应急预案》（水建管［2006］202 号），水利工程建设质量与安全事故分为Ⅰ、Ⅱ、Ⅲ、Ⅳ四级。事件 3 的事故等级为Ⅳ级（较大质量与安全事故）。

安全帽出厂的证明材料包括：厂家安全生产许可证、产品合格证、安全鉴定合格证书。

实务操作和案例分析题四［2012年6月真题］

【背景资料】

某水闸加固工程，闸室共3孔，每孔净宽10m。底板顶面高程为20.0m，闸墩顶高为32.0m，墩顶以上为混凝土排架、启闭机房及公路桥。加固方案为：底板顶面增浇20cm厚混凝土，闸墩外包15cm厚混凝土，拆除重建排架、启闭机房、公路桥。

为方便施工，加快施工进度，施工单位在未经复核的情况下，当现浇桥面板混凝土强度达到设计强度的70%时即拆除脚手架及承重模板。一辆特重起重机在桥上进行吊装作业时，桥面发生坍塌，造成3人死亡，直接经济损失300万元。事故发生后，施工单位按项目管理权限及时向当地水行政主管部门进行了报告，并在当地政府的统一指导下。迅速组建"事故现场应急处置指挥机构"，负责现场应急救援和统一领导与指挥。

【问题】

1. 根据《水工混凝土工程施工规范》SDJ 207—82，说明桥面板拆模时机是否正确，为什么？

2. 根据《水利工程建设重大质量与安全事故应急预案》，水利工程建设质量与安全事故分为哪几级？并指出本工程的事故等级。

3. 事故发生后，施工单位上报程序有无不妥之处？并简要说明理由。

4. 背景材料中"事故现场应急处置指挥机构"由哪些部门组成？

【解题方略】

1. 本题考查的是混凝土施工拆模的期限。《水工混凝土工程施工规范》SDJ 207—82现已作废。钢筋混凝土结构的承重模板，应在混凝土达到下列强度后（按混凝土设计标号的百分率计），才能拆除。

（1）悬臂板、梁

跨度≤2m　　70%；

跨度＞2m　　100%。

（2）其他梁、板、拱

跨度≤2m　　50%；

跨度2～8m　　70%；

跨度＞8m　　100%。

背景资料中给出，闸室每孔净宽10m，桥面板跨度大于8m，所以混凝土强度达到设计强度的100%才能拆除。

2. 本题考查的是水利工程建设质量与安全事故的分级。该考点属于高频考点。本题中造成3人死亡，直接经济损失300万元，所以属于Ⅲ级重大质量与安全事故。

3. 本题考查的是水利工程建设重大质量与安全事故报告程序。该案例分析中，因为特种起重机作业时，发生桥面坍塌，所以在向事故所在地人民政府、安全生产监督部门报告的同时，还应向特种设备安全监督管理部门报告。

4. 本题考查的是质量与安全事故现场应急处置指挥机构的组成。该内容考核较少，考生熟悉即可。水利工程建设发生质量与安全事故后，在工程所在地人民政府的统一领导下，迅速成立事故现场应急处置指挥机构负责统一领导、统一指挥、统一协调事故应急救援工作。事故现场应急处置指挥机构由到达现场的各级应急指挥部和项目法人、施工等工程参建单位组成。

【参考答案】

1. 桥面板拆模时间不正确。

理由：因为桥面跨度大于 8m，现浇桥面板混凝土强度应达到设计强度的 100%时才可以拆模。

2. 根据《水利工程建设重大质量与安全事故应急预案》，水利工程建设质量与安全事故分为Ⅰ、Ⅱ、Ⅲ、Ⅳ级。

本工程的事故等级Ⅲ级（重大质量与安全事故）。

3. 事故发生后，施工单位上报程序有不妥之处。

理由：除向当地县级水行政主管部门报告外，还要向事故所在地人民政府报告、安全生产监督部门报告；还应同时向特种设备安全监督管理部门报告。

4. “事故现场应急处置指挥机构”由到达现场的各级应急指挥部和项目法人、施工单位、设计单位、监理单位等工程参建单位组成。

典　型　习　题

实务操作和案例分析题一

【背景资料】

某水库枢纽工程主要由大坝、溢洪道、水电站、放水洞等建筑物组成。其中大坝最大坝高 35.0m，坝体为黏土心墙土石坝。枢纽工程在施工过程中发生如下事件：

事件 1：为加强工程施工质量与安全控制，项目法人组织制定了本项目生产安全事故应急救援预案，施工单位建立了应急救援组织，配备了必要的救援器材、设备。

事件 2：施工单位选用振动碾作为主要碾压机具对大坝进行碾压施工，施工前对料场土料进行了碾压试验，以确定土料填筑压实参数。

事件 3：水电站机组安装时，由于一名吊装工人操作不当，造成吊装设备与已安装好的设备发生碰撞，造成直接经济损失 21 万元，处理事故延误工期 25d，处理后不影响工程正常使用和设备使用寿命。在事故调查中发现，这名工人没有特种作业操作资格证书。

事件 4：该枢纽工程中水电站安装单位工程完工后，组织了验收：

（1）由监理单位向项目法人提交验收申请报告；

（2）验收工作由质量监督机构主持；

（3）验收工作组由项目法人、设计、监理、施工单位代表组成；

（4）单位工程验收通过后，由项目法人将验收质量结论和相关资料报质量机构核备。

【问题】

1. 指出事件 1 中项目法人制定的本项目生产安全事故应急救援预案包括哪些主要内容？

2. 事件 2 中，施工单位进行的碾压试验，需确定哪些压实参数？

3. 根据《水利工程质量事故处理暂行规定》，说明本工程的质量事故等级。

4. 根据《水利工程建设安全生产管理规定》，哪些人员须取得特种作业操作资格证书后，方可上岗作业？

5. 指出事件 4 验收中的不妥之处并改正。

【参考答案】

1. 根据《水利工程建设安全生产管理规定》，应急救援预案应包括救援的组织机构、人员配备、物资准备、人员财产救援措施、事故分析与报告等方面的方案。

2. 施工单位进行的碾压试验，主要是为了确定碾压机具的重量、土料含水量、碾压遍数、铺土厚度，以及振动碾的振动频率及行走速率等压实参数。

3. 本工程事故直接经济损失 21 万元，延误工期 25d，处理后不影响工程正常使用和设备使用寿命，根据《水利工程质量事故处理暂行规定》，事故等级应定为一般质量事故。

4. 垂直运输机械作业人员、安装拆卸工、爆破作业人员、起重信号工、登高架设操作人员等特种作业人员，须取得特种作业操作资格证书后，方可上岗作业。

5. 事件 4 验收中的不妥之处及改正如下：

(1) 不妥之处：由监理单位向项目法人提交验收申请报告。

改正：施工单位向项目法人提交验收申请报告。

(2) 不妥之处：验收工作由质量监督机构主持。

改正：验收工作由项目法人主持。

(3) 不妥之处：验收工作组由项目法人、设计、监理、施工单位代表组成。

改正：还应有勘测、主要设备制造（供应）商等单位代表，运行管理单位代表可根据具体情况决定是否参加。

(4) 不妥之处：单位工程验收通过后，由项目法人将验收质量结论和相关资料报质量机构核备。

改正：单位工程验收通过之日后 10 个工作日内，由项目法人将验收质量结论和相关资料报质量监督机构核定。

实务操作和案例分析题二

【背景资料】

某水利水电工程施工企业在对公司各项目经理部进行安全生产检查时发现如下情况：

情况 1：公司第一项目经理部承建的某泵站工地，在夜间进行泵房模板安装作业时，由于部分照明灯损坏，安全员又不在现场，一木工身体状况不佳，不慎从 12m 高的脚手架上踩空直接坠地死亡。

情况 2：公司第二项目经理部承建的某引水渠道工程，该工程施工需进行浅孔爆破。现场一仓库内存放有炸药、柴油、劳保用品和零星建筑材料，门上设有“仓库重地、闲人免进”的警示标志。

情况 3：公司第三项目经理部承建的是某中型水闸工程，由于工程规模不大，项目部未设立安全生产管理机构，仅由各生产班组组长兼任安全生产管理员，具体负责施工现场的安全生产管理工作。

【问题】

1. 根据施工安全生产管理的有关规定，该企业安全生产检查的主要内容是什么？

2. 情况 1 中施工作业环境存在哪些安全隐患？

3. 根据《水利部生产安全事故应急预案（试行）》的规定，说明情况 1 中的安全事故等级；根据《水利工程建设安全生产管理规定》，说明该事故调查处理的主要要求。

4. 指出情况 2 中炸药、柴油存放的不妥之处，并说明理由。

5. 指出情况 3 在安全生产管理方面存在的问题，并说明理由。

【参考答案】

1. 根据施工安全生产管理的有关规定，该企业安全生产检查的主要内容是查思想、查制度、查安全教育培训、查措施、查隐患、查安全防护、查劳保用品使用、查机械设备、查操作行为、查整改、查伤亡事故处理。

2. 情况 1 中施工作业环境存在的隐患：部分照明设施损坏；安全防护措施存在隐患；安全员不在现场；工人可能存在的违章作业。

3. 根据《水利部生产安全事故应急预案（试行）》的规定，情况 1 中的安全事故应为一般事故。

事故调查处理的主要要求：

(1) 及时、如实上报。

(2) 采取措施防止事故扩大，保护事故现场。

(3) 按照有关法律、法规的规定对事故责任单位和责任人的处罚与处理。

4. 指出情况 2 中炸药、柴油存放的不妥之处及理由。

不妥之处：炸药、柴油存放在仓库内，并与劳保用品和零星建筑材料混存。

理由：易燃易爆物品的存放处应保证通风良好，而且应单独存放，炸药要求存放于专用仓库，有专人管理。

不妥之处：仅在仓库门上设有“仓库重地、闲人免进”的警示标志。

理由：存放易燃易爆物品的主要位置应设置醒目的禁火标志、防爆标志及安全防火规定。

5. 情况 3 在安全生产管理方面存在的问题：安全管理机构不健全；安全管理人员不落实。

理由：施工单位应当设立安全生产管理机构，按照国家有关规定配备专职安全生产管理人员。施工现场必须有专职安全生产管理人员，兼职安全员不能由各生产班组组长兼任，要设置不脱产的兼职安全员。

实务操作和案例分析题三

【背景资料】

某平原区枢纽工程由泵站、节制闸等组成，采用闸、站结合布置方式，泵站与节制闸并排布置于调水河道，中间设分流岛，如图 6-2 所示。泵站共安装 4 台立式轴流泵，装机流量 $100m^3/s$，配套电机功率 $4\times1600kW$；节制闸最大过闸流量 $960m^3/s$。建筑物地基地层结构从上至下依次为淤泥质黏土、中粉质壤土、重粉质壤土、粉细砂、中粗砂等，其中粉细砂和中粗砂层为承压含水层，承压水位高于节制闸底板高程。节制闸基础采用换填水泥土处理。泵站基坑最大开挖深度为10.5m，节制闸基坑最大开挖深度为6.0m（包括换土层厚度）。

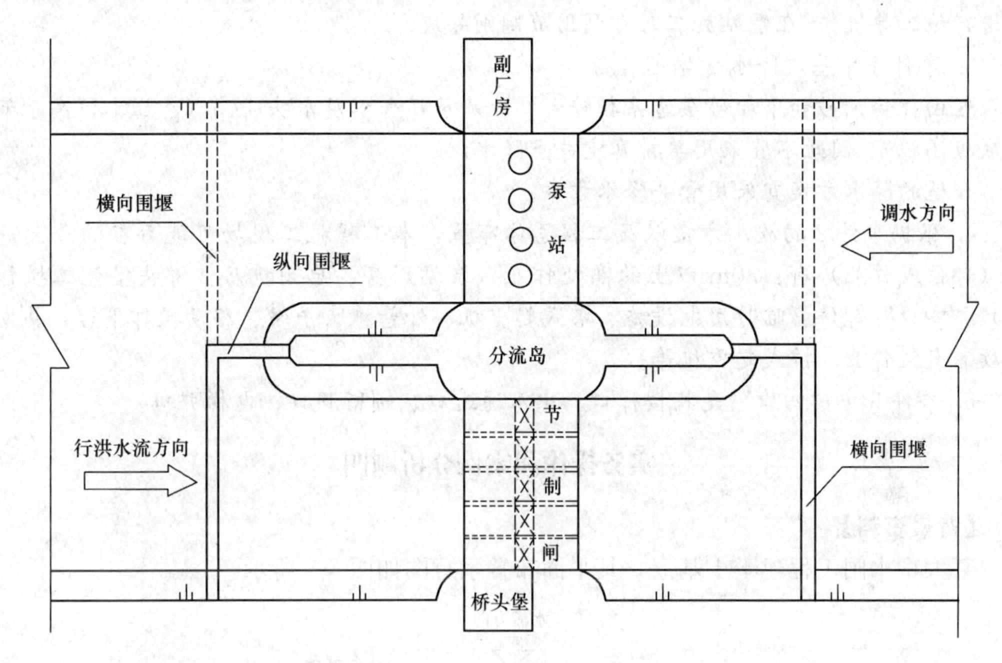

图6-2 枢纽工程布置示意图

该枢纽工程在施工期间发生如下事件：

事件1：为方便施工导流和安全度汛，施工单位计划将泵站与节制闸分两期实施，在分流岛部位设纵向围堰，上、下游分期设横向围堰，如图6-2所示。纵、横向围堰均采用土石结构。在基坑四周布置单排真空井点进行基坑降水。

事件2：泵站厂房施工操作平台最大离地高度38.0m，节制闸启闭机房和桥头堡施工操作平台最大离地高度35.0m。施工单位采用满堂脚手架进行混凝土施工，利用塔式起重机进行混凝土垂直运输，其中厂房外部走廊采用外悬挑脚手架施工。厂房内桥式起重机安装及室内装饰工程采用移动式操作平台施工，泵站机组利用桥式起重机金进行安装；节制闸启闭机房施工时进行闸门安装（交叉作业），闸门在铺盖上进行拼装。

事件3：施工单位为加强施工安全生产管理，在施工区入口处悬挂“五牌一图”，对施工现场的“三宝”、“四口”、“五临边”作出明确规定和具体要求。

【问题】

1. 指出施工围堰的洪水标准范围。

2. 根据事件1，本枢纽工程是先施工泵站还是先施工节制闸？为什么？

3. 事件1中基坑降水方案是否可行？为什么？你认为合适的降水方案是什么？

4. 根据事件2的施工方案以及工程总体布置，指出本工程施工现场可能存在的重大危险源（部位或作业）。

5. 事件3中提到的“四口”指的是什么？

【参考答案】

1. 施工围堰洪水标准范围为10～20年一遇。

2. 根据事件1，本枢纽工程应先施工节制闸。根据事件1分期实施方案和工程总体布置，本工程分两期实施主要是方便施工导流，先施工节制闸，利用原有河道导流（泵站无法进行施工导流）；在泵站施工时可利用节制闸导流。

3. 事件1中基坑降水方案不可行。

理由：粉细砂和中粗砂层透系数较大，地基承压含水层水头较高（承压水位高于节制闸底板高程），因此不宜采用单排真空井点降水。

合适的降水方案宜采用管井降水方案。

4. 根据事件2的施工方案以及工程总体布置，本工程施工现场可能存在的重大危险源（部位或作业）有：30m以上的高处作业（泵站厂房、启闭机房、桥头堡施工操作平台)、“四口”部位、临时用电设施、塔式起重机、外悬挑脚手架、移动操作平台、易发生事故的交叉作业、桥式起重机等。

5. 事件3中“四口”是指楼梯口、出入通道口、预留洞口、电梯井口。

实务操作和案例分析题四

【背景资料】

某大型水闸工程建于土基上，其平面布置示意图如图6-3所示。

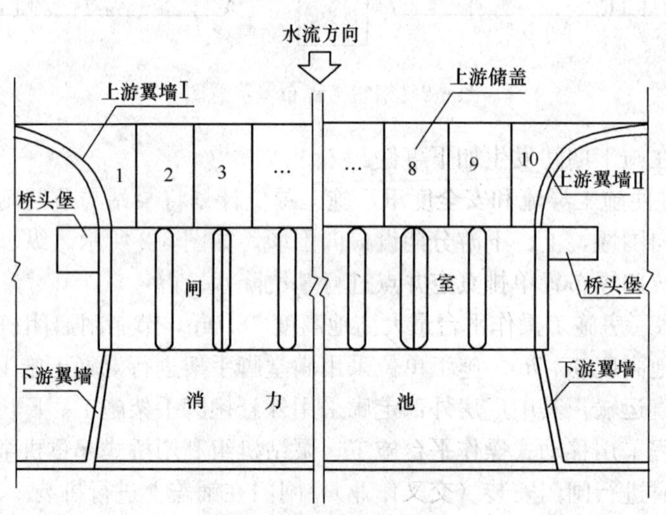

图6-3　水闸平面示意图

该闸在施工过程中发生如下事件：

事件1：为加强工程施工安全生产管理，工程开工前，水行政主管部门对施工企业的“三类人员”安全生产考核合格证进行了检查；项目法人组织制订了本工程项目生产安全事故应急预案，落实了事故应急保障措施。

事件2：为加快施工进度，上游翼墙及铺盖施工时，施工单位安排两个班组，分别按照上游翼墙Ⅰ→铺盖1→铺盖2→铺盖3→铺盖4→铺盖5→上游翼墙Ⅱ→铺盖10→铺盖9→铺盖8→铺盖7→铺盖6的顺序同步施工。

事件3：在闸墩混凝土浇筑过程中，由于混凝土温控措施不到位，造成闸墩底部产生贯穿性裂缝，后经处理不影响正常使用。裂缝处理延误工期40d、增加费用32万元。

事件4：桥头堡混凝土施工中，两名工人沿上、下脚手架的斜道向上搬运钢管时，不小心触碰到脚手架斜道外侧不远处的380V架空线路，造成1人死亡、1人重伤。事故调查中发现脚手架外缘距该架空线路最小距离为2.0m。

【问题】

1. 事件1中的“三类人员”是指哪些人员？事故应急保障措施分为哪几类？

2. 指出事件2中上游翼墙及铺盖施工方案的不妥之处，并说明正确做法。

3. 根据《水利工程质量事故处理暂行规定》（水利部令第9号），确定水利工程质量事故的分类应考虑哪些主要因素？事件3中的质量事故属于哪一类？

4. 指出事件4中脚手架及斜道架设方案在施工用电方面的不妥之处。根据《水利部生产安全事故应急预案（试行）》，水利工程生产安全事故共分为几级？事件4的生产安全事故属于哪一级？

【参考答案】

1. 事件1中的“三类人员”指的是施工企业主要负责人、项目负责人及专职安全生产管理人员。

事故应急保障措施分为通信与信息保障、人力资源保障、应急经费保障、物资与装备保障。

2. 事件2中上游翼墙及铺盖施工方案的不妥之处及正确做法。

不妥之处：上游翼墙及铺盖的浇筑次序不满足规范要求。

合理的施工安排包括：铺盖应分块间隔浇筑；与翼墙毗邻部位的1号和10号铺盖应等翼墙沉降基本稳定后再浇筑。

3. 确定水利工程质量事故的分类应考虑的因素包括：直接经济损失的大小，检查、处理事故对工期的影响时间长短和对工程正常使用的影响。

事件3中的质量事故属于较大事故。

4. 事件4中脚手架及斜道架设方案在施工用电方面的不妥之处及正确做法：

（1）上、下脚手架的斜道外侧搭设380V架空线路不妥。

正确做法：上、下脚手架的斜道严禁搭设在有外电线路的一侧。

（2）脚手架外援距该架空线路最小距离为2.0m不妥。

正确做法：脚手架外援该架空线路最小距离应不小于4.0m。

水利工程生产安全事故共分为特别重大、重大、较大和一般四级。

事件4的生产安全事故属于一般事故。

实务操作和案例分析题五

【背景资料】

某水库枢纽工程由主坝、副坝、溢洪道、电站及灌溉引水洞等建筑物组成。水库总库容$5.84\times10^8m^3$，电站装机容量6.0MW；主坝为黏土心墙土石坝，最大坝高90.3m；灌溉引水洞引水流量$45m^3/s$；溢洪道控制段共5孔，每孔净宽15.0m。工程施工过程中发生如下事件：

事件1：为加强工程施工安全生产管理，根据《水利工程施工安全管理导则》SL 721—2015等有关规定，项目法人组织制订了安全目标管理制度、安全设施“三同时”管理制度等多项安全生产管理制度；并对施工单位安全生产许可证、“三类人员”安全生产考核合格证及特种作业人员持证上岗等情况进行核查。

事件2：工程开工前，施工单位根据《水电水利工程施工重大危险源辨识及评价导则》DL/T 5274—2012，对各单位工程的重大危险源分别进行了辨识和评价。通过作业条件危险性评价，部分单位工程的危险性大小D值及事故可能造成的人员伤亡数量和财产损失情况如下：

主坝：危险性大小值D为240，可能造成10～20人死亡，直接经济损失2000万～3000万元；

副坝：危险性大小值D为120，可能造成1～2人死亡，直接经济损失200万～300万元；

溢洪道：危险性大小值D为270，可能造成3～5人死亡，直接经济损失300万～400万元；

引水洞：危险性大小值D为540，可能造成1～2人死亡，直接经济损失1000万～1500万元。

事件3：电站基坑开挖前，施工单位编制了施工措施计划，部分内容如下：

（1）施工用电由系统电网接入，现场安装变压器一台。

（2）基坑采用明挖施工，开挖深度9.5m；下部岩石采用爆破作业，规定每次装药量不得大于50kg，雷雨天气禁止爆破作业。

（3）电站厂房墩墙采用落地式钢管脚手架施工，墩墙最大高度26.0m。

（4）混凝土浇筑采用塔式起重机进行垂直运输，每次混凝土运输量不超过6m³，并要求风力超过7级暂停施工。

【问题】

1. 指出本水库枢纽工程的等别、电站主要建筑物和临时建筑物的级别以及本工程施工项目负责人应具有的建造师级别。

2. 根据《水利工程建设安全生产管理规定》（水利部令第26号）和《水利工程施工安全管理导则》SL 721—2015，说明事件1中“三类人员”和“三同时”所代表的具体内容。

3. 根据《水电水利工程施工重大危险源辨识及评价导则》DL/T 5274—2012，依据事故可能造成的人员伤亡数量及财产损失情况，重大危险源共划分为几级？根据事件2的评价结果，分别说明主坝、副坝、溢洪道、引水洞单位工程的重大危险源级别。

4. 根据《水电水利工程施工重大危险源辨识及评价导则》DL/T 5274—2012，在事件3涉及的生产、施工作业区中，宜列入重大危险源重点评价对象的有哪些？

【参考答案】

1. 枢纽工程等别为Ⅱ等，电站主要建筑物级别为2级、临时建筑物级别为4级，项目负责人应具有的建造师级别为一级。

2.“三类人员”是指：施工单位的主要责任人、项目负责人、专职安全生产管理人员。

“三同时”是指：工程安全设施与主体工程应同时设计、同时施工、同时生产和投入使用。

3. 依据事故可能造成的人员伤亡数量及财产损失情况，重大危险源共划分为4级。

主坝、副坝、溢洪道、引水洞单位工程的重大危险源级别分别为二级、四级、三级、三级。

4. 宜列入重大危险源重点评价对象进行辨别的有：变压器、开挖深度大于4m的深基坑作业、高度超过24m的落地式钢管脚手架、塔式起重机存在大风区域作业、塔式起重机的安装及拆卸。

实务操作和案例分析题六

【背景资料】

某水库枢纽工程由大坝、溢洪道、电站及灌溉引水洞等建筑物组成。水库总库容2.6$\times 10^8 m^3$，电站装机容量12万kW；大坝为碾压土石坝，最大坝高37m；灌溉引水洞引水流量45m^3/s；溢洪道控制段共3孔，每孔净宽8.0m，采用平面钢闸门配卷扬式启闭机。某施工单位承担该枢纽工程施工，工程施工过程中发生如下事件：

事件1：为加强工程施工安全生产管理，施工单位在施工现场配备了专职安全生产管理人员，并明确了本项目的安全施工责任人。

事件2：某天夜间施工时，一名工人不慎从距离地面16.0m高的脚手架上坠地死亡。事故发生后，项目法人立即组织联合调查组对事故进行调查，并根据水利部《贯彻质量发展纲要提升水利工程质量的实施意见》（水建管［2012］581号）中的“四不放过”原则进行处理。

事件3：电站基坑开挖前，施工单位编制了施工措施计划，其部分内容如下：

（1）施工用电由系统电网接入，现场安装变压器一台；

（2）基坑采用1∶1.5坡比明挖施工，基坑深度9.5m；

（3）站房墩墙施工采用钢管脚手架支撑，中间设施工通道；

（4）混凝土浇筑采用塔式起重机进行垂直运输。

【问题】

1. 说明本水库枢纽工程的规模、等别及施工项目负责人应具有的建造师级别。

2. 根据《水利工程建设安全生产管理规定》（水利部令第26号），事件1中，本项目的安全施工责任人是谁？专职安全生产管理人员的职责是什么？

3. 简要说明什么是高处作业，指出事件2中发生事故的高处作业级别和种类。

4. 说明事件2中“四不放过”原则的具体要求。

5. 在事件3涉及的工程部位中，哪些部位应设置安全警示标志？

【参考答案】

1. 工程规模：大（2）型，工程等别：Ⅱ等，项目负责人应具有建造师级别为一级。

2. （1）项目负责人是本枢纽工程建设项目的安全施工责任人。

（2）专职安全生产管理人员的职责：负责对安全生产进行现场监督检查。发现安全事故隐患，应当及时向项目负责人和安全生产管理机构报告；对违章指挥、违章操作的，应当立即制止。

3. 凡在坠落高度基准面2.0m和2.0m以上有可能坠落的高处进行作业，均称为高处作业。

事件2中的高处作业属于三级高处作业，并且属于特殊高处作业（或夜间高处作业）。

4. “四不放过”原则：事故原因不查清楚不放过、主要事故责任者和职工未受教育不放过、补救和防范措施不落实不放过、责任人员未受到处理不放过。

5. 事件3涉及的工程部位中应设置安全警示标志的有：临时用电设施（或变压器）、施工起重机械（或塔式起重机）、脚手架、施工通道口、基坑边沿。

实务操作和案例分析题七

【背景资料】

某水利枢纽工程项目包括大坝、水电站等建筑物。在水电站厂房工程施工期间发生如下事件。

事件1：施工单位提交的施工安全技术措施部分内容如下。

(1) 爆破作业必须统一指挥，统一信号，划定安全警戒区，并明确安全警戒人员。在引爆时，无关人员一律退到安全地点隐蔽。爆破后，首先须经安全员进行检查，确认安全后，其他人员方能进入现场。

(2) 电站厂房上部排架施工时高处作业人员使用升降机垂直上下。

(3) 为确保施工安全，现场规范使用“三宝”，加强对“四口”的防护。

事件2：水电站厂房施工过程中，因模板支撑体系稳定性不足导致现浇混凝土施工过程中浇筑层整体倒塌，造成直接经济损失50万元。事故发生后，施工单位及时提交了书面报告，报告包括以下几个方面内容：

(1) 工程名称、建设地点、工期、项目法人、主管部门及负责人电话；

(2) 事故发生的时间、地点、工程部位以及相应的参建单位名称；

(3) 事故发生的经过和直接经济损失；

(4) 事故报告单位、负责人以及联系方式。

事故发生后，项目法人组织联合调查组进行了事故调查。

【问题】

1. 指出并改正爆破作业安全措施中的不妥之处。

2. 为确保升降设备安全平稳运行，升降机必须配备的安全装置有哪些？

3. 施工安全技术措施中的“三宝”和“四口”是指什么？

4. 根据《水利工程质量事故处理暂行规定》，确定事件2的事故等级；补充完善质量事故报告的内容，指出事故调查的不妥之处，说明正确的做法。

【参考答案】

1. 指出并改正爆破作业安全措施中的不妥之处。

不妥之处：在引爆时，无关人员一律退到安全地点隐蔽。

改正：在装药、连线开始前，无关人员一律退到安全地点隐蔽。

不妥之处：爆破后，首先须经安全员检查。

改正：爆破后，首先须经炮工检查。

2. 为确保升降设备安全平稳运行，升降机必须配备的安全装置：灵敏、可靠的控制器和限位器等安全装置。

3. 施工安全技术措施中的“三宝”是指安全帽、安全带和安全网，“四口”是指通道口、预留洞口、楼梯口、电梯井口。

4. 根据《水利工程质量事故处理暂行规定》，事件 2 的事故等级为较大质量事故。

对质量事故报告的内容补充和完善如下：

(1) 事故发生的简要经过、伤亡人数和直接经济损失的初步估计；

(2) 事故发生原因初步分析；

(3) 事故发生后采取的措施及事故控制情况。

事故调查的不妥之处：项目法人组织联合调查组进行了事故调查。

正确做法：由项目主管部门组织调查组进行调查，调查结果报上级主管部门批准并报省级水行政主管部门核准备案。

实务操作和案例分析题八

【背景资料】

某平原地区大（1）型水库（骆阳湖）泄洪闸闸孔 36 孔，设计流量 4000m^3/s，校核流量 7000m^3/s。该泄洪闸于 2013 年进行除险加固。主要工程内容有：①桥头堡、启闭机房拆除重建；②公路桥桥面及栏杆翻修；③闸墩、闸底板混凝土表面防碳化处理；④闸底板、闸墩向上游接长 5m；⑤原弧形钢闸门更换为新弧形钢闸门；⑥原卷扬启闭机更换为液压启闭机；⑦上游左右侧翼墙拆除重建。主要工程量：混凝土 4.6 万 m^3，土方 42 万 m^3。金属结构 1086t，总投资 1.22 亿元。

施工导流采用全段围堰法，围堰为土围堰，级别为 3 级，长 410m，堰顶高程 30.3m。施工期水库设计静水位 27.8m，波浪高度 1.5m。围堰采用水中倒土双向进占法施工，总填筑方量 30 万 m^3。

根据施工需要，现场布置有混凝土拌合系统、钢筋加工厂、木工厂、临时码头、配电房等临时设施。其平面布置示意图如图 6-4 所示，图中①、②、③、④、⑤为临时设施（混凝土拌和系统、油库、机修车间、钢筋加工厂、办公生活区）代号。

混凝土表面防碳化处理采用 ST—9608 聚合物防水防腐涂料。闸底板和闸墩向上游接长 5m，采用锚固技术使新、老闸底板和闸墩连为一体。

【问题】

1. 根据有利生产、方便生活、易于管理、安全可靠的原则，给出示意图中代号①、②、③、④、⑤所对应临时设施的名称。

2. 指出上述七项加固内容中设计工作方面最关键的一项并简述理由。

3. 指出上述七项加固内容和临时工程中施工方面最关键的两项并简述理由。

4. 根据《建设工程安全生产管理条例》，施工单位应在上图中的哪些地点和设施附近设置安全警示标志？

【参考答案】

1. 根据有利生产、方便生活、易于管理、安全可靠的原则，示意图中代号①、②、

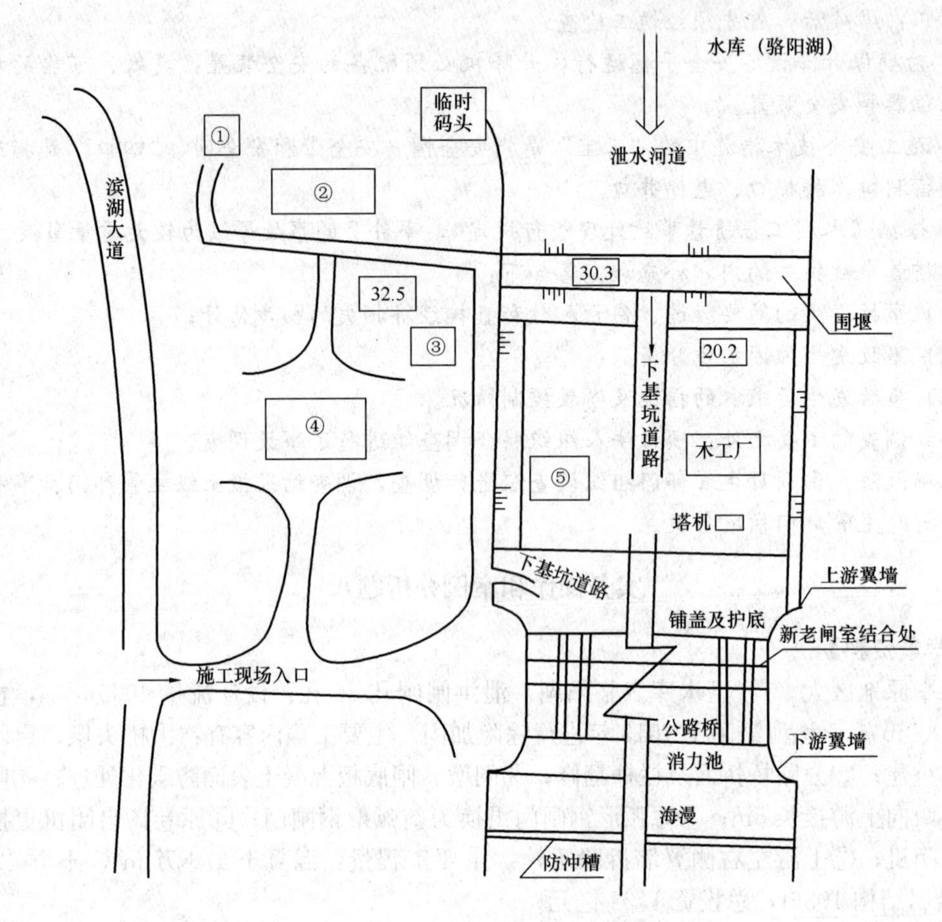

图 6-4 平面布置示意图

③、④、⑤所对应临时设施的名称分别为油库、混凝土拌和系统、机修车间、办公生活区、钢筋加工厂。

2. 上述七项加固内容中，设计工作方面最关键的一项是闸底板、闸墩向上游接长 5m。

理由：老闸室沉降一结束，新、老闸底板基有可能产生不均匀沉降；新老混凝土结合部位处理技术复杂。

3. 上述七项加固内容和临时工程中，施工方面最关键的两项：

(1) 围堰。理由：本工程围堰级别高（3 级）、规模大（30 万 m^3）、难度高（水中倒土）。

(2) 闸底板、闸墩向上游接长 5m。理由：新接长的闸底板、闸墩混凝土与原有闸底板、闸墩混凝土结合部位的处理技术要求高，施工难度大，其施工质量对工程安全至关重要。

4. 根据《建设工程安全生产管理条例》，施工单位应在施工现场入口、起重机、施工用电处、配电房、脚手架、钢筋加工厂、木工厂、油库、临时码头、机修车间等地点和设施附近设置安全警示标志。

实务操作和案例分析题九

【背景资料】

某泵站枢纽工程由泵站、清污机闸、进水渠、出水渠、公路桥等组成，施工现场地面高程为31.0～31.4m，泵站底板建基面高程为20.38m，钻探资料表明，地基18.5～31.4m高程范围内为黏土，12.0～18.5m高程范围内为中砂，该砂层地下水具有承压性，承压水位为29.5m。承包人在施工降水方案中提出，基坑开挖时需要采取降水措施，降水方案有管井降水和轻型井点降水两个方案。

根据施工需要，本工程主要采用泵送混凝土施工，现场布置有混凝土拌和系统、钢筋加工厂、木工厂，预制构件厂、油料库等临时设施，其平面布置示意图如图6-5所示。

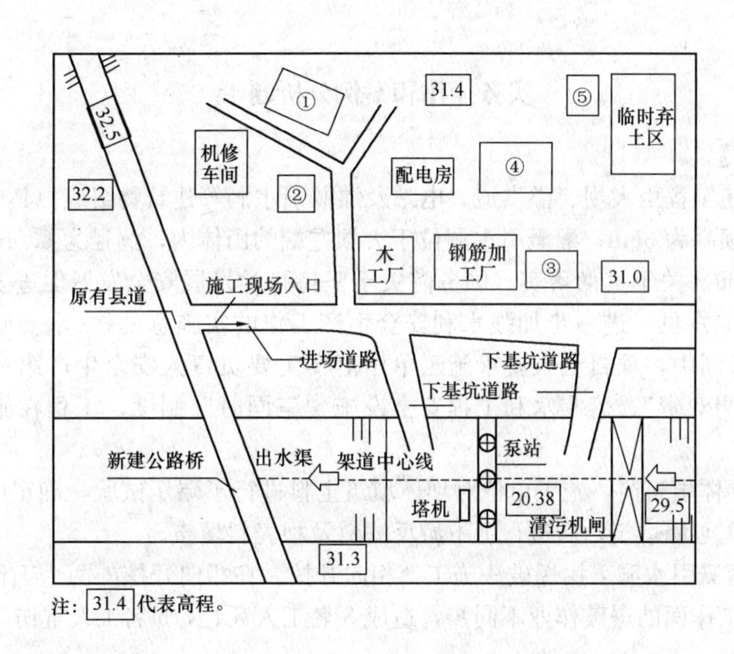

图6-5 平面布置示意图

图中①、②、③、④、⑤为临时设施（混凝土拌合系统、零星材料仓库、预制构件厂、油料库、生活区）代号。

【问题】

1. 根据有利生产、方便生活、易于管理、安全可靠的原则，指出示意图中代号①、②、③、④、⑤所对应临时设施的名称。

2. 简要说明基坑开挖时需要降水的理由，指出哪个降水方案较适用于本工程？并说明理由？

3. 根据《建设工程安全生产管理条例》，承包人应当在图中哪些地点和设施附近设置安全警示标志？

4. 根据《特种作业人员安全技术考核管理规则》和本工程施工的实际情况，本工程施工涉及哪些特种作业？

【参考答案】

1. 示意图中，代号①所对应临时设施的名称为生活区，②所对应临时设施的名称为零星材料仓库，③所对应临时设施的名称为混凝土拌合系统，④所对应临时设施的名称为预制构件厂，⑤所对应临时设施的名称为油料库。

2. 基坑开挖时需要降水的理由：该地基承压水位（29.5m）高于建基面（20.38m），建基面以下黏性土隔水层厚度（1.88m）较薄，不满足压重要求。

管井降水方案适用于本工程。

理由：中砂地层承压水位较高，涌水量较大。

3. 承包人应当在图中的施工现场入口、原料库、配电房、基坑边缘（或下基坑道路）、塔机、脚手架等处设置安全警示标志。

4. 本工程特种作业包括：电工作业、起重机械操作、金属（或钢筋）焊接作业、高处作业等。

实务操作和案例分析题十

【背景资料】

某水库枢纽工程由大坝、溢洪道、电站及灌溉引水洞等建筑物组成。其中大坝为黏土心墙土石坝，坝高为35m；灌溉引水洞位于大坝左端的山体内，洞径为6.0m。

根据水利部《关于贯彻落实〈国务院关于坚持科学发展安全发展促进安全生产形势持续稳定好转的意见〉进一步加强水利安全生产工作的实施意见》（水安监［2012］57号），在施工合同中，项目法人要求施工单位落实主要负责人安全生产第一责任人的责任，做到“一岗双责”；落实水利工程安全设施“三同时”制度。工程在施工过程中发生如下事件：

事件1：坝体填筑前，施工单位对坝体填筑土料进行了碾压试验，确定压实参数。施工时先进行黏土心墙填筑，后进行上下游反滤料及坝壳料填筑。

事件2：灌溉引水洞采用爆破法施工，相向开挖。在相向开挖的两个工作面相距15m时，由于两个工作面的爆破作业不同步，造成3名工人死亡，5名工人重伤。

【问题】

1. “一岗双责”的“双责”和“三同时”制度的具体内容是什么？

2. 指出事件1坝体填筑程序的不妥之处，并说明理由。

3. 指出并说明事件2爆破作业的不妥之处。

4. 根据《水利部生产安全事故应急预案（试行）》，水利生产安全事故分为哪几个等级？并指出事件2中的事故等级。

【参考答案】

1. “一岗双责”的具体内容：对分管的业务工作负责；对分管业务范围内的安全生产负责。

“三同时”制度的具体内容：水利工程安全设施与主体工程同时设、同时施工、同时投入使用。

2. 事件1坝体填筑程序的不妥之处：先进行黏土心墙填筑，后进行上下游反滤料及坝壳料填筑。

理由：宜采用先填反滤料后填土料的平起填筑法施工。

3. 事件2爆破作业的不妥之处：在相向开挖的两个工作面相距15m时，还分别进行爆破作业。

4. 水利生产安全事故分为特别重大事故、重大事故、较大事故和一般事故4个等级。本题中，造成3名工人死亡，5名工人重伤，属于较大事故。

实务操作和案例分析题十一

【背景资料】

水库枢纽工程有大坝、溢洪道、引水洞和水电站组成。水库大坝为黏土心墙土石坝，最大坝高为70m。在工程施工过程中发生以下事件：

事件1：为加强工程施工安全生产管理，施工单位根据《水利工程建设安全生产监督检查导则》（水安监［2011］475号），制定了安全生产管理制度，对危险源分类、识别管理及应对措施作出详细规定，同时制订了应急救援预案。

事件2：施工单位报送的施工方案部分内容如下：选用振动碾对坝体填筑土料进行压实；施工前通过碾压实验确定土料填筑压实参数：坝体填筑时先进行黏土心墙填筑，待心墙填筑完成后，再进行上下游反滤料及坝壳料填筑，并分别进行碾压。

事件3：某天夜间在进行水电站厂房混凝土浇筑时，现场灯光昏暗，一工人在距地面13m高的作业处攀爬脚手架，不慎跌落，直接坠地死亡。

【问题】

1. 简单说明事件1中施工单位制定的安全生产管理制度应包括哪几项主要内容？

2. 简单说明事件2中施工单位通过碾压试验，确定的黏土心墙土料填筑压实参数主要包括哪些？

3. 指出事件2中坝体填筑的不妥之处，并说明正确做法。

4. 指出事件3中高处作业的级别和种类；简要分析该高处作业施工中可能存在的安全隐患；根据《水利部生产安全事故应急预案（试行）》，指出该安全事故等级。

【参考答案】

1. 施工单位制定的安全生产管理制度应包括：安全生产例会制度、隐患排查制度、事故报告制度、培训制度。

2. 施工单位通过碾压试验，确定的黏土心墙土料填筑压实参数主要包括：碾压机具的重量（或碾重）、土料的含水量、碾压遍数、铺土厚度、震动频率、行走速率。

3. 事件2中坝体填筑的不妥之处及正确做法：

不妥之处：先进行黏土心墙填筑，再进行上下游反滤料及坝壳料填筑；

不妥之处：分别进行碾压（或心墙与上、下游反滤料及坝壳施工顺序）。

正确做法：心墙应同上下游反滤料及坝壳料平起填筑，跨缝碾压。

4. 高处作业级别为二级，种类为特殊高处作业（或夜间高处作业）。

可能存在的安全隐患：照明光线不足（或灯光昏暗）；未设安全网（或安全网不符合要求）；作业人员未系安全带（或安全带不符合要求）；工人违章作业（或攀爬脚手架）。

该安全事故等级为一般事故。

实务操作和案例分析题十二

【背景资料】

某水库溢洪道加固工程，控制段现状底板顶高程 20.0m，闸墩顶面高程 32.0m，墩顶以上为现浇混凝土排架、启闭机房及公路桥。加固方案为：底板顶面增浇 20cm 混凝土，闸墩外包 15cm 混凝土，拆除重建排架、启闭机房及公路桥。其中现浇钢筋混凝土排架采用爆破拆除方案。

施工过程中，针对闸墩新浇薄壁混凝土的特点，承包人拟采用如下温控措施：①通过采用高效减水剂以减少水泥用量；②采用低发热量的水泥；③采取薄层浇筑方法增加散热面；④预埋水管通水冷却。

【问题】

1. 指出本工程施工中可能发生的主要伤害事故的种类，并列举相关作业。

2. 根据《建设工程安全生产管理条例》和《工程建设标准强制性条文》（水利工程部分）有关规定，承包人应当在本工程施工现场的哪些部位设置明显的安全警示标志？

3. 指出承包人在温控措施方面的不妥之处。

【参考答案】

1. 高空坠落，如拆除重建排架等；物体打击，如现浇混凝土排架；火药爆炸，火药的运输、存储；炸伤，爆破拆除作业；触电，施工用电；起重伤害，起吊重物；机械伤害，钢筋绑扎；车辆伤害，交通运输；坍塌，拆除重建排架。

2. 施工现场入口处，起重机械周围，施工用电处，脚手架下方，炸药库周围，油料库周围，桥梁口，爆破作业区等。

3. 第③、④个选项不合理。因为就本工程条件而言，底板和闸墩加固方案均为新浇薄壁混凝土，采取薄层浇筑方法增加散热面已无必要；预埋水管通水冷却更是没有必要且无法实现。

实务操作和案例分析题十三

【背景资料】

某高土石坝坝体施工项目，业主与施工总承包单位签订了施工总承包合同，并委托了监理单位实施监理。

施工总承包完成桩基工程后，将深基坑支护工程的设计委托给了专业设计单位，并自行决定将基坑的支护和土方开挖工程分包给了一家专业分包单位施工，专业设计单位根据业主提供的勘察报告完成了基坑支护设计后，即将设计文件直接给了专业分包单位，专业分包单位在收到设计文件后编制了基坑支护工程和降水工程专项施工组织方案，施工组织方案经施工总承包单位项目经理签字后即由专业分包单位组织了施工。

专业分包单位在施工过程中，由负责质量管理工作的施工人员兼任现场安全生产监督工作。土方开挖到接近基坑设计标高时，总监理工程师发现基坑四周地表出现裂缝，即向施工总承包单位发出书面通知，要求停止施工，并要求立即撤离现场施工人员，查明原因后再恢复施工，但总承包单位认为地表裂缝属正常现象没有予以理睬。不久基坑发生严重坍塌，并造成 4 名施工人员被掩埋，其中 3 人死亡，1 人重伤。

事故发生后，专业分包单位立即向有关安全生产监督管理部门上报了事故情况。经事故调查组调查，造成坍塌事故的主要原因是由于地质勘察资料中未标明地下存在古河道，基坑支护设计中未能考虑这一因素。事故中直接经济损失 80 万元，于是专业分包单位要求设计单位赔偿事故损失 80 万元。

【问题】

1. 请指出上述整个事件中有哪些做法不妥？并写出正确的做法。

2. 根据《水利工程建设安全生产管理规定》，施工单位应对哪些达到一定规模的危险性较大的工程编制专项施工方案？

3. 本事故应定为哪种等级的事故？

4. 这起事故的主要责任人是哪一方？并说明理由。

【参考答案】

1. 上述整个事件中存在如下不妥之处及正确做法：

(1) 施工总承包单位自行决定将基坑支护和土方开挖工程分包给了一家专业分包单位施工不妥。

正确做法：按合同规定的程序选择专业分包单位或得到业主同意后分包。

(2) 专业设计单位完成基坑支护设计后，直接将设计文件给了专业分包单位的做法不妥。

正确做法：发包人组织设计单位向施工总承包单位进行设计交底，经总承包单位组织专家进行论证、审查同意后，由总承包单位交给专业分包单位实施。

(3) 专业分包单位编制的基坑工程和降水工程专项施工组织方案，经施工总承包单位项目经理签字后即组织施工的做法不妥。

正确做法：专业分包单位编制了基坑支护工程和降水工程专项施工组织方案后，应先经施工单位技术负责人签字以及总监理工程师核签后实施，基坑支护与降水工程、土方和石方开挖工程必须由专职安全生产管理人员进行现场监督。

(4) 专业分包单位由负责质量管理工作的施工人员兼任现场安全生产监督工作的做法不妥。

正确做法：在施工过程中安排专职安全生产管理人员负责现场安全生产监督工作。

(5) 总承包单位对总监理工程师因发现基坑四周地表出现裂缝而发出要求停止施工的书面通知不予以理睬的做法不妥。

正确做法：总承包单位应按监理通知的要求停止施工，查明原因，采取有效措施消除安全隐患。

(6) 事故发生后专业分包单位直接向有关安全生产监督管理部门上报事故的做法不妥。

正确做法：事故发生后专业分包单位应立即向总承包单位报告，由总承包单位立即上有关安全生产监督管理部门报告。

(7) 专业分包单位要求设计单位赔偿事故损失不妥。

正确做法：专业分包单位应通过施工总承包单位向通过建设单位索赔，建设单位再向设计单位索赔。

2. 施工单位应当在施工组织设计中编制安全技术措施和施工现场临时用电方案，对下列达到一定规模的危险性较大的工程应当编制专项施工方案，并附具安全验算结果，经施工单位技术负责人签字以及总监理工程师核签后实施，由专职安全生产管理人员进行现场监督：①基坑支护与降水工程；②土方和石方开挖工程；③模板工程；④起重吊装工程；⑤脚手架工程；⑥拆除、爆破工程；⑦围堰工程；⑧其他危险性较大的工程。

3. 本起事故中3人死亡，1人重伤，事故应定为较大事故。

4. 本起事故的主要责任应由施工总承包单位承担。

在总监理工程师发出书面通知要求停止施工的情况下，施工总承包单位继续施工，直接导致事故的发生，所以本起事故的主要责任应由施工总承包单位承担。